十年磨剑

深圳市装配式建筑项目案例选编（2008-2018）

深圳市住房和建设局
深圳市建筑产业化协会 主编

中国建筑工业出版社

前言 /Preface

建设中国特色社会主义先行示范区、粤港澳大湾区核心引擎是党中央赋予深圳的重大使命，“发展新型建造方式，大力推广装配式建筑”是深圳市建设行业在新的历史使命下深入践行“高质量发展”、促进供给侧结构性改革、实现转型升级的重要抓手，是贯彻落实党中央、国务院“力争用 10 年左右时间，使装配式建筑占新建建筑的比例达到 30%”等有关战略部署的重要内容。

深圳市从 2006 年成为全国首个住宅产业化综合试点城市，到 2017 年获批国家首批装配式建筑示范城市，近年来正是深圳市装配式建筑稳步推进、规模发展、持续推进示范城市三年建设任务的关键时期。十年磨剑，持续深耕建造方式的变革，其实践与探索的历程成果丰富、极具启示。

本书通过公开征集与资料库甄选等方式，对深圳市 2018 年之前开工的装配式建筑代表项目进行整理汇集。入选案例共 13 个，包括装配式混凝土结构项目 11 个、装配式钢结构项目 2 个；居住类建筑 10 个、其他类型项目 3 个。其中，万科第五园第五寓是华南地区首个预制框架结构装配式建筑项目；龙悦居三期是深圳首个大规模应用装配式建造的保障性住房项目；朗侨峰居是钢结构保障性住房的重大探索；中海天钻是首个新出让土地实施的装配式建筑项目；裕璟幸福家园是住房和城乡建设部“装配式建筑工程质量提升经验交流会”观摩项目、深圳首个预制剪力墙结构体系且实施 EPC 管理模式的装配式保障性住房项目；华润城润府三期是目前深圳已建成最高的装配式混凝土建筑住宅；万科云城是首个大规模应用装配式建造全清水预制外墙的公共建筑；汉京中心是世界最高核心筒外置全钢结构建筑；龙华中心变电站工程是华南地区装配式混凝土结构预制率最高的公共建筑……一批代表项目的成功落地，映射出深圳十余年间推进装配式建筑的不同阶段与发展脉络，为全国装配式建筑发展提供了难能可贵的实践样本。

十年磨剑，不忘初心，砥砺前行，通过对这些项目的深入解剖，总结历程、展望发展，必将为当前和下一阶段推进装配式建筑与项目应用提供宝贵的参考与启迪。

For Shenzhen, building the"Demonstration Pilot Zone for Socialism with Chinese Characteristics" is a great task entrusted by the Central Committee of the Communist Party of China. "Developing new modes of construction and vigorously promoting prefabricated buildings" is the crux for Shenzhen's construction industry to practice "high-quality development" under the new historical mission, to promote Supply-side Structural Reform and to accomplish reformation and upgrading. It is also an indispensable part of the relevant strategic deployment of the Central Committee of the Communist Party of China and the State Council to "increase the ratio of prefabricated buildings to new modes of construction to 30% in 10 years or so ."

Shenzhen became the first Comprehensive Pilot City for Residential Industrialization in China in 2006, and it was approved as the first batch of prefabricated building demonstration cities in 2017. Recent years is a crucial period for Shenzhen's prefabricated construction, scale development, and continuous promotion of the three-year construction task of the demonstration city.

Through public collection and database selection, this book organizes the representatives of prefabricated buildings which started in Shenzhen before 2018. A total of 13 cases were selected, including 11 prefabricated concrete structure projects, 2 prefabricated steel structure projects, 10 residential buildings, and 3 other types of projects. Among these projects, the Fifth Apartment of Vanke Fifth Garden is the first prefabricated frame structure project in South China; The Third Phrase of Long Yue Ju is the first indemnificatory housing with large-scale application of prefabricated buildings in Shenzhen; Lang Qiao Feng Ju is a major exploration of steel structure in indemnificatory housing; Zhong Hai Tian Zuan is the first prefabricated construction project to be implemented in the new land transfer; Yujing Happy Home is a visiting project of "The Experience Exchanging Meeting for Prefabricated Construction Quality Improvement" supported by Ministry of Housing and Urban-Rural Development, and it is also Shenzhen's prefabricated indemnificatory housing project with first prefabricated shear wall structure system and the implementation of the EPC management model; Run Mansion of China Huarun City is currently the tallest fabricated concrete building in Shenzhen; Yun Cheng Project of Vanke is the first public building to be used on a large scale to prefabricate and construct a raw and prefabricated exterior wall; Hanjing Center is the world's tallest steel structure building eccentric core tube; The Longhua Center Substation Project is the public building with the highest prefabrication rate of prefabricated concrete structures in South China. The success of a number of representative projects present the different stages and development of the prefabricated building in Shenzhen for more than ten years, providing a valuable and practical sample for the development of prefabricated buildings nationwide.

After ten years of grinding the sword, we will continue moving forward without forgetting the initial heart. Through the in-depth introspection of these projects, summary of the process and looking forward to the development, we can provide valuable advice and enlightened ideas to promote the prefabricated buildings and project applications both for the current and for the next stage.

目录 /Contents

万科第五园

万科深圳第五园第五寓

开发单位	深圳市万科发展有限公司
设计单位	深圳市华阳国际工程设计股份有限公司
监理单位	深圳市邦迪工程顾问有限公司
施工单位	中建三局第一建设工程有限责任公司
构件生产单位	东莞中威预制混凝土产品有限公司
咨询单位	前田（北京）经营咨询有限公司
开竣工时间	开工时间：2008.02，竣工时间：2009
建筑规模	建筑面积 1.48 万 m^2，建筑高度 46m
结构体系	框架结构
装配式技术	预制叠合梁、叠合楼板、预制外挂墙板、预制楼梯、预制走廊 项目整体预制率约 60%。
项目特点	华南地区工业化住宅项目投入市场的第一案例 华南地区首个预制框架结构装配式建筑项目 深圳市第一个“住宅工业化试点项目” 通过简单的预制外墙板拼装实现立面多样性

一、项目概况

深圳万科第五园第五寓项目位于深圳市龙岗区梅观高速公路与布龙路交会处，是一栋针对青年人群的“单身公寓”，规模为 12 层的工业化试点住宅楼。第五寓的设计是基于 VSI 工业化住宅技术体系，通过采用工业化技术，首先实现了建筑设计、内装设计、部品设计的流程一体化控制，是首个使用产品开发流程进行设计的工业化住宅产品，也是华南地区工业化住宅项目投入市场的第一案例。

在工程建设方面，本项目工业化采用了竖向框架柱现浇 + 水平构件预制叠合、外墙外挂装配的工法类型。项目已于 2009 年完工并投入使用。

项目曾荣获深圳市第十四届优秀工程“住宅建筑一等奖”；全国勘察设计行业第四届华彩奖金奖；广东省第十一届优秀勘察设计行业住宅二等奖；“第七届全国优秀建筑结构设计奖”三等奖；深圳市第一个“住宅工业化试点项目”。

立面效果

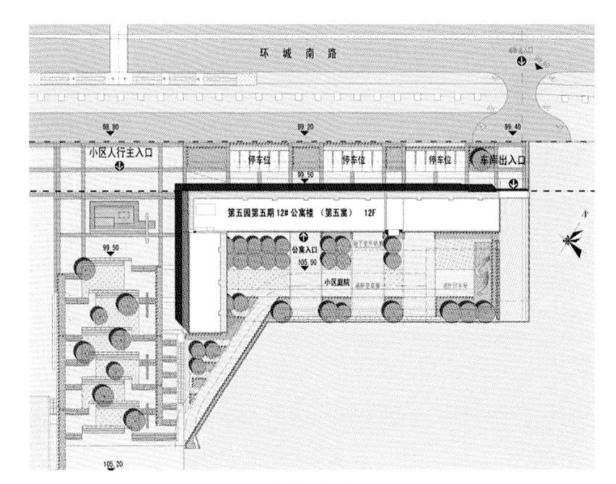
环城南路
小区人行主入口
停车位
停车位
停车位
车库出入口
第五园第五期128公寓楼（第五寓） 12F
公寓入口
小区庭院

总平面图

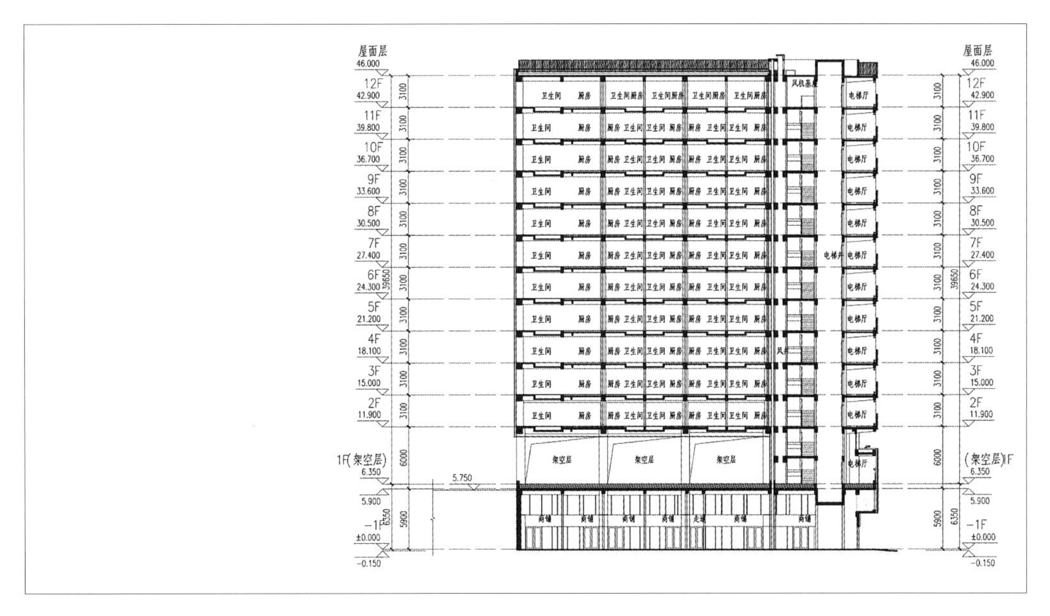
屋面层
46.000
12F
42.900
11F
39.800
10F
36.700
9F
33.600
8F
30.500
7F
27.400
6F
24.300
5F
21.200
4F
18.100
3F
15.000
2F
11.900
1F(架空层)
6.350
5.900
-1F
±0.000
-0.150
卫生间
厨房
电梯厅
风机房
架空层
商铺

剖面图

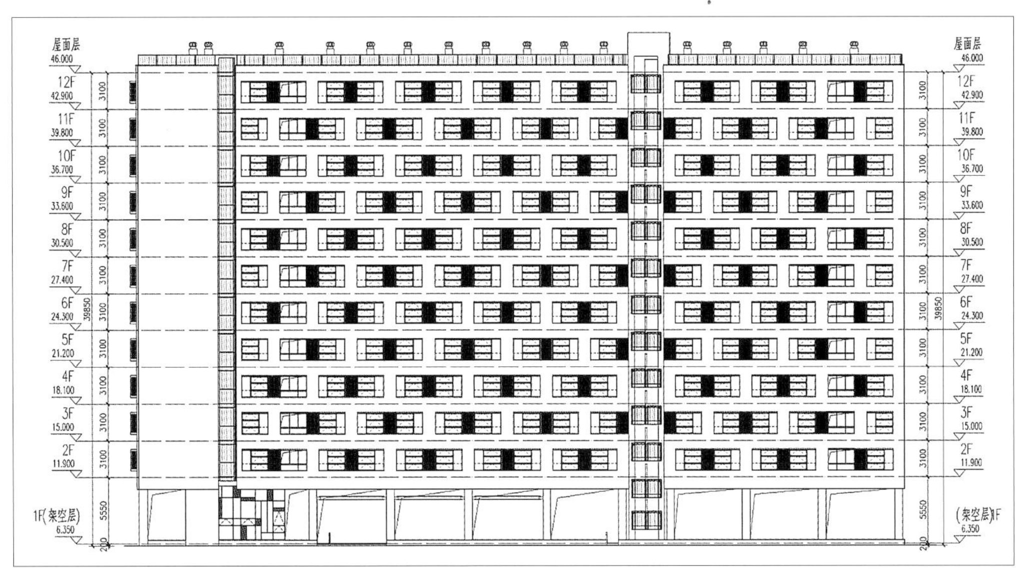
屋面层
46.000
12F
42.900
11F
39.800
10F
36.700
9F
33.600
8F
30.500
7F
27.400
6F
24.300
5F
21.200
4F
18.100
3F
15.000
2F
11.900
1F(架空层)
6.350

立面图

二、装配式建筑技术应用情况

项目采用的预制构件有：预制叠合梁、预制外挂墙板、预制楼梯、预制走廊、预制叠合楼板。

用工业化的设计理念，选择建筑适合的部位进行工厂的预制，提高整体工程效率，降低工程成本。根据专家评审会意见，考虑装配式建筑在当时我国应用经验较少，为保证结构安全性，本项目竖向结构采用现浇，其他水平楼盖及楼梯构件均采用预制或预制叠合构件。

预制外挂墙板考虑在生产时将窗预先镶嵌在墙内，这种一体化预制墙体使得窗框周圈渗水率等质量通病远远低于传统工艺建造的建筑。根据将近十年的使用数据统计，本项目的外墙渗水率为 0.01%，有效解决了外墙开裂渗水问题。

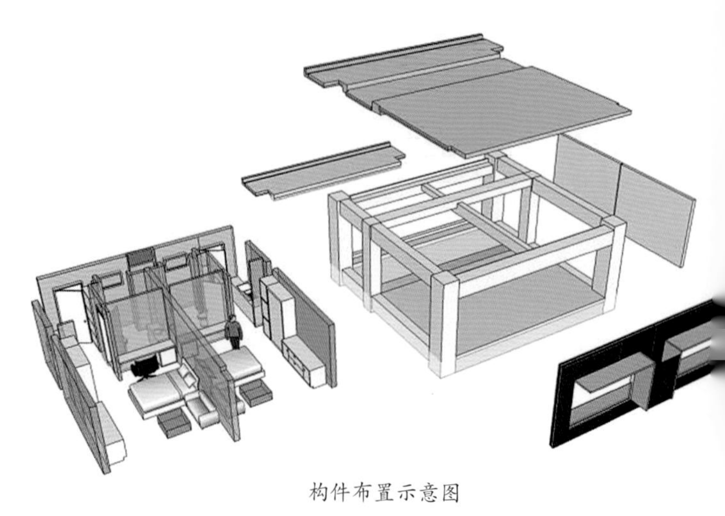

构件布置示意图

（一）装配式设计

1. 标准化设计

（1）构件标准化

用工业化的理念，优化部品的种类，实现种类合理数量最少。在该项目中采用两种户型，小户型 A 采用 3940mm 的开间，端部大户型 B 采用 3940mm+4365mm 的开间，开间净尺寸充分考虑内隔墙及内装部品的整数原则。项目设计中，在符合工业化标准化设计的前提下，通过对立面预制外挂墙板混凝土纹理的纵横排布处理，使得立面突破单一性，由于光线因素从而产生视觉的变化；对于外饰面部品设计，利用遮阳板和空调机位（金属穿孔板）的错落排列，增加了立面的韵律感。走道一侧的外墙面通过栏杆和玻璃板的组合构成，使立面产生横向长窗的错觉，增加立面的构成感，而使得在单一构件组合下的建筑具有更加丰富的立面变化效果。

标准化立面设计

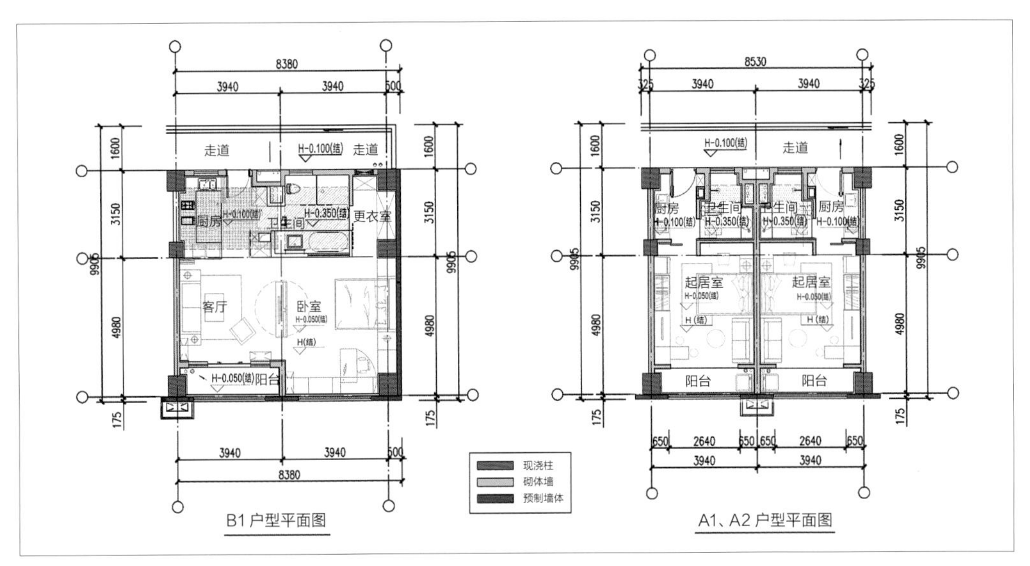

标准化户型模块图

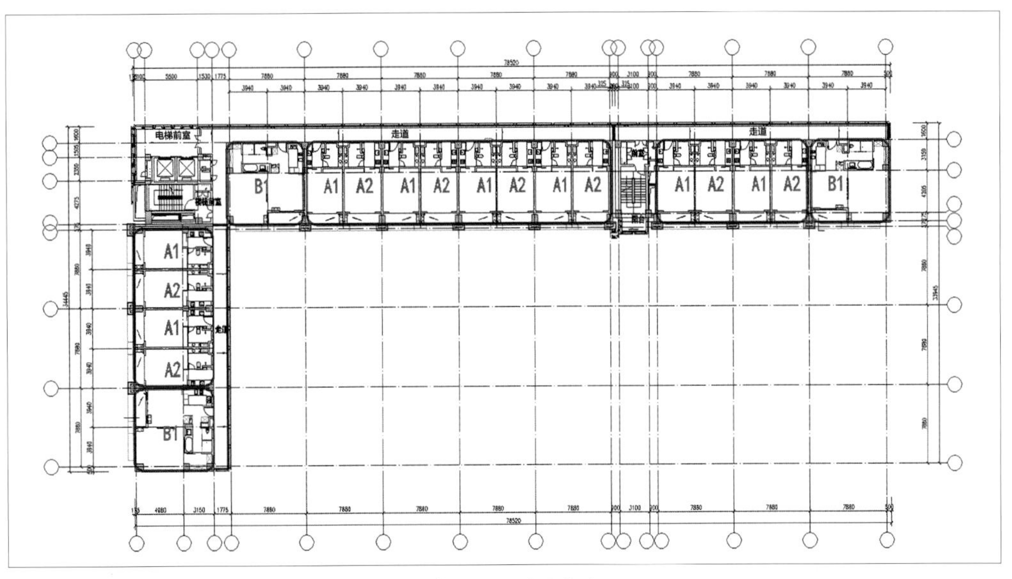

标准层平面模块分布

（2）节点标准化

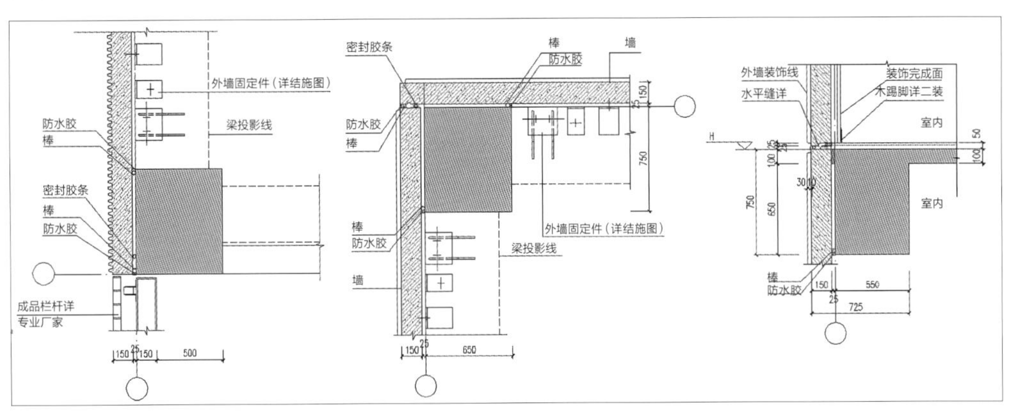

标准化节点图

2. 精装设计

结合室内的精装设计和部品设计的户型单元，实现建筑设计、内装设计、部品设计的整个生产流程可以一体化控制。项目操作过程中装修设计与建筑设计同时完成，有效地避免了建设过程中房间出现空间不好用或者出现错漏碰缺的情况。

现场精装图

（二）装配式施工

本项目为检验装配式技术可行性以及培育施工专业工人，考虑样板先行原则，在施工主体结构前先设计和施工了一个 3 层的试验楼，以便模拟施工过程，提前解决问题。

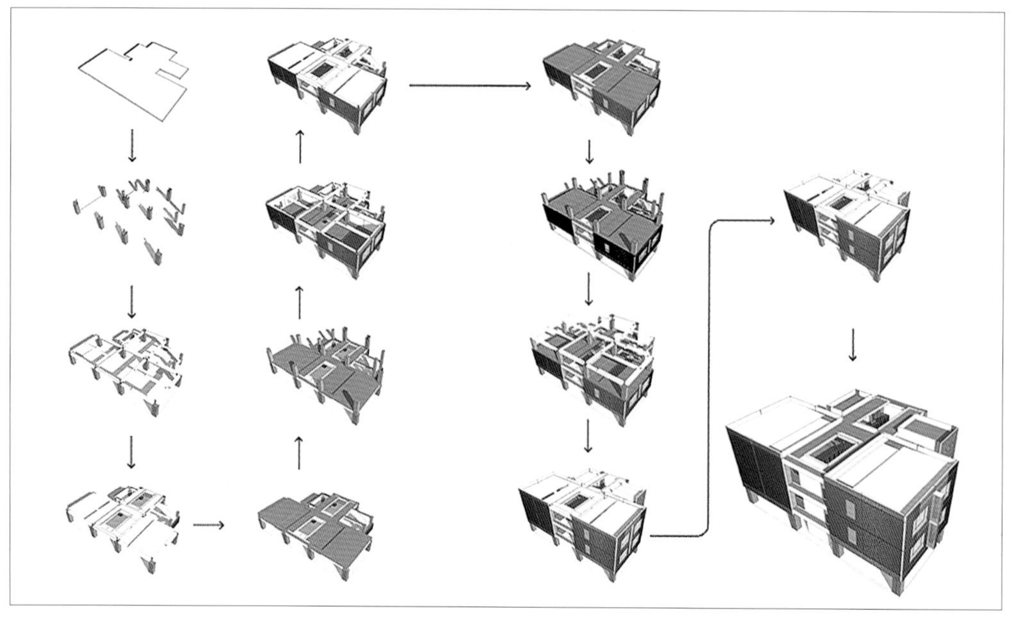

装配式施工过程模拟

预制外挂墙板吊装、预制外挂墙板连接缝处理、支架连接构件、支架支撑现场图

三、小结

（一）综合效益分析及意义

本项目参建单位均为首次实施工业化建筑，缺乏实施经验，极具挑战性。在项目设计阶段初起就遇到较多难题，但经过相关单位不懈努力逐个击破。经过本次工业化实施，了解到工业化的质量提升、进度提升的优势，但由于当时工业化部品部件的企业资源匮乏，产业链不成熟，导致项目总体成本较高。

本项目为华南区第一栋装配式建筑商品房，通过技术、施工的探索，以本项目为原始模型完成了我国第一本新式装配整体式建筑规程的编制：深圳市技术规范《预制装配整体式钢筋混凝土结构技术规范》SJG 18-2009，为我国的新式装配式建筑体系理论研究与标准编制奠定了坚实基础。

（二）结语

万科第五园第五寓项目为探索标准化设计与多样化实现方式做了深入研究与应用，最终采用完全标准化的清水混凝土预制外挂墙板，通过横向竖向的排列组合，实现了外墙立面的设计感与丰富性，这种“少规格、多组合”的标准化设计手法成为我国现阶段装配式建筑的重要发展方向。

作为华南地区工业化住宅项目投入市场的第一案例和深圳市第一个“住宅工业化试点项目”，承担了诸多探索性任务。通过该项目的实践，参与本项目的有关单位也成为此后深圳乃至全省装配式建筑的重要力量，为推动装配式建筑的一体化发展做出了重要贡献。

资料来源：深圳市万科发展有限公司、深圳市华阳国际工程设计股份有限公司

深圳龙悦居三期

建设单位	深圳市万科发展有限公司
设计单位	深圳市华阳国际工程设计股份有限公司
监理单位	深圳市邦迪工程顾问有限公司
咨询单位	深圳万科前田建筑技术有限公司
施工单位	中建三局第一建设工程有限责任公司、深圳市鹏城建筑集团有限公司
构件生产单位	广州安德建筑构件有限公司、深圳市高新建混凝土有限公司
开竣工时间	开工时间：2010.09，竣工时间：2012.09
建筑规模	建筑面积 21.6 万 m^2，建筑高度 80.85m
结构体系	框架剪力墙结构
实施装配式建筑面积	16.8 万 m^2
装配式技术	预制外挂墙板、预制楼梯、预制外走廊，预制女儿墙、大钢模、自升式爬架 项目整体预制率约 20%
项目特点	深圳首个装配式保障性住房项目 万科集团首次大规模运用工业化技术

一、项目概况

龙悦居三期项目位于深圳市宝安区龙华街道玉龙路与白龙路交会处，是采用工业化生产方式建设的政府公共租赁住房，也是华南地区的第一个工业化保障性住房项目。项目总用地面积 5.01 万 m^2，总建筑面积 21.6 万 m^2，整个小区共由六栋 26-28 层高层住宅 (约 16.8 万 m^2)、半地下商业及公共配套设施 (约 0.68 万 m^2) 及二层停车库组成，住宅总户数 4002 套 , 由三种套型组成 (以 35、50m^2 套型为主，约占 95%以上，少量 70m^2 套型)。

本项目为剪力墙结构体系，抗震设防烈度为 7 度。住宅主体结构采用现浇剪力墙结构预制外挂墙板体系，预制外挂墙板、楼梯、走廊采用预制构件，由工厂生产后在现场装配式建造施工。设计采用“模数化”“标准化”“模块化”工业化设计理念，以实用、经济、美观为基本原则，发挥工业化优势，控制造价，让工业化的推广价值得到体现。

本工程获得“2011 中国首届保障性住房设计竞赛”一等奖、最佳产业化实施方案奖、国家康居示范工程、全国保障房优秀设计一等奖、深圳市第一个住宅工业化示范项目、第二批全国建筑业绿色施工示范工程。住宅工业化建造方式被列为“深圳市住房和建设领域重点科研课题”“深圳市建设科技示范项目”、广东省“双优工地”、深圳市“双优工地”、深圳市 2011 年“工程建设标准化试点项目”等。

在建现场图

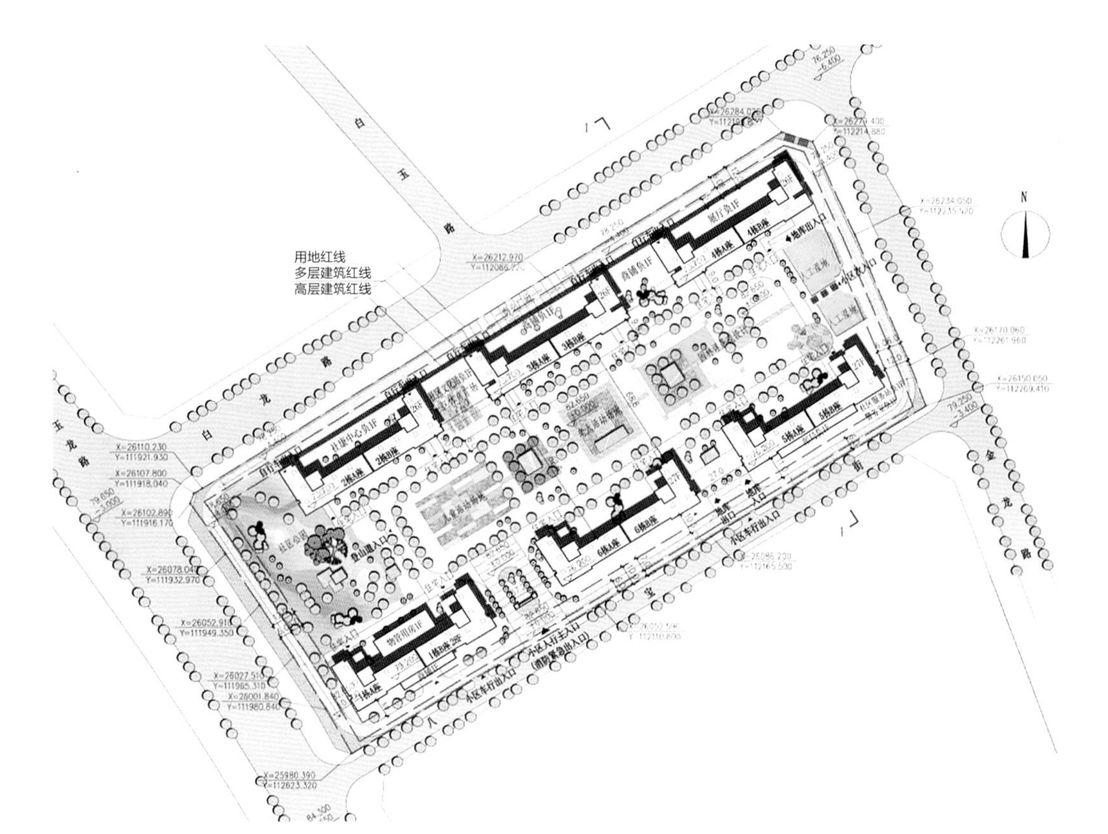

总平面图

鸟瞰图

建成夜景图

二、装配式建筑技术应用情况

本工程采用预制外挂墙板、预制楼梯、预制叠合阳台、预制混凝土内隔墙板工业化技术，并辅以大钢模的施工工艺建造，同时项目全部精装修交房。

装配式建筑技术应用

三、装配式设计、施工技术介绍

（一）装配式设计

1. 标准化设计

项目在设计之初就充分考虑工业化全过程设计理念，项目设计全过程遵循以下装配式建筑原则：

构件设计标准化	连接节点简单化	模具种类最少化
模块组合多样化	**预制建筑设计理念**	运输方便高效化
生产制作简易化	安装施工简体化	维护更换通用化

预制建筑设计理念

项目建筑设计充分考虑工业化因素，建筑平面规整；考虑成本造价控制因素预制外挂墙板无凹凸，立面开洞统一，避免了外墙构件的复杂；标准开间采用模数化设计，户型在满足配比要求的前提下尽量统一，整个项目由三种户型构成，通过简单的复制、镜像组合方式达到重复率 95% 的标准层组合方式，实现了外墙种类的最少化；立面面层采用涂料，基于预制外挂墙板的平整，最好地发挥涂料的效果，也避免了因常规外墙基层开裂带来的效果上的破坏，此外也发挥了涂料在立面形体及色彩划分的灵活性。

（1）户型标准化设计

户型标准化设计是工业化设计的基础，从住宅单元或房间单元标准化过渡到整幢建筑的标准化，以致最后到标准体系，这是标准化住宅发展的一个普遍的过程。本项目在模数网格基础上形成三种标准化户型单元，再进行简单复制、镜像组合形成标准组合平面，同时也实现外墙种类最少化与标准层公共空间配置标准的一致。

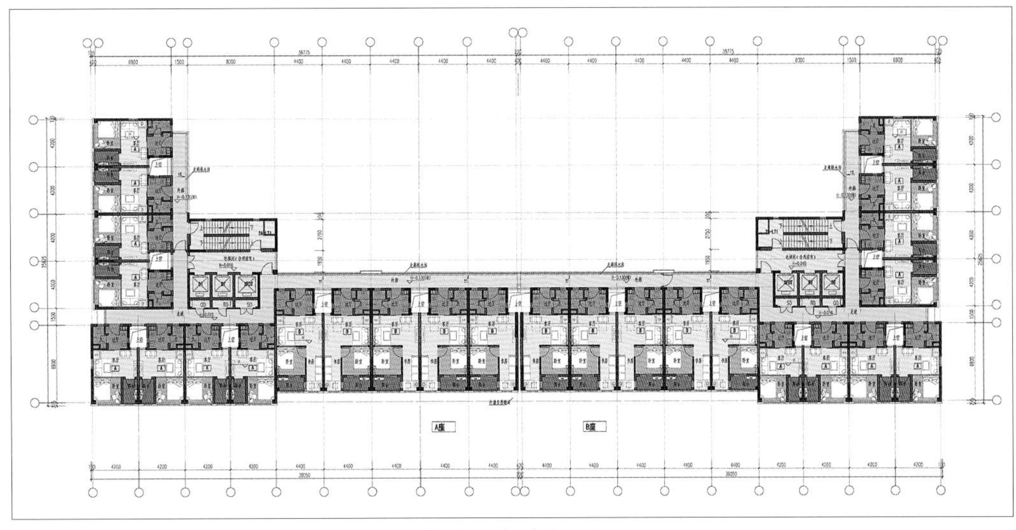

标准层户型平面图

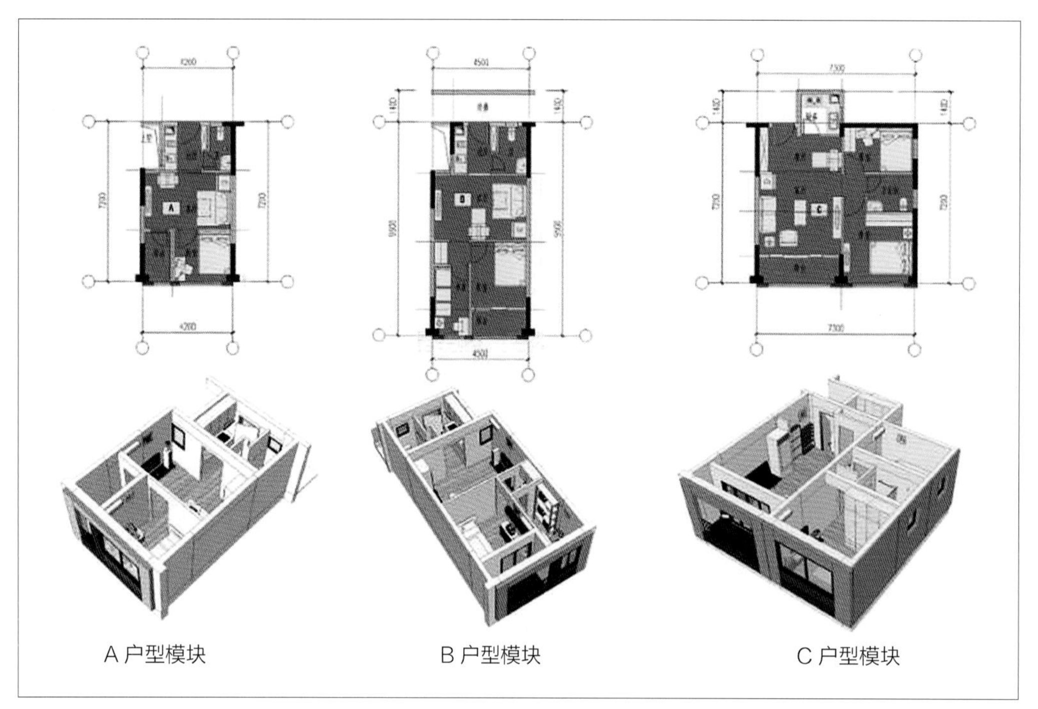

住宅套型模块图

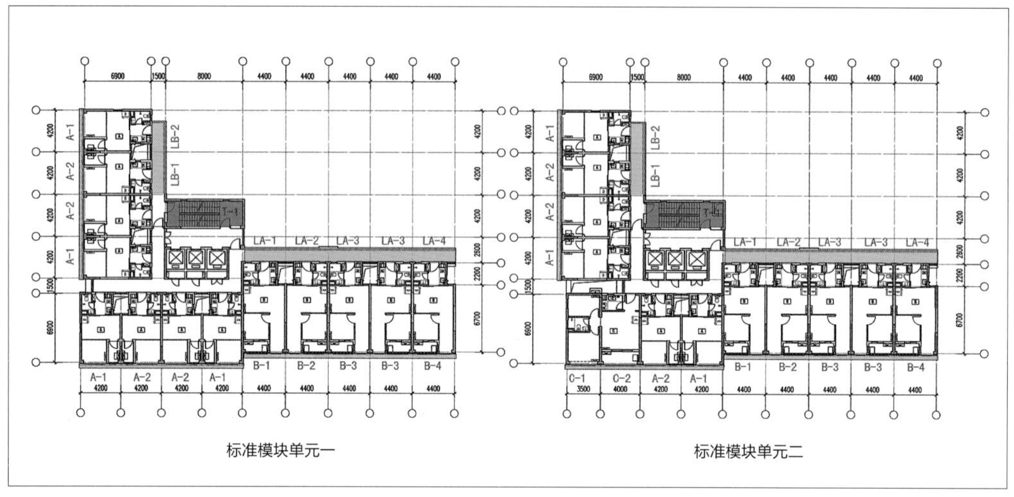

组合标准单元模块图

（2）构件标准化设计

项目中的预制构件按照应用的位置分为预制外挂墙板、预制外廊和预制楼梯，根据每个部位的预制构件按照三种户型模块进行分类，通过协调优化实现模具种类数量最少。本项目中预制外挂墙板经过优化设计后使用三种模具（以单体户型模块为一个基本单位，按 4.2m 和 4.4m 设计外墙标准构件宽度），预制外廊使用三种模具，预制楼梯使用一种模具。本项目预制楼梯采用梯段预制的方式，达到结构受力明确；模具加工简单，构件易生产；构件自重轻，利于现场施工；安装节点便捷，节点后期处理简单；安装灵活，对主体施工工期影响小；运输效率高等优点。

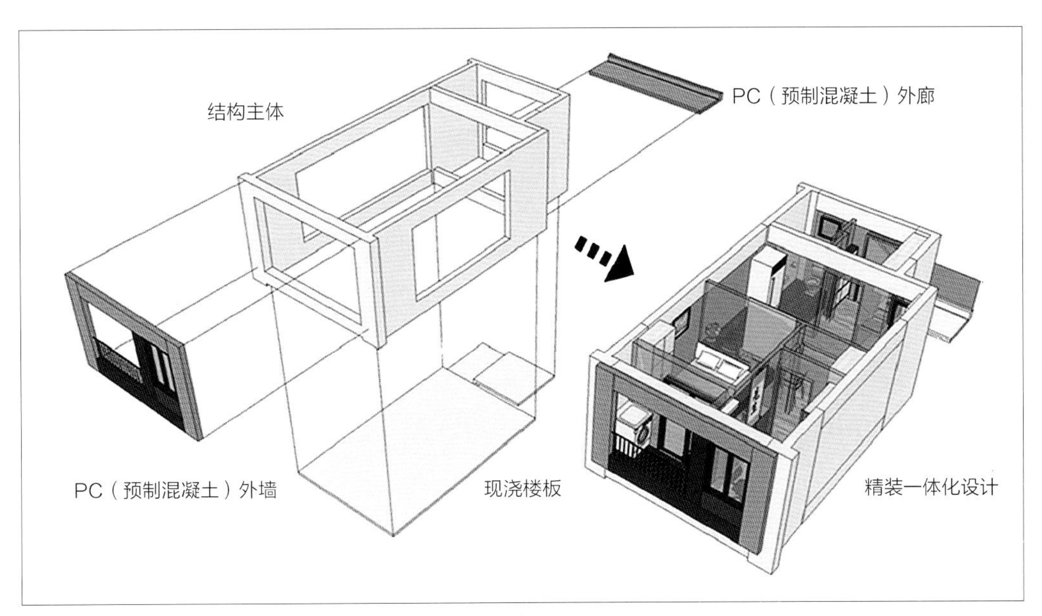

构件布置图

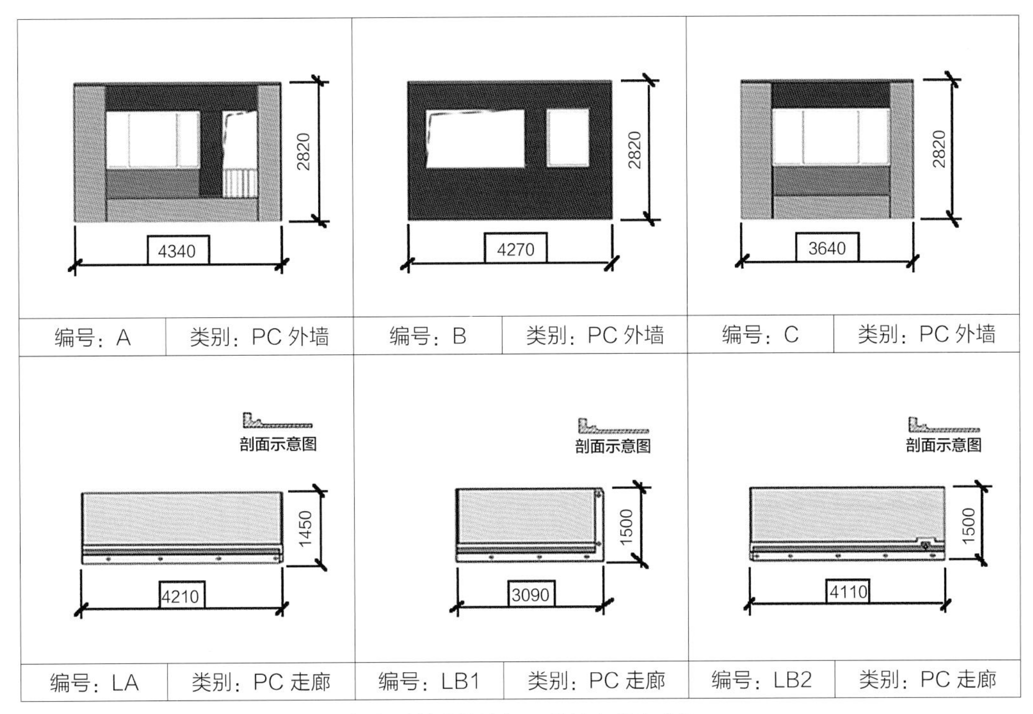

标准预制外挂墙板、预制走廊示意图

2. 构件深化设计

预制外挂墙板采用上端与主体结构梁钢筋锚固连接、底部利用角码限位连接的方式，结构抗震设计时，预制外挂墙板按非结构构件考虑，整体分析计入预制外挂墙板对结构整体刚度的影响。在多遇地震作用和设防烈度地震作用下，按弹性方法进行结构整体分析；罕遇地震作用下，按弹塑性方法进行结构整体分析。

预制外挂墙板及其连接的抗震性能目标为：多遇地震下保持弹性；设防烈度地震下预制外挂墙板不屈服，

外墙连接钢筋弹性一致；罕遇地震下预制外挂墙板顶缝剪力键不破坏，连接钢筋不屈服。

细节上的设计正是基于工业化生产方式的思考，通过构件连接部位的分项处理，使得构件连接节点构造简单和牢固可靠。项目中针对不同部位的预制构件连接节点都进行了标准化设计，有利于构件生产标准化和现场施工连接作业标准化。如预制墙体与剪力墙交接处、预制外挂墙板转角处的连接构造、预制外廊与梁连接处的节点构造处理等等（在后期的项目中，通过利用相同的连接方式实现不同方式的预制外挂墙板凸窗设计），通过节点的独到设计降低整个项目的施工复杂程度。

叠合阳台是预制和现浇混凝土相结合的一种较好结构形式，完成后具有与现浇阳台同等的结构受力性能，同时可节约模板，且底面光滑平整，可以不再抹灰，减少施工工序。叠合阳台与预制外挂墙板在建筑外周围的运用，不仅提高了建筑外立面的品质，同时二者的结合协调了建筑外立面装饰工程的统一进行。

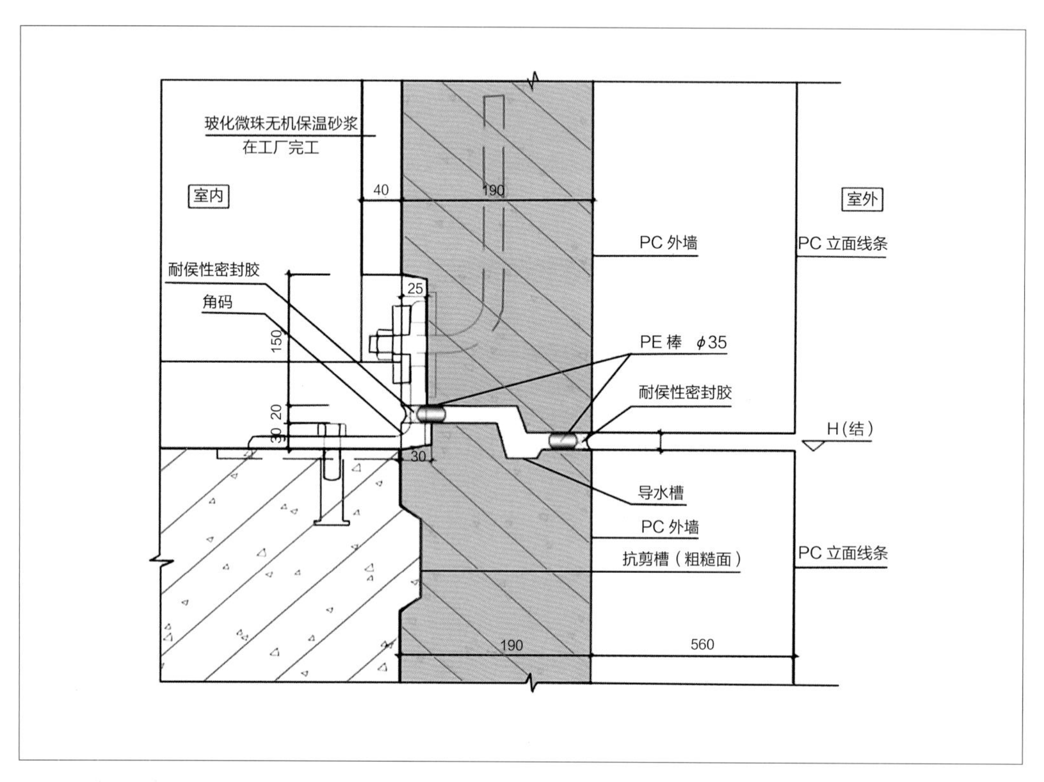

预制外挂墙板节点大样图

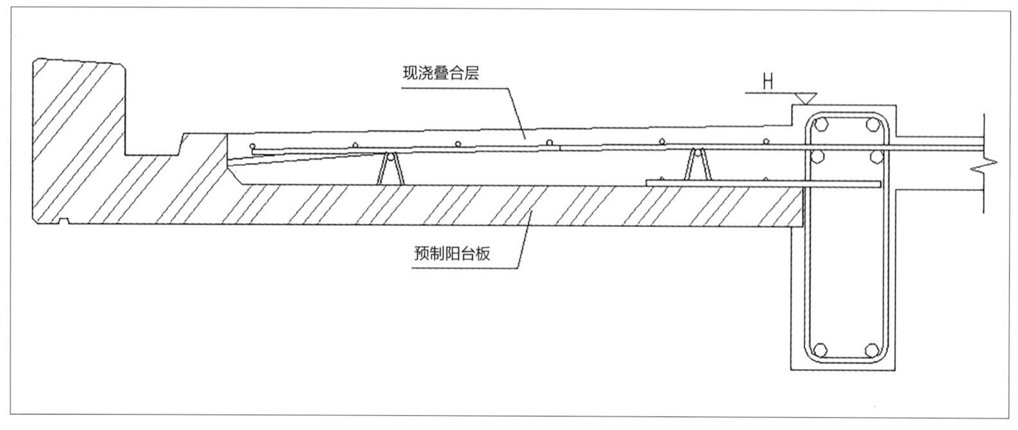

叠合阳台大样图

3. 防水设计

项目中预制外挂墙板拼接防水采用构造防水与材料防水相结合。为避免材料年久失效需要更换的隐患，通过合理设计预制外挂墙板侧面的企口、凹槽、导水槽等达到构造防水的要求（竖直缝设置空腔构造与现浇混凝土构造排水，水平缝设置排水槽构造与反坎构造防水）。墙体内、外侧辅以防水密封胶达到材料防水的要求，同时起到防尘、保温及确保外墙面的整体效果。

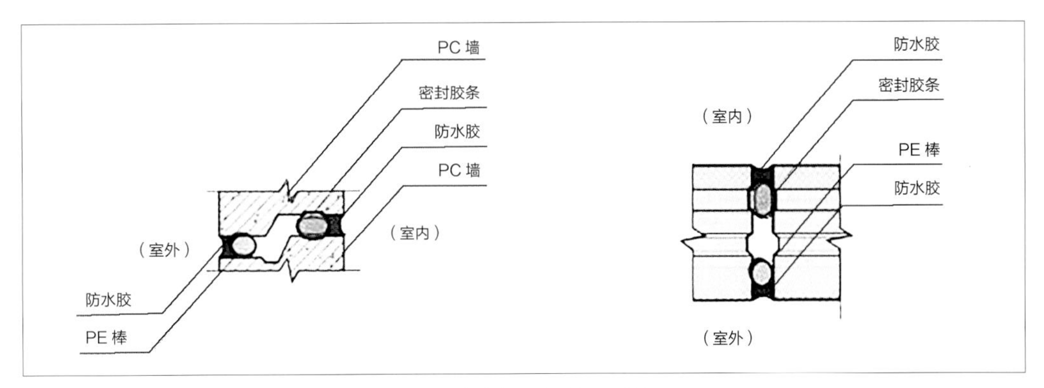

预制外挂墙板防水节点大样图

（二）装配式施工

1. 施工说明

此项目为深圳市住宅产业化试点项目，采用工业化技术建造施工。本项目预制构件采用预制外挂墙板、预制楼梯、预制阳台，内隔墙采用 ALC 墙板，结构主体现浇混凝土，标准层工期 6.5 天 / 层。

本工程预制构件的吊装采用塔吊吊装，根据位置采用 ST 7030/ST 7027 型塔式起重机，最大起重量 20t，最大工作幅度 60m，端部起吊 6.2t，塔吊吊装能力满足施工要求。合理组织吊装施工，按吊装顺序安排预制构件进场，现场布置 4 个预制构件堆场，保证 2 个塔吊吊装作业均衡施工。

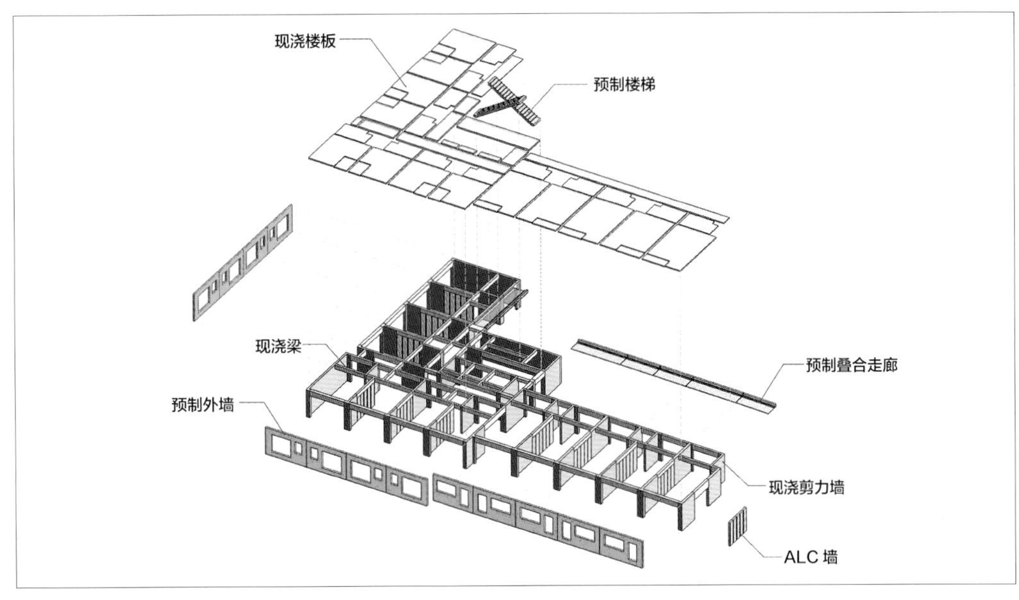

装配式施工说明

2. 工艺流程

（1）施工顺序

首先在测量放线后进行墙柱与梁钢筋绑扎，然后将外墙一侧预制的外挂墙板吊装到指定位置，并用支架进行固定和支撑，同时进行支模现浇剪力墙、梁、构造柱和楼板，最后进行填充墙体和栏杆扶手的安装。预制墙板采用固定连接，两侧及底部自由的悬挂式连接技术。预制墙板顶部预留 ф10@200 的封闭箍形式悬挂于外周梁侧面，为保证墙板与梁的可靠受力在与梁相交部位设置 100mm 宽、20mm 深的抗剪槽；另外为了防止预制墙板形成平面外的悬臂构件，设计在墙底部设置了每块墙板不少于 2 个的限位连接件，使其在平面内可以变形以释放在风、地震荷载作用下的层间变形且控制平面外的变形。为节约成本，墙底部限位连接件与施工时墙板的调整定位结合使用，提高重复利用率，以最大程度地节约施工成本。

（2）吊装

规划设计采用 12 栋塔楼周边式布局，布局规整、集中，可实现施工塔吊服务半径满足两栋安装一台的需求，塔吊利用率达到 3 万 m^2/ 台，有效地降低了设备能耗，提高了建筑设备使用效率；规划场地内消防环路可利用作为施工临时通道，既满足构件等的运输车辆的荷载要求，同时减少了地下室整体结构成本的过多投入；规划还给每栋塔楼附近预留构件堆场，构件堆场避开主体地下室，避免了意外堆放对地下室结构产生破坏的风险，同时可更好地发挥吊装的效率。

（3）定位

预制外挂墙板定位时，应以建筑轴线为基准，在楼板和预制外挂墙板上设置 X、Y、Z 方向定位参考线，构件在定位中均以参考线为基准。如果以外墙外表面作为定位参考，由于构件自身平整度的问题和安装误差的问题会导致误差累计，最终导致上层误差过大的可能。在预制外挂墙板顶板与结构主体连接处浇筑混凝土时，由于混凝土侧压可能导致预制外挂墙板和内模板发生偏移。

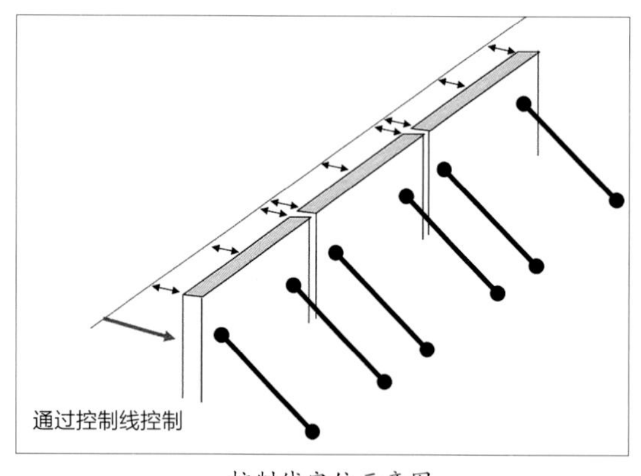

控制线定位示意图

对应方法：在混凝土浇筑前通过控制线将预制外挂墙板控制在 ±5mm 以内。控制线可以放置在预制外挂墙板外侧 100mm 处，在浇筑混凝土前确认预制外挂墙板的偏差值，并加以记录，如果偏差较大，要通过斜撑纠正。如果预制外挂墙板发生较大移动，要马上通过斜撑调整。

（4）调节

构件在吊装中，通过斜撑固定构件并进行初步校正，在吊装就位后，通过底部的两组调节件进行预制外挂墙板内外方向和竖直方向的精细调整。在构件吊装落位前，可以事先将调节件的螺栓长度控制到位，便于定位与调整。

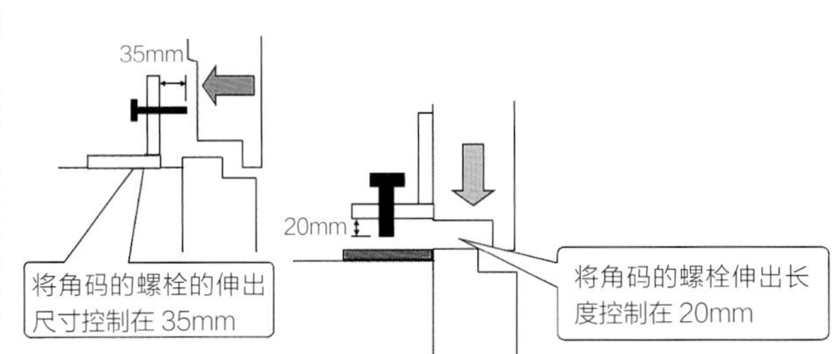

构件调节件调节示意图

四、小结

（一）综合效益分析

本项目采用工业化生产方式建设，根据同类型工业化建成项目的数据统计显示，本项目与传统项目在建造阶段能耗对比估算如下表所示：

统计项目	工业化方式	传统施工方式	节约比例
每平方米能耗（kg标准煤）	约17	19.11	约10%
每平方米水耗（m^3）	1.2	1.5	约20%
每平方米木模板量（m^3）	0.004	0.005	约22%
每平方米产生垃圾量（kg）	40	50	约24%

依据本项目工业化建造规模（按16万m^2计），在建造阶段预计本项目将为节能/节水/节材/环保方面做出如下贡献：

——节约标准煤约320t

——节约木材约160m^3

——节约施工用水约5.4万t

——减少施工垃圾约1600t

（二）结语

本项目无论从户型模块的标准化设计，还是对节点构造的细部处理，都是在以工业化设计理念为指导的原则下充分结合项目自身特点进行设计施工。工业化设计不等同于机械重复设计，而是需要在设计过程中与部品部件设计、室内精装设计、构件生产、施工组织同步进行，形成一体化设计。希望通过本项目的示范，推动工业化技术在保障型住房的实际应用，促进住宅产业向集约型、节约型、生态型转变，引导和带动新建住宅项目全面提高建设水平，带动更多建筑采用新技术，进而推进我市装配式建筑发展进程，实现可持续发展的社会意义和价值。

资料来源：深圳市万科发展有限公司、深圳市华阳国际工程设计股份有限公司

万科深圳翡悦郡园

建设单位	深圳市万科发展有限公司
设计单位	筑博设计股份有限公司
监理单位	深圳市邦迪工程顾问有限公司
施工单位	深圳市鹏城建筑集团有限公司
构件生产单位	深圳市鹏建混凝土预制构件有限公司
咨询单位	深圳万科前田建筑技术有限公司
开工时间	开工时间：2012.08，竣工时间：2015.02
建筑规模	建筑面积 4.5 万 m^2，建筑高度 96.8m
结构类型	剪力墙结构
实施装配式建筑面积	2.7 万 m^2
装配式技术	预制外挂墙板、预制花槽、预制混凝土内隔墙板、轻钢龙骨石膏板内隔墙、铝合金模板、自升式爬架

一、项目概况

万科翡悦郡园位于深圳市宝安区沙井街道环镇路与新沙路交界处，属于2010年宝安区沙井新沙路城市更新住宅项目，采用建筑工业化方式建造。

翡悦郡园项目用地面积为9657.93m²，用地呈三角形，东西最长距离约120m，南北约155m，属低山丘陵地貌，地形呈南、西北高、东北低的特点。项目总建筑面积45158.09m²，其中住宅建筑面积26930m²，容积率为3.57。项目由A、B、C三栋高层住宅塔楼、裙楼商铺及两层地下室组成，其中A、B座塔楼28层，高度为90.05m，分布在用地内北侧，C座塔楼29层，高度为93.70m，分布在用地中部。用地中心设置景观庭院，在设计中随坡就势，让中心庭院随地形排布，在底部三层放置商业，南部为返还市政绿化用地。

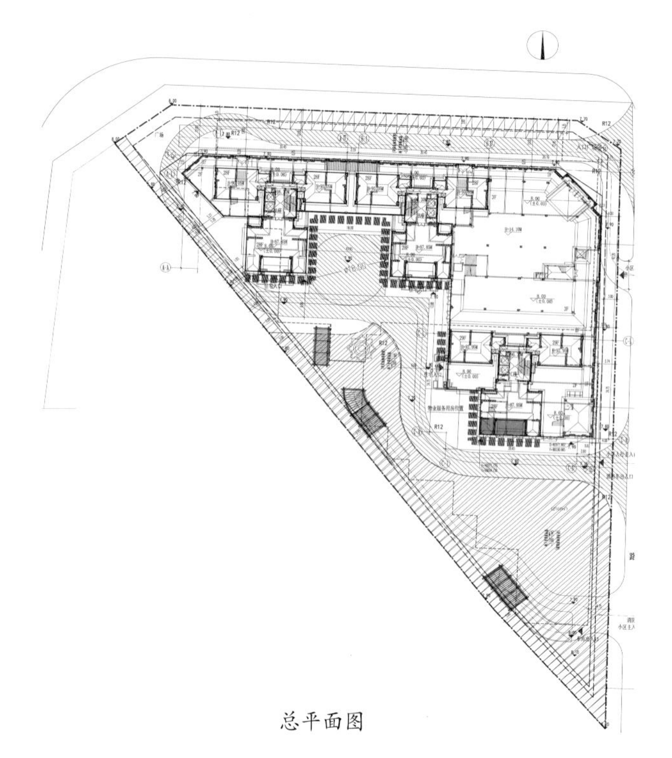

总平面图

塔楼工业化体系采用：预制外挂墙板、预制花槽、预制混凝土内隔墙板、铝合金模板、自升式爬架。

塔楼效果图

标准层平面布置图

立面图

二、装配式建筑技术应用情况

构件类型	施工方法		构件位置	构件设计说明	最大重量
	预制	现浇			
预制外挂墙板	√		东、西、南、北外墙	采用现浇外挂模式，与现浇边梁整浇连接	5.74t
预制花槽	√		北侧走廊	采用现浇外挂模式，与现浇边梁整浇连接	2.28t
预制混凝土内隔墙板	√		内隔墙	标准预制构件	0.14t
其他技术	1. 精装修穿插施工 2. 自升式爬架 3. 门窗框先装法施工技术 4. 铝合金模板施工技术 5. 预制混凝土内隔墙板施工技术 6. 外立面穿插施工技术 7. 预制构件生产与安装技术				

本项目在正负零以上楼层采用预制构件，预制构件主要用在部分凸窗位置的外墙及花池；项目除采用预制外挂墙板部位外其余现浇部位均采用铝模、大钢模装配式模板技术替代传统的模板施工技术进行施工。

预制凸窗吊装图

三、装配式设计、施工技术介绍

（一）装配式设计

1. 建筑设计

本项目从建筑方案设计开始就已经考虑到本项目会采用装配式建造工艺，主要外立面均采用预制外挂墙板，区别于传统的凸窗采用的砌砖模式施工，预制的方式能更好地把控预制外挂墙板的整体质量和平整度。在设计阶段，各专业通过多次协商优化，与建设单位及咨询公司多次开会商讨，最终得以基本统一构件样式，建筑方案满足标准化及模块化的要求，使得构件设计更为系统、简单及易于施工操作。各标准户型均配以固定的预制外挂墙板构件。

构件统计表

构件编号	楼号	楼层数	数量	单个构件重量(t)
Q1	A、B座	4~31层（共28层）	28x2	3.08
Q1R	A、B座	4~31层（共28层）	28x2	3.08
Q2	A、B座	4~31层（共28层）	28x2	5.09
Q2R	A、B座	4~31层（共28层）	28x2	5.09
Q3	A、B座	4~31层（共28层）	28x2	4.95
Q3R	A、B座	4~31层（共28层）	28x2	4.95
Q4	A、B座	4~31层（共28层）	28x2	3.53
Q4R	A、B座	4~31层（共28层）	28x2	3.53
Q5	A、B座	4、7~26、29~30层（共23层）	23x2	5.29
Q5R	A、B座	4、7~26、29~30层（共23层）	23x2	5.29
Q5A	A、B座	5、27、31层（共3层）	3x2	5.08
Q5AR	A、B座	5、27、31层（共3层）	3x2	5.08
Q5B	A、B座	6、28层（共2层）	2x2	5.74
Q5BR	A、B座	6、28层（共2层）	2x2	5.74
Q6	A、B座	4~31层（共28层）	28x2	0.98
Q6R	A、B座	4~31层（共28层）	28x2	0.98
Q7	A、B座	4~31层（共28层）	28x2	2.81
Q7R	A、B座	4~31层（共28层）	28x2	2.81
Y1	A、B座	4层（共1层）	1x2	1.26
Y1A	A、B座	5~7、9~11、13~15、17~19、21~23、25~27、29~31层（共21层）	21x2	1.67
Y1B	A、B座	8、12、16、20、24、28、31层（共7层）	7x2	2.28
		全楼合计	842	2966.8

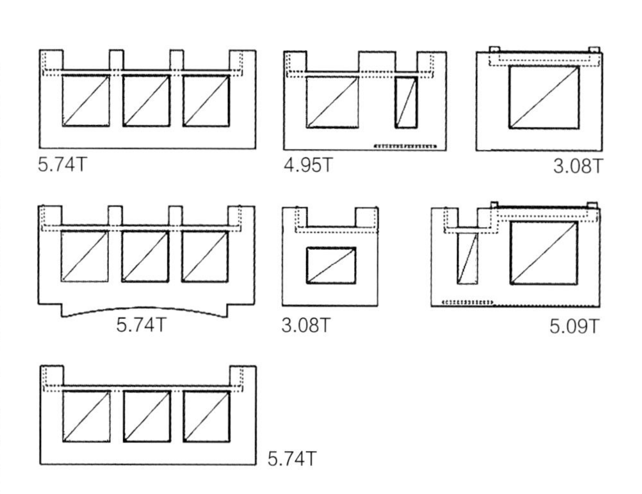

深圳万科沙井项目 – 典型 PC 构件图

由于政府面积计算规则的新规定，沙井只采用了落地凸窗的做法。典型节点包括落地凸窗、落地卫生间凸窗、阳台改房间凸窗、造型花池等四种。

立面风格虽然还是 Art-Deco，但取消了立面上底部凸出的做法，只用低层、高层各做一道 GRC 大线脚来处理。

典型预制构件图

2. 结构设计

（1）根据《工程结构可靠性设计统一标准》（GB 50153-2008），本工程的设计基准期为 50 年；根据《建筑结构可靠度设计统一标准》（GB 50068-2001），本工程主体结构设计使用年限为 50 年。

（2）本工程位于广东省深圳市宝安区，根据《建筑结构荷载规范》（GB 50009-2012），本工程 50 年一遇的基本风压为 0.75kN/m^2，地面粗糙度为 C 类。根据《建筑抗震设计规范》（GB 50011-2010），本工程建筑物的抗震设防烈度为 7 度，设计基本地震加速度为 0.10g，设计地震分组为第一组。

单体建筑名称	层数地上 / 地下	地上高度（m）	结构型式	抗震等级	
				抗震墙	框架
A、B 座	28/2	90.80	抗震墙结构	二级	二级
C 座	29/2	93.70	抗震墙结构	二级	二级

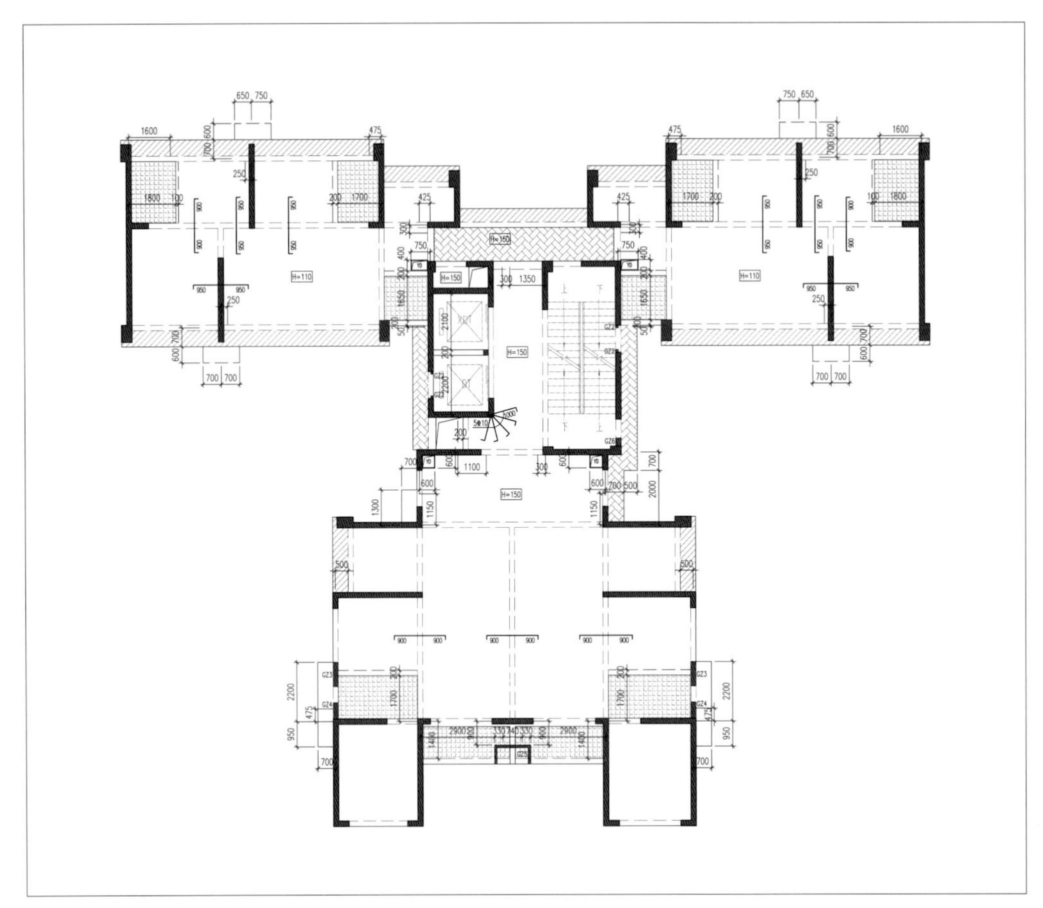

标准层结构平面布置图

3. 预制构件深化设计

预制外挂墙板墙厚 150mm，预制外挂墙板与主体采用外挂式连接，预制外挂墙板整浇与边梁形成固端，墙板上的连接钢筋采用具有较好抗震性能的热轧带肋钢筋，两侧与墙柱连接，底板部位与主体楼板通过后浇带浇筑在一起。

预制外挂墙板与下层楼板之间的连接缝（20mm）采用自密实混凝土进行填充密实，在浇筑前需采用胶条使接缝密封，以防止漏浆。

预制外挂墙板四周与现浇主体结构相接的部位均采用“人工水洗面”，增强结构抗剪能力以保证现浇混凝土与预制墙板混凝土的整体性，同时还能起到更好的防水性能。人工水洗面的凹凸度不小于 6mm。

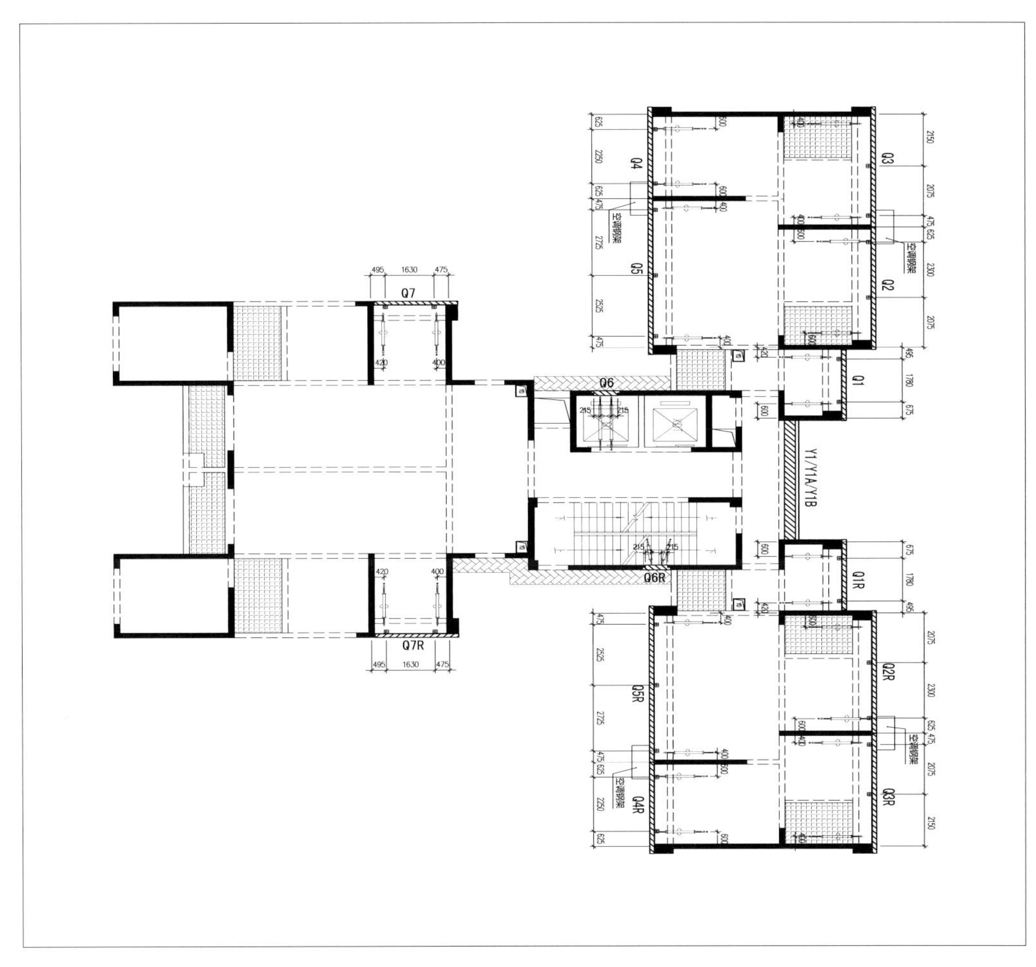

预制构件平面布置图

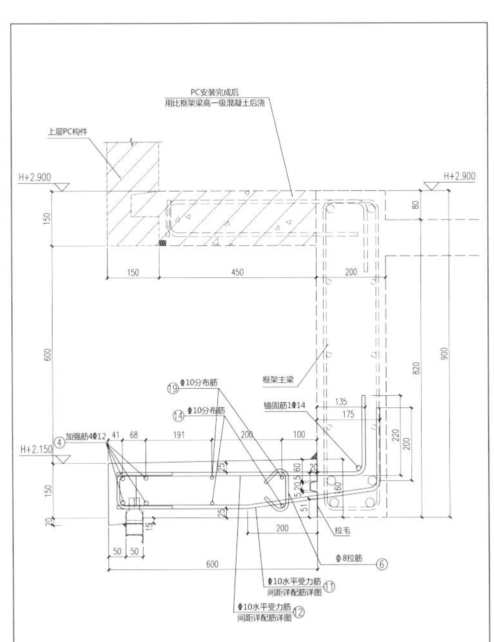

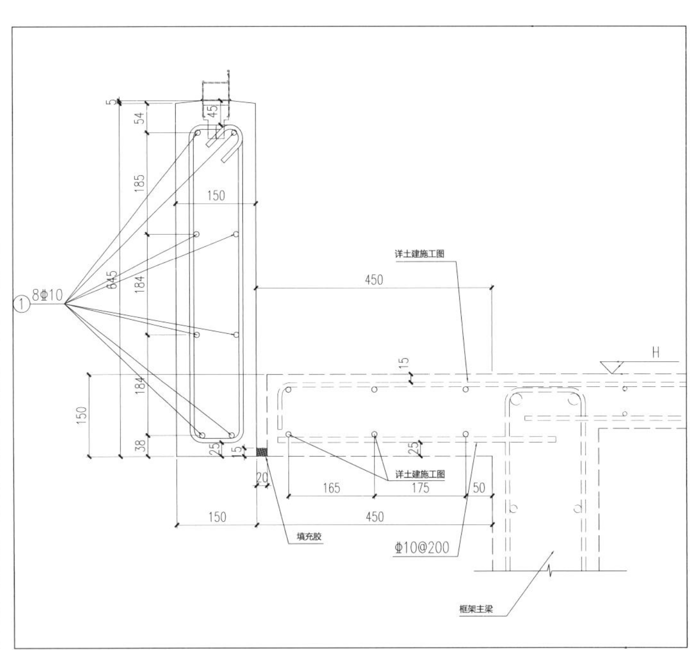

预制外挂墙板连接节点示意图

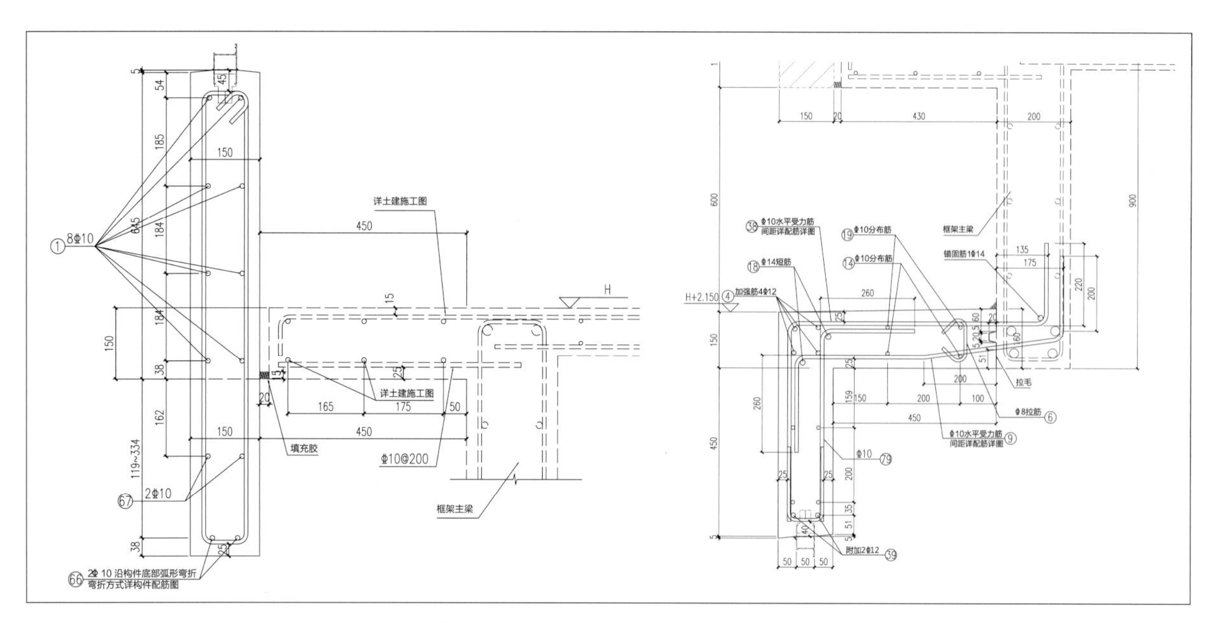

预制外挂墙板连接节点示意图

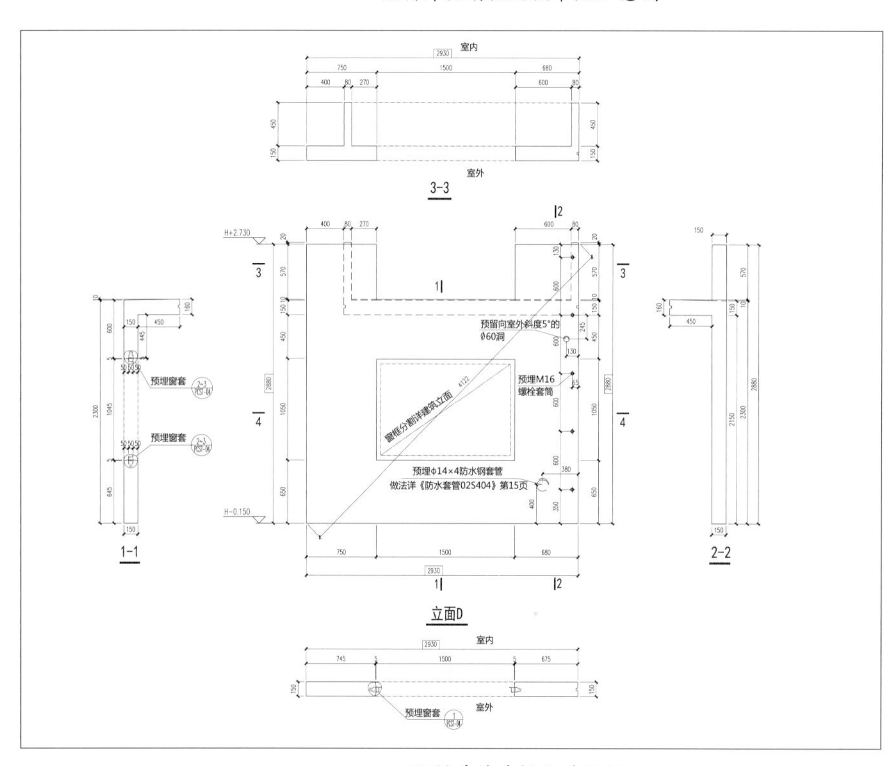

预制外挂墙板设计图纸

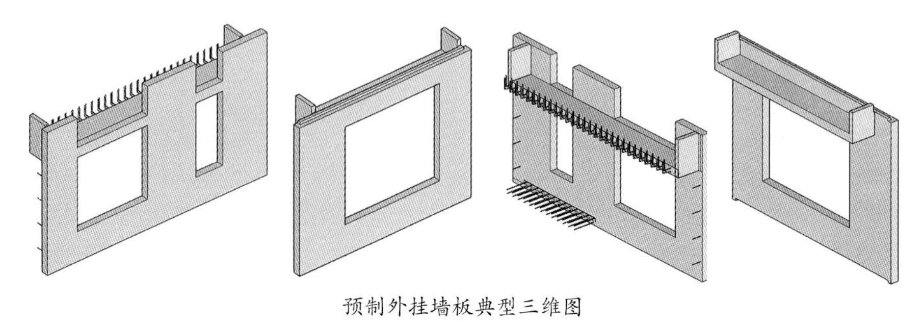

预制外挂墙板典型三维图

4. 防水防火节点及做法

（1）外墙防水工艺

自防水：竖缝现浇混凝土浇筑，结构自防水。构造防水：水平缝低与楼板面，防止水流入室内。材料防水：外墙缝均打胶，以达到防水目的。

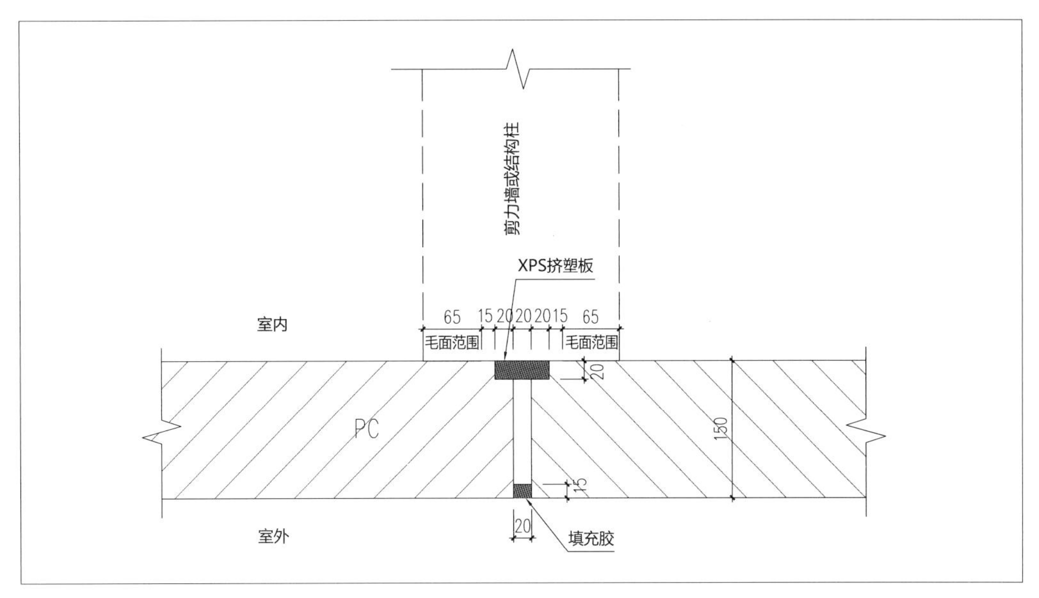

预制外挂墙板防水节点图

（2）外墙防火工艺

由于有 150mm 厚的钢筋混凝土墙体保护，构造上又在门窗洞口和板缝间均采用无收缩混凝土浇筑，主要保温材料均是采用满足耐火等级的复合保温板，在保证安全的前提下实现较好的节能效果。

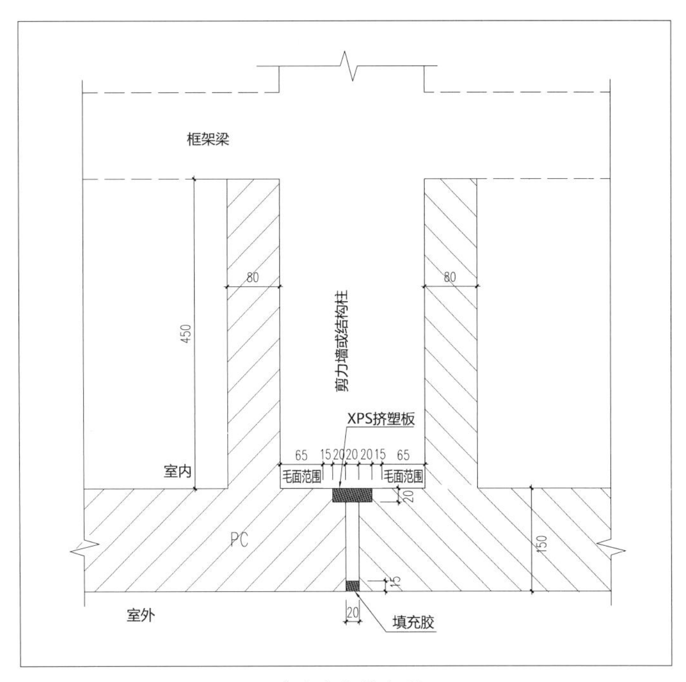

外墙防火节点图

5. 保温设计及做法

本项目预制外挂墙板均采用内保温做法，在预制外挂墙板内贴 30mmXPS 及 10mm 石膏板达到深圳市节能相关要求。

（二）装配式施工

1. 工艺流程

（1）预制构件安装流程

预制构件深化设计由建设单位、设计单位、施工单位以及构件厂技术部门共同深化，综合考虑各项结构指标以及预制构件与其他构件的连接节点，节点采用倒置式设计原则，根据确定户型的用材进行各节点反推，如轻质内墙板、铝模现浇以及铝合金窗框等，最终确认预制构件深化图纸。

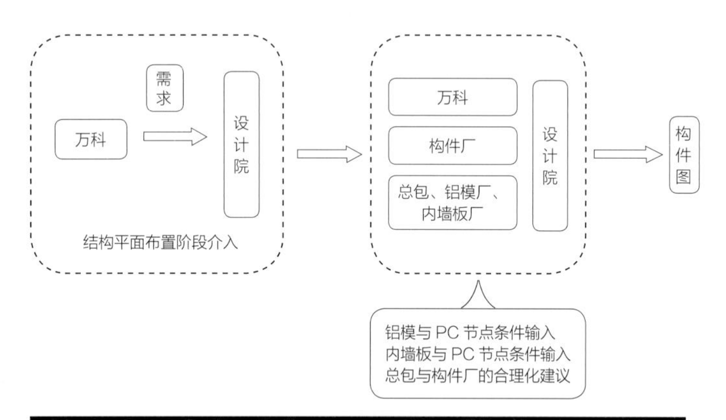

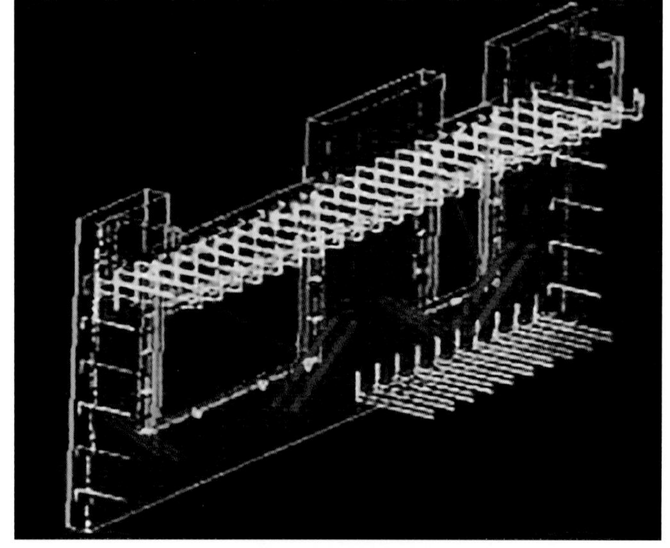

构件深化过程

预制构件为全工业化生产、第三方现场监督制作，按照施工现场指定的时间、指定路线运输至施工现场后进行直接吊装或者现场集中堆放。

现场安装严格指定工序动作实施：构件吊装就位→安装高度调节板及斜撑→进出、高低的细部调平→测量复核。

（2）预制内墙板安装工艺流程

翡悦郡园项目采用“蒸压陶粒混凝土内墙板”，确定供方后连同设计单位、施工总包、精装总包以及机电专业共同反馈专业需求，最终由墙板供方深化墙板装配施工图，同时结合未来配合精装修施工在拼接节点上预留接缝坎等。

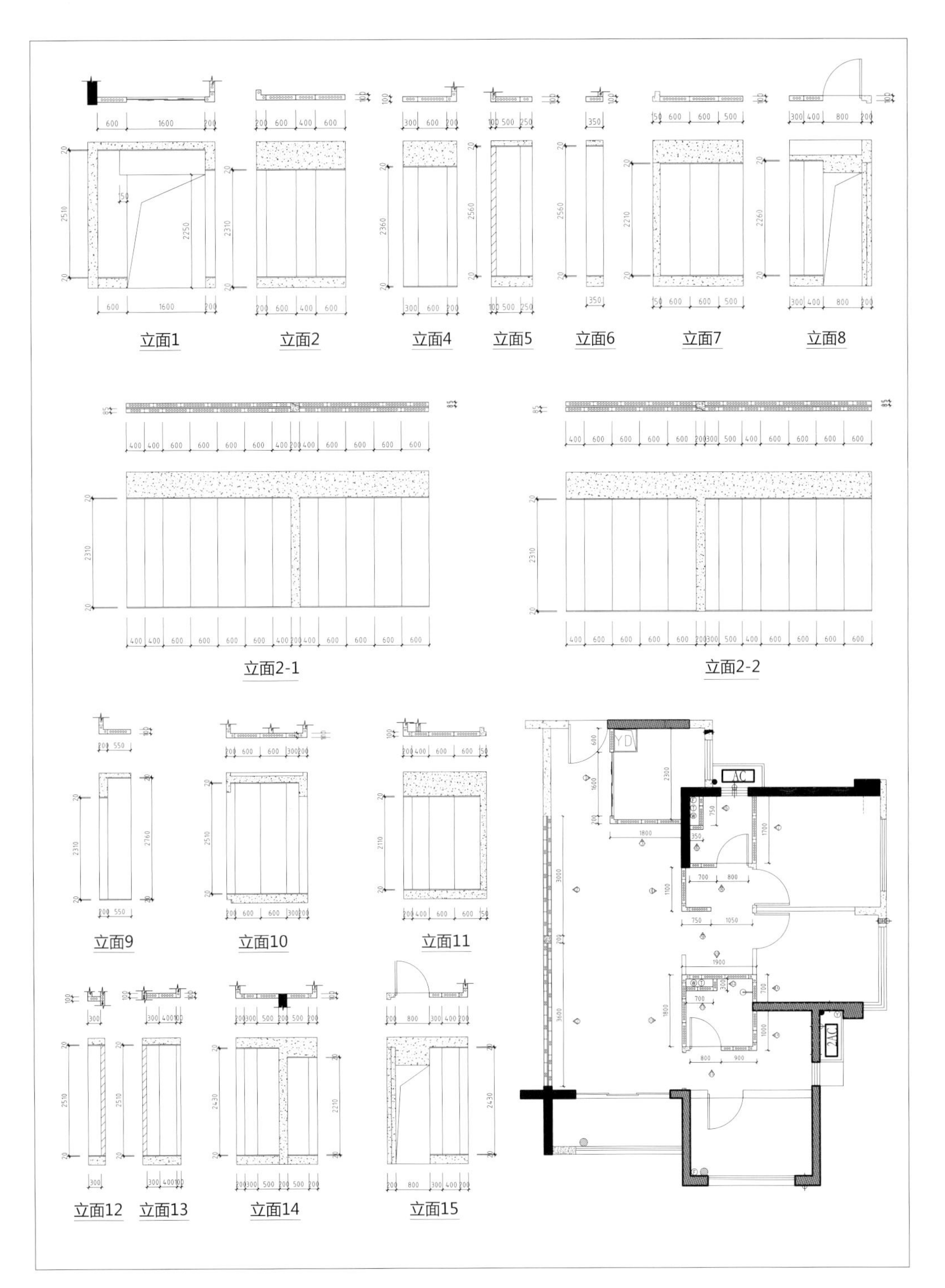

墙板排板图

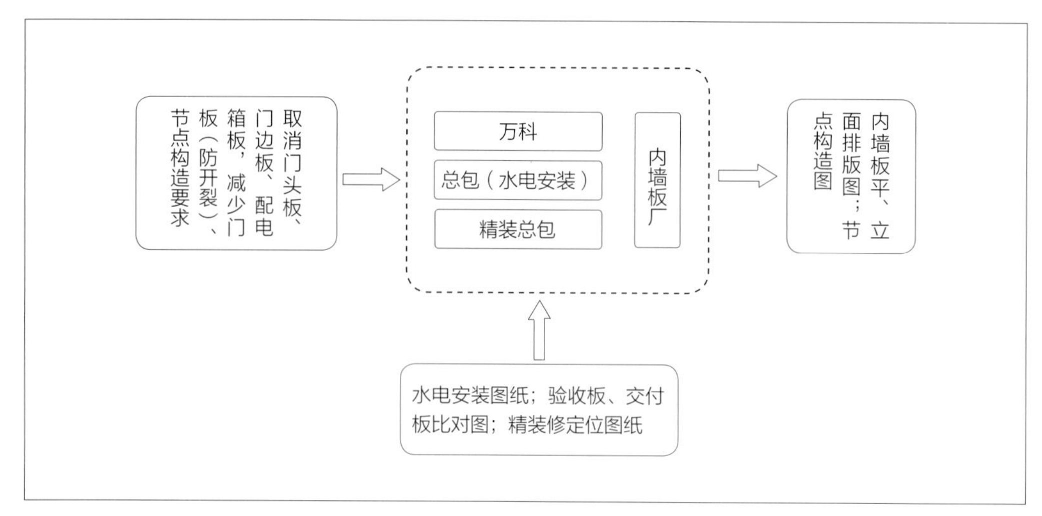

内墙板深化设计过程

墙板施工严格按照下图工序进行，尤其注意控制底部木楔拆除时间、墙板顶部及板间的接缝填充时间，必要时可根据主体沉降数据调整：

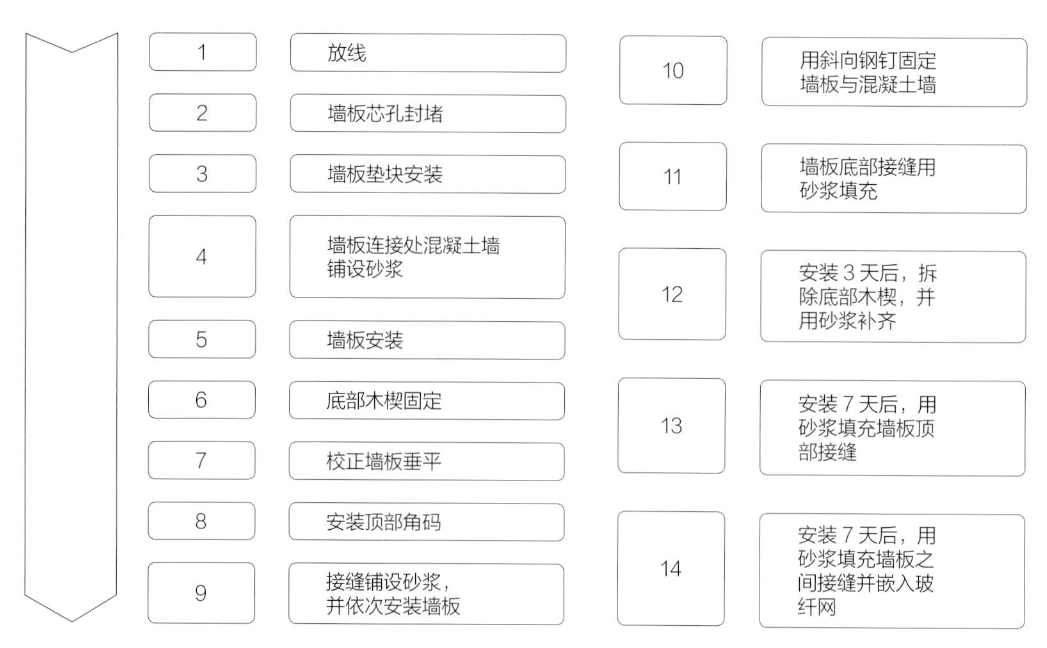

内墙板施工流程图

为防止墙板缝以及板面开裂，一方面采取构造措施，设置构造柱、结构留槽，另一方面所有墙板接缝部位均采用玻纤网格布嵌缝填充，而后精装修腻子层中亦满挂一层玻纤网，同时定期监测墙体施工完成后的使用情况。

内墙板施工完成图

（3）轻钢龙骨石膏板内墙安装工艺流程

本项目实行精装修交楼，局部预制混凝土内隔墙板以及衣柜隔墙采用轻钢龙骨石膏板隔墙，本项目采用双排 50 或单排 75 系列龙骨、内墙专用吸声棉及外加 12mm 双层纸面石膏板。与原结构拼接节点以及瓷砖铺贴区的地面 10cm 反坎均为前期施工预留。

轻钢龙骨石膏板完成图

施工及技术节点控制：

混凝土反坎由精装单位放线，土建总包施工，确保定位无误；隔墙内线盒由精装单位定位固定、土建总包负责穿线，责任明确；局部重点受力部位，如门边的边龙骨用扁铁加固，增加其刚度；考虑墙面挂重，电视背景墙位置内嵌15mm大新木板；所有石膏板与结构拼接处均采用订制“T形PVC条”内嵌、外挂纤维布的模式，加强饰面层的抗拉性能；龙骨布置、锚固间距、保温棉锚钉间距、次龙骨布置等施工标准严格按照“万科轻钢龙骨石膏板预制混凝土内隔墙板施工准则”实施。

2. 装配式模板安装工艺流程

结合铝模深化设计及生产周期提前介入深化，结合预制构件、轻质内墙板、水电预埋以及精装修方案进行节点深化及排版，铝模供货前须进行厂内试拼装，且必须厂内严格按照排版图纸逐块编号，确认无误后再发货，生产、供货全周期约为75天。

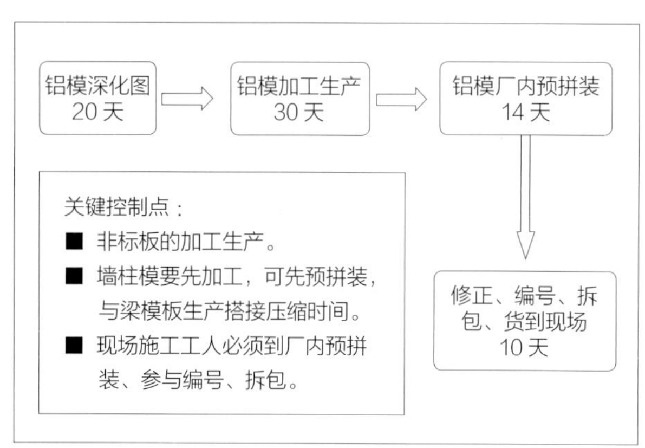

模板加工流程图

现场安装基本顺序为“墙柱→梁→板”，细部工序节点严格按计划控制。

任务名称	工期	开始时间	完成时间	前置任务
铝模拼装计划（标准层）	7工作日	2013年5月7日	2013年5月13日	
测量放线	1工作日	2013年5月7日	2013年5月7日	
PC吊装	1工作日	2013年5月7日	2013年5月7日	
墙柱钢筋绑扎	1工作日	2013年5月7日	2013年5月7日	
内墙模板拆除、运输	2工作日	2013年5月7日	2013年5月8日	
墙模板安装	2工作日	2013年5月8日	2013年5月9日	
梁板模板拆除、运输	2工作日	2013年5月8日	2013年5月9日	4
梁模板支设	1工作日	2013年5月10日	2013年5月10日	7
板模板支设	1工作日	2013年5月11日	2013年5月11日	8
梁钢筋、板底筋绑扎、水	1工作日	2013年5月12日	2013年5月12日	9
模板体系调平水、加固	3工作日	2013年5月11日	2013年5月13日	
板面筋安装、混凝土浇筑	1工作日	2013年5月13日	2013年5月13日	10

模板施工图

3. 自升式爬架安装流程

爬架体系在确定供方后，先将塔楼平面图以及施工现场布置方案交予供方以深化爬架方案，综合考虑主体施工操作需求、施工大型设备以及外立面特殊构造物的尺寸与爬架安装、爬升的关系进行深化，特别关注塔吊位置、外墙空调挑板、外立面线条等外突构造物。

爬架安装大致工序有：散件拼装→塔吊吊装→逐块锚固、焊接安装→操作层翻板。

爬架爬升（下落）大致工序有：操作层翻板→拆卸指定结构连接螺栓→电葫芦提升→连接主体结构螺栓→操作层翻板。

特别注意操作层翻板事宜，以防高空坠落。

自升式爬架安装流程图

四、小结

（一）综合效益分析

本项目采用工业化生产方式建设，关键技术采用了装配式预制构件预制技术、内浇外挂式外墙板施工技术、钢筋混凝土结构铝合金模板施工技术、高层建筑施工智能升降平台施工技术及预制混凝土内隔墙板安装技术。关键技术的采用，提高了劳动效率，减少了现场劳动力，劳动力成本减少23%；节省工期近 1 个月，加快工程进度，缩短了总工期。

（二）结语

希望通过本项目的示范，推动工业化技术在保障型住房的实际应用，促进住宅产业向集约型、节约型、生态型转变，引导和带动新建住宅项目全面提高建设水平，带动更多建筑采用“四节一环保”新技术，进而推进住宅产业现代化进程，实现可持续发展的社会意义和价值。

资料来源：深圳市万科发展有限公司、筑博设计股份有限公司

深圳朗侨峰居

建设单位	中铁建设投资集团有限公司城市开发分公司
设计单位	深圳市建筑科学研究院股份有限公司
监理单位	深圳市首嘉工程顾问有限公司
施工单位	中铁建工集团有限公司
钢结构施工单位	杭萧钢构股份有限公司
构件生产单位	杭萧钢构股份有限公司
预制整体卫生间生产单位	华南建材（深圳）有限公司
开竣工时间	开工时间：2013.05，竣工时间：2015.07
建筑规模	3.55 万 m^2，建筑高度 92.55m
结构类型	钢管混凝土（钢）框架 - 核心筒结构
实施装配式建筑面积	1.7 万 m^2
装配式技术	预制整体卫生间、钢筋桁架混凝土楼板、CCA 板整体灌浆墙
项目特点	深圳市钢结构住宅重要试点项目

一、项目概况

深圳市龙珠八路西保障性住房 BOT 项目位于深圳市南山区，北环大道以南，东侧紧邻北环－龙珠立交，由深圳中铁郎侨峰居有限责任公司建设。项目总用地 7113.68m^2，总建筑面积约为 48889.35m^2，容积率 5.0，规定容积率建筑面积为 36746.62m^2。建筑基底面积为 2043.17m^2，覆盖率为 26.90%。绿地面积为 2403.79m^2，绿地率为 33%。

本工程包括 A 栋 29 层、B 栋 30 层及共两层的地下室三个子项，主要功能为住宅，住宅总户数为 570 户。A 栋为混凝土剪力墙结构体系，建筑地上部分为 29 层，建筑高度为 89.55m，建筑规模有 18142.56m^2，住户户数为 280 户。B 栋为钢管混凝土（钢）框架－核心筒结构体系，建筑地上部分为 30 层，建筑高度为 92.55m，建筑规模有 19295.99m^2，住户户数为 290 户。

工程结构类型为钢结构，抗震设防烈度为 7 度。

项目建成图

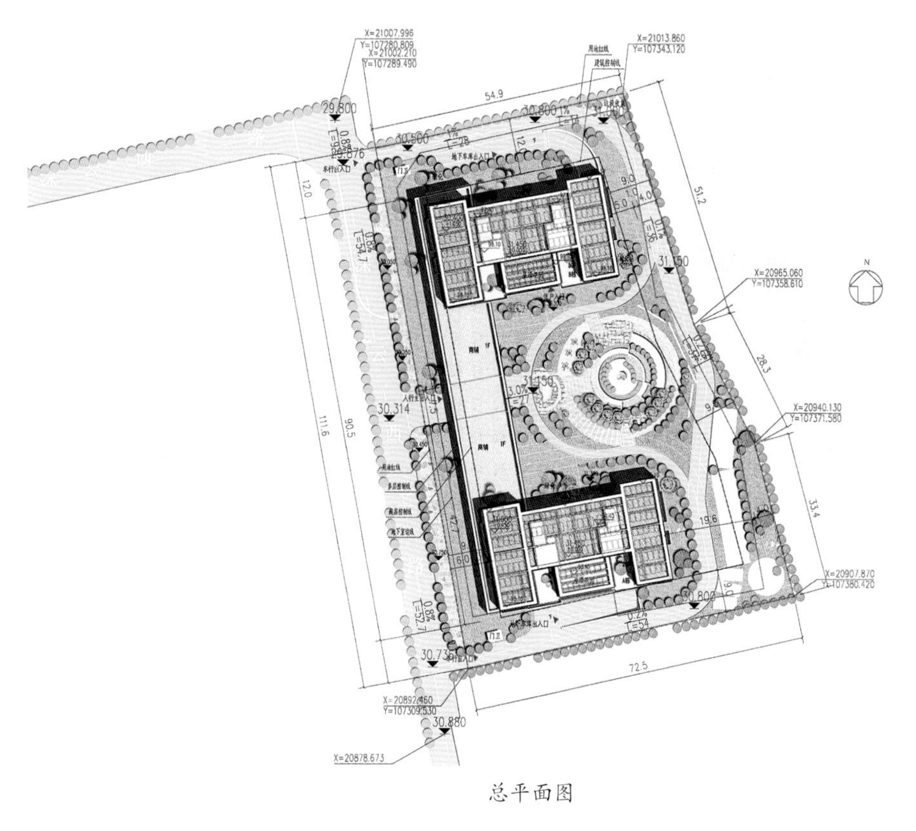

总平面图

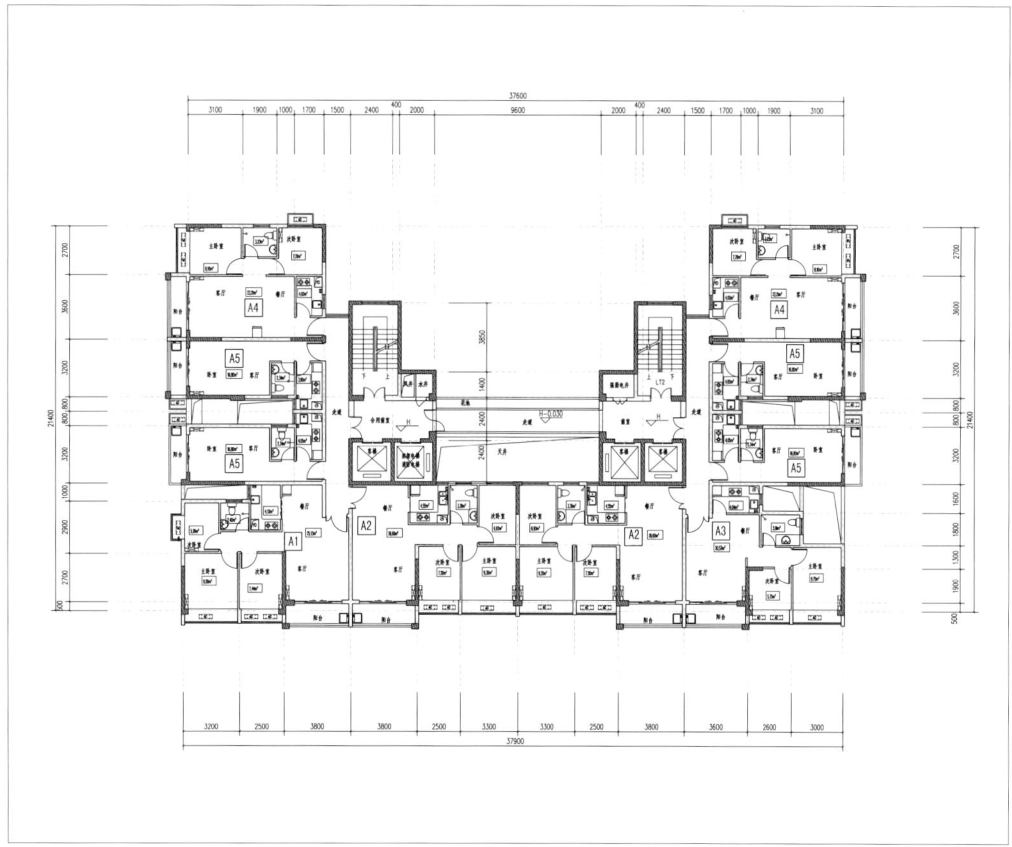

标准层平面图

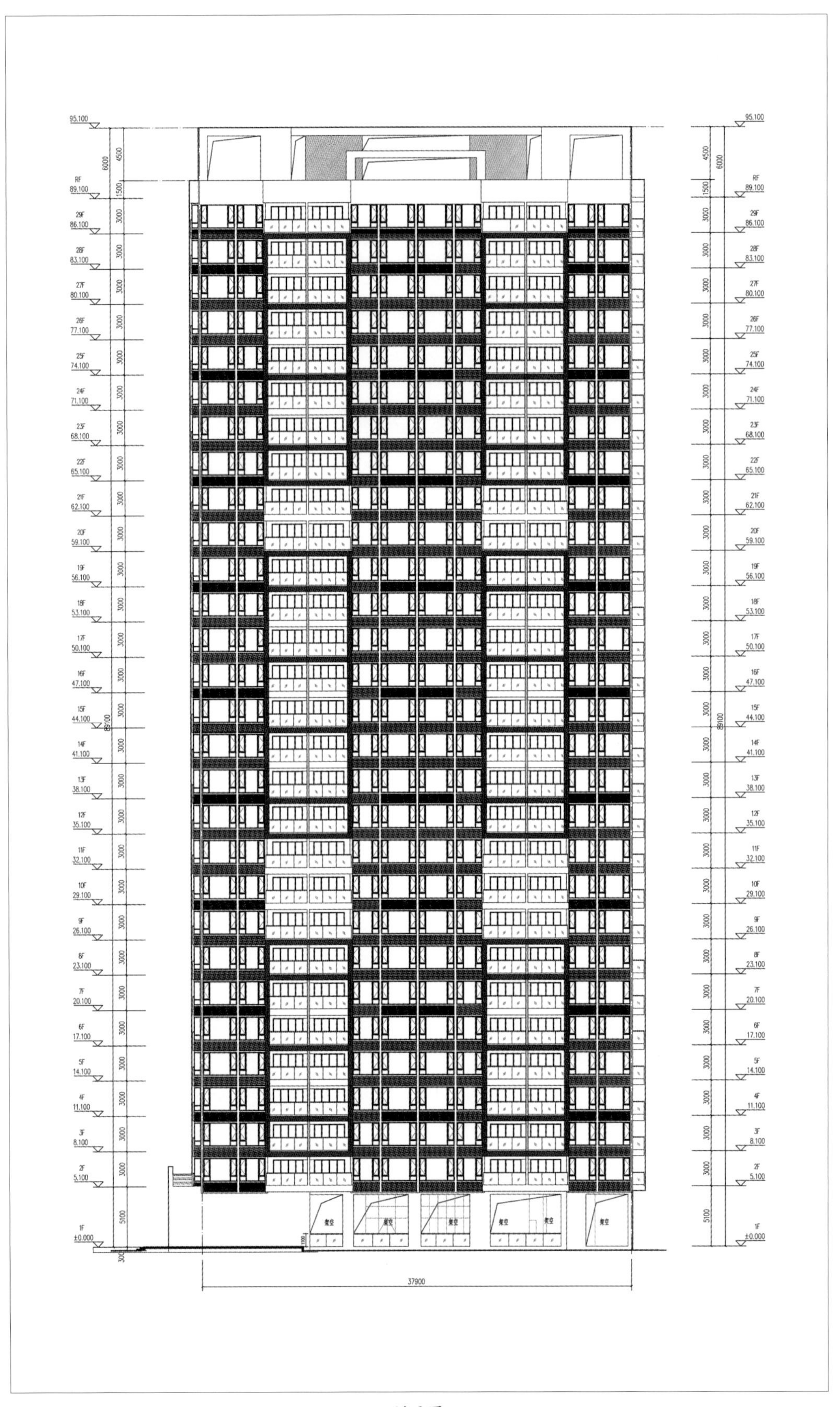
95.100
6000
4500
RF
89.100
1500
29F
86.100
28F
83.100
27F
80.100
26F
77.100
25F
74.100
24F
71.100
23F
68.100
22F
65.100
21F
62.100
20F
59.100
19F
56.100
18F
53.100
17F
50.100
16F
47.100
15F
44.100
14F
41.100
13F
38.100
12F
35.100
11F
32.100
10F
29.100
9F
26.100
8F
23.100
7F
20.100
6F
17.100
5F
14.100
4F
11.100
3F
8.100
2F
5.100
3000
5100
1F
±0.000
架空
37900

剖面图

二、装配式建筑技术应用情况

构件类型	施工方法		构件位置	构件设计说明	总重量（或体积）
	预制	现浇			
钢筋桁架楼承板	/	√	楼板及屋面板	120mm 厚现浇板	/
预制整体卫生间	√	/	卫生间	半成品现场拼装	/
CCA 板	√	/	户内隔墙	90mm 厚工厂预制条形泡沫预制混凝土内隔墙板	/

钢筋桁架楼承板

内墙 CCA 板

钢结构中外圈钢梁和钢柱包裹混凝土，核心筒为传统混凝土结构，其余钢构件为免模板；采用免抹灰 CCA 板整体灌浆墙；定型装配式抹灰只有钢筋桁架楼承板。预制整体卫生间为非混凝土构件，采用华南建材公司提供的成品卫生间吊装，因场地及交接作业影响，现场只能倒运半成品到各个房间进行拼装，每层十户，每户一套预制整体卫生间，共 290 套。

三、装配式设计、施工技术介绍

（一）装配式设计

1. 结构设计

该项目设计标高 ±0.00 相当于 1985 黄海高程 31.450m。B 栋为矩形钢管混凝土框架 - 核心筒结构，建筑高度 92.55m。地下室共两层，采用框架结构。主体结构设计使用年限为 50 年，建筑抗震设防类别为标准设防类，抗震设防烈度为 7 度，设计基本地震加速度为 0.10g，建筑场地类别为Ⅱ类，基本风压为 0.75kPa（50 年）、0.90kPa（100 年），地面粗糙度为 C 类。

建筑结构安全等级为二级，地下室防水等级为一级，人防抗力等级为核 6，常 6，砌体施工质量等级为 B 级，地基基础设计等级为乙级。结构类型乙级抗震等级如下图所示。

本工程 B 栋设计采用矩形钢管混凝土框架 – 核心筒结构体系，混凝土核心筒及钢管混凝土柱抗震等级按二级设计，钢梁及钢板剪力墙抗震等级按三级设计。

结构类型及抗震等级一览表

<table>
<tr><th></th><th>结构类型</th><th colspan="2">抗震等级</th></tr>
<tr><td>A 栋</td><td>剪力墙结构</td><td colspan="2">二级</td></tr>
<tr><td rowspan="2">B 栋</td><td rowspan="2">矩形钢管混凝土框架 – 核心筒结构</td><td colspan="2">矩形钢管柱、核心筒：二级</td></tr>
<tr><td colspan="2">钢框架：三级</td></tr>
<tr><td rowspan="2">地下室</td><td rowspan="2">框架结构</td><td rowspan="2">裙房框架</td><td>塔楼周边相连部分：二级</td></tr>
<tr><td>其他：三级</td></tr>
<tr><td rowspan="4">地下室</td><td rowspan="4">框架结构</td><td rowspan="2">地下一层框架</td><td>塔楼周边相连的两跨内：二级</td></tr>
<tr><td>两跨外：三级</td></tr>
<tr><td rowspan="2">地下二层框架</td><td>塔楼周边相连的两跨内：三级</td></tr>
<tr><td>两跨外：四级</td></tr>
</table>

2. 预制构件深化设计

龙珠八路西保障性住房主体结构中，B 栋钢结构住宅外墙工程采用的是混凝土砌块墙，而内墙工程则使用了杭萧钢构研发的钢结构住宅体系中配套的 CCA 墙板系统，CCA 墙将在工厂预制完成之后再运输到施工场地进行施工安装。

CCA 用轻钢龙骨作为立柱，在其空腔内泵入轻质灌浆材料而形成的复合整体式实心墙体。以纤维素、水泥、砂、添加剂、水等物质为主要原料，经混合、成型、加压、蒸汽养护等工序而成，100% 不含石棉及其他有害物质，具有防火、防水等优良性能的新型轻质环保板材。轻质灌浆料是以水泥、黄砂、EPS 颗粒、外加剂等原料按一定比例混合、现场搅拌形成的，具有质量轻、导热系数低等优点。

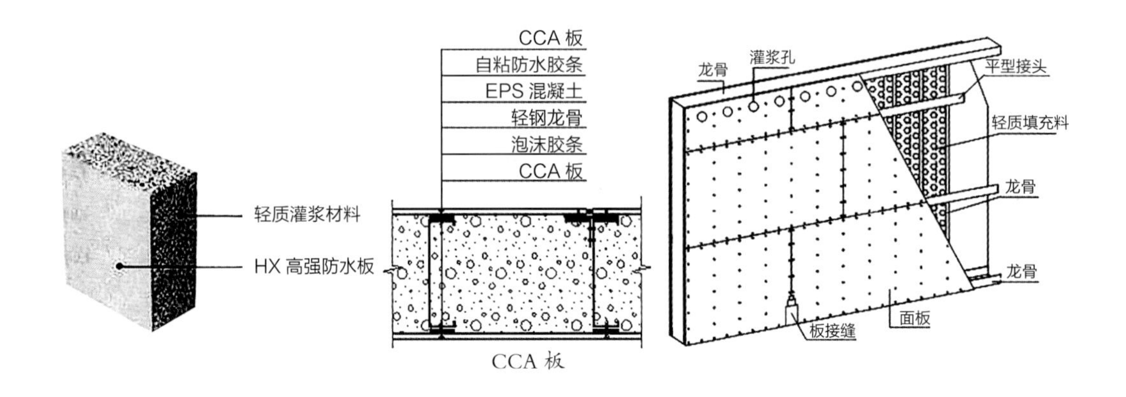

3. 保温设计

项目采用加气混凝土墙体，200mm 厚的加气混凝土墙体的保温效果就相当于 490mm 厚的黏土砖墙体的保温效果，隔热性能也大大优于 240mm 砖墙体。

（二）装配式施工

1. 工艺流程

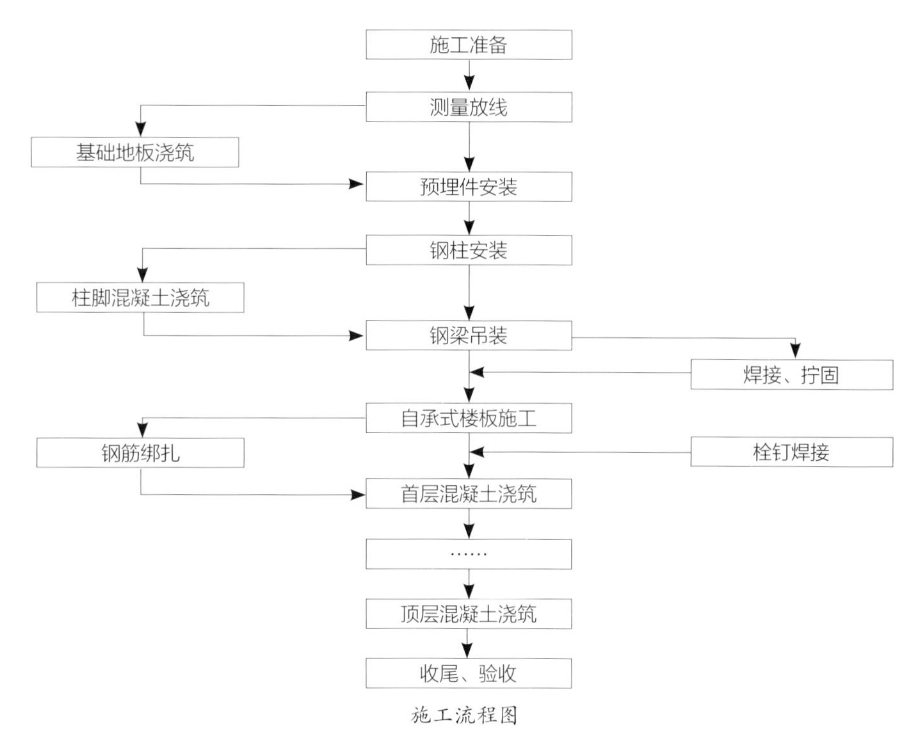

施工流程图

钢构件吊装施工照片

放样时需先检查钢构大部尺寸，以免因钢构安装误差导致放样错误；楼承板安装时，于楼承板两端端部弹设基准线，距钢梁翼缘边至少 50mm 处；楼承板以对接方式施工时，于楼承板两端端部弹设基准线，位于钢梁梁中心线；边模施工放样，按边模底板扣除悬挑尺寸后，要求与钢梁搭接不少于 50mm；曲线悬挑处挡板作业，无需放样但需力求与曲线平行。

楼承板的铺设应由下往上逐层施工，需确认钢结构已完成校正、焊接、检测后方可施工，铺设时以楼承板母肋为基准起始边，依次铺设。铺设时每片楼承板以实际宽度定位，并以片为单位，边铺设边定位方式作业。压型钢板在铺设时，纵、横向压型钢板要注意沟槽的对直沟通，以便于钢筋绑扎。要保证平面绷直，铺设好以后，不允许产生下凹现象。同一楼层平面内的压型钢板铺设时，本着先里后外的原则进行；对于有多个楼层的单元结构层，采取压型钢板预先铺设的方法，即先铺设顶层、后铺设下层，这主要是为了保证下层安装施工的安全。

钢筋桁架楼承板施工照片

2.CCA 板安装工艺流程

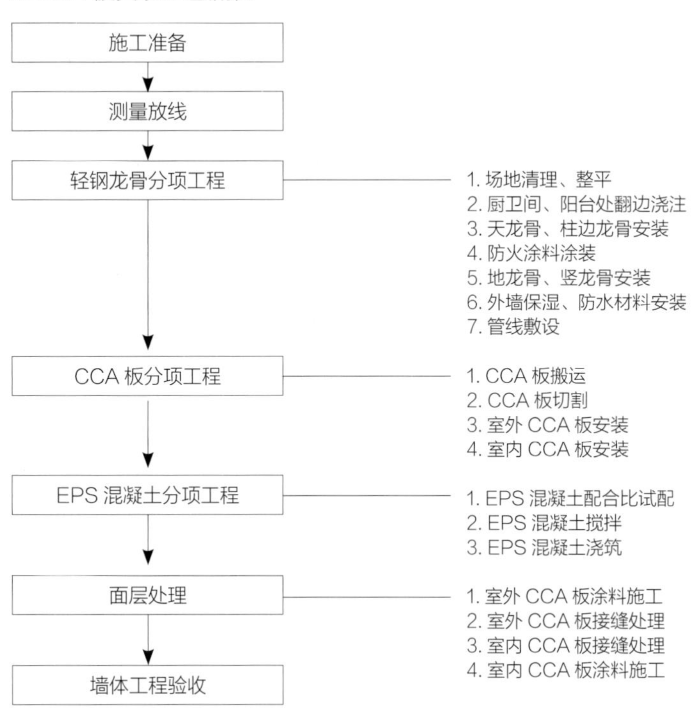

CCA 板安装工艺流程图

CCA 板安装施工照片

3. 预制整体卫生间安装工艺流程

预制整体卫生间安装完成照片

项目采用预制整体卫生间采用一体化施工，该产品创新点主要有：

（1）预制整体卫生间产品，安装简单；

（2）实现预制整体卫生间的标准化设计和规模化生产；

（3）研究使用特殊的保温结构，达到建筑节能效果，具有模数化的拼装设计方案，加快施工进度及减少施工建筑垃圾；

（4）预制整体卫生间的后期改造简单易行，拆解过程不会产生建筑垃圾，达到环保目的。

四、小结

（一）综合效益分析

本项目针对两栋不同结构形式住宅的工期、造价、技术指标、现场文明施工、节能节水、绿色施工等方面进行对比分析研究，主要结论如下：

（1）工期对比分析，B 栋塔楼工期长于 A 栋工期，没有体现出钢结构建筑工期短的特点，但通过加强前期设计综合考虑、有效工期控制、合理施工组织等手段也可以达到钢结构建筑压缩工期的目的；

（2）造价对比分析，B 栋塔楼造价比 A 栋贵 996.68 元 /m^2，采用混凝土结构更经济；但如果能从设计阶段开始就优化基础设计、并能把与钢结构配套的 CCA 墙板的价格及装配式楼承板的价格降下来，或者采用新型的更经济的墙板，将大大地降低造价；

（3）技术指标对比分析，B 栋塔楼标准层所有户型的有效使用面积均比 A 栋塔楼有所增加，且室内净空也一定程度上优于 A 栋塔楼，B 栋塔楼的户型更具有舒适感；

（4）现场文明施工对比分析，A、B 两栋塔楼所代表的两种结构形式在安全文明施工方面采取的措施和方法大部分是相同的，由于钢结构施工自身的特点，B 栋塔楼所代表的钢结构工程的安全文明施工措施的工作量和费用要比钢筋混凝土工程略大，需要采取措施加以控制；

（5）节能节水对比分析，B 栋塔楼在施工阶段的用电量高于 A 栋，节能效果不明显，需要通过优化设计和现场施工控制来最大化实现减少用电量；B 栋塔楼在施工用水方面节水效果明显优于 A 栋，这也是由钢结构施工特点决定的；

（6）绿色施工对比分析，B 栋塔楼在节地、节材以及环境保护方面充分发挥钢结构的优势，效果明显好于 A 栋塔楼。

（二）结语

本项目是全国首个以 BOT 模式建设的保障性住房项目，在结构布局和装修效果上两栋塔楼保持一致，其中 B 栋为深圳市首个钢结构高层住宅，被列为深圳市产业化试点工程。为体现工业化建造，提高装配率，B 栋框架采用钢结构，楼板采用钢筋桁架楼承板、内墙采用预制泡沫混凝土 CCA 条板，卫生间采用整体卫浴安装。

在项目建设过程中，参建单位多方考察类似项目，发现外墙 CCA 板围护体系出现大量开裂渗水现象。为避免此类现象发生造成居住影响，不惜增加成本将 CCA 板外墙进行改造，外围钢柱钢梁外包钢筋混凝土，外围护墙改为加气混凝土砌块。事实证明，入住以后 B 栋外墙避免了大量开裂，只有顶端几层出现轻微裂纹。内墙 CCA 板与钢结构的连接处，在塔楼的中上部楼层出现连续应力开裂现象较多。

结合本项目在设计、施工和后期运营阶段的经验总结，类似高层钢结构装配式住宅在以后的开发建设时，要优化设计各项节点，严格控制施工质量，认真总结分析问题，在不久的将来尽快形成一套完善的高层钢结构装配式建筑体系。

资料来源：中铁建设投资集团有限公司城市开发分公司、深圳市建筑科学研究院

深圳金域揽峰花园

建设单位	深圳市万科发展有限公司
设计单位	筑博设计股份有限公司
监理单位	深圳市邦迪工程顾问有限公司
装配式咨询单位	深圳万科前田建筑技术有限公司
施工单位	深圳市鹏城建筑集团有限公司
构件生产单位	深圳市鹏建混凝土预制构件有限公司
开竣工时间	开工时间：2014.05；竣工时间：2016.07
建筑规模	建筑面积 12.47 万 m^2，建筑高度 95.25m
结构类型	剪力墙结构
实施装配式建筑面积	9.48 万 m^2
装配式技术	预制外挂墙板、轻钢龙骨石膏板、预制混凝土内隔墙板 铝合金模板、自升式爬架；预制率 15.86%，装配率 50.59%
项目特点	万科集团工业化产品 1.0 典型代表

效果图

一、项目概况

本工程位于深圳市龙岗区，东面为规划小学，南临松石路，西面是自然山体公园，北面为G06101-0227号宗地，项目总用地面积38997.16m²，建筑面积124750.74m²。容积率2.5，地块呈长方形，南北最长约为231m，东西最宽约为189m，属低山丘陵地貌，地块内部高差明显，南高北低，高差约15m。

项目七栋高层塔楼均实施工业化，附带一层裙房，地下设一层地下室；其中7栋塔楼部分为住宅，下设商业、社区健康服务中心、管理用房、社区居委会、社区服务站、社区警务室、文化活动室、公厕。

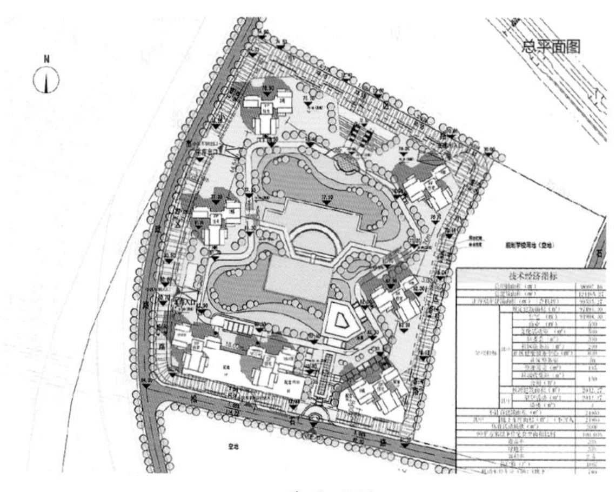

总平面图

1栋A座、1栋B座、2栋、3栋、6栋层数均为32层，建筑高度95.25m；4栋、5栋层数均为30层，建筑高度89.45m 。结构体系采用钢筋混凝土剪力墙结构，个别竖向构件在商业裙房顶层设框支梁转换。

标准层平面图

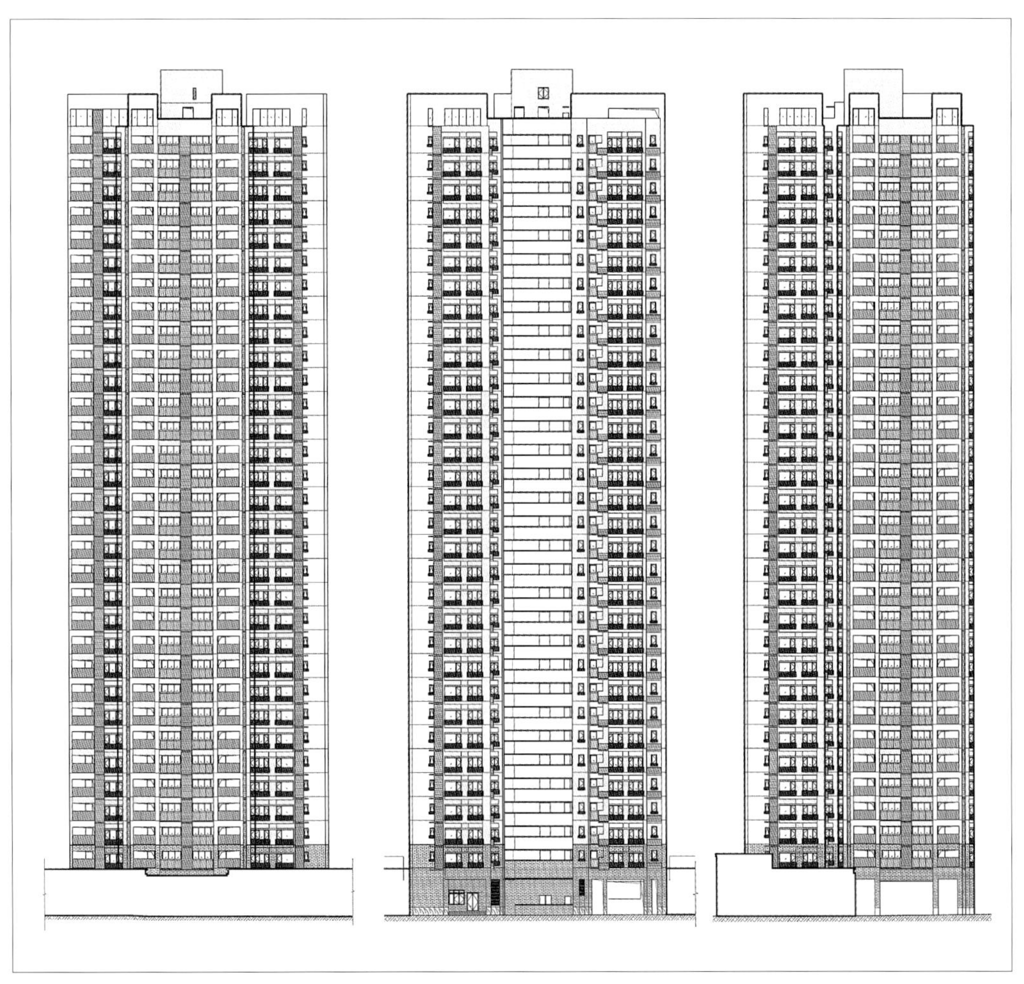

立面图

二、装配式建筑技术应用情况

该项目六栋高层住宅除首层架空层外全部为标准的 5A 楼型。

构件类型	施工方法		构件位置	构件设计说明	最大重量
	预制	现浇			
预制外挂墙板	√		东、西、南、北外墙	采用现浇外挂模式，与现浇边梁整浇连接	3.66t
预制混凝土内隔墙板	√		户内	模块化产品	0.14t
其他技术	1. 精装修穿插施工 2. 自升式爬架 3. 门窗框先装法施工技术 4. 铝合金模板施工技术 5. 预制混凝土内隔墙板施工技术 6. 穿插流水施工技术				

根据《深圳市住宅产业化试点项目技术要求》文件，本项目的预制率为 15.86%。

三、装配式设计、施工技术介绍

（一）装配式设计

1. 建筑设计

由于工业化建筑施工的特殊性，在标准化设计阶段须提前考虑预制构件的模数、预制构件的生产、预埋件的预留、预制构件的吊装、外爬架等施工因素，设计与施工做好配合。工业化建筑要求基于同一模数的前提下进行设计，以达到工业化生产构件、部品的种类最小化、构件生产模具种类的最小化。因此，对于工业化住宅在项目设计之初，考虑统一模数的应用。

本项目是万科标准化 1.0 产品，标准化产品的楼型平面图可以依据拟建场地的环境进行拼装，寻求最优的解决方案，而塔楼立面在设计美学的基础上，将室内功能外延，试图寻找开窗开门的科学依据，而整体塔楼要满足不同户型模块化拼装的需求，构造做法满足工业化建造的要求，所以在前期做标准化设计的时候已经将立面设计要素前置，因地制宜通过选择不同的色系来满足具体项目的要求。

1. 研发目标与项目定位

- 提升户型的性能及品质。
- 满足地块高容积率的要求。

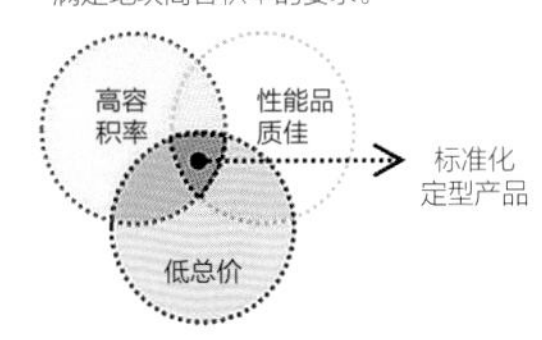

2. 深圳客户需求研究

- "$90m^2$ 3 房 2 厅 2 卫"的产品符合主流消费者的需求。
- 重点关注玄关、厨房、卫生间、家政等强功能空间。
- 优化增强收纳空间设计。

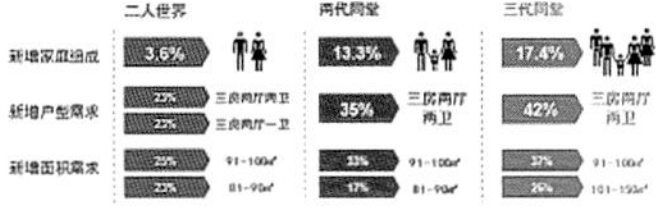

3. 深圳气候研究

- 深圳气候的关键词为"蒸"，重点解决通风问题，有效地提高居住体验。

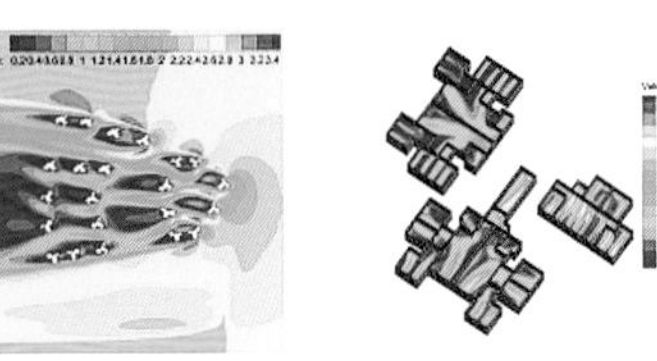

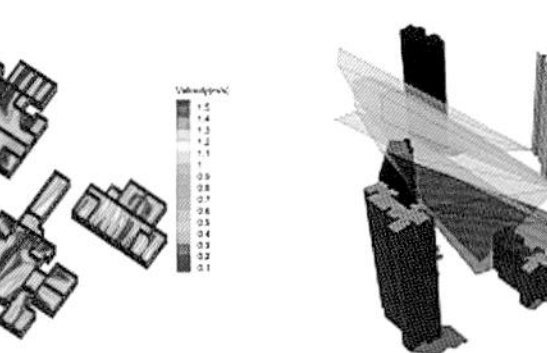

4. 深圳日照研究

- 深圳：住宅建筑日照标准为大寒 3h;
- 不考虑自遮挡

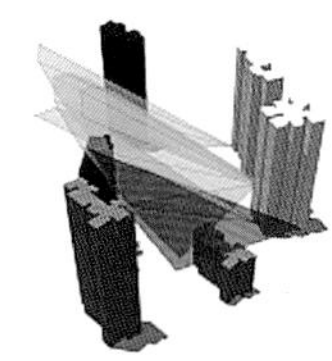

5. 楼型选择

五项原则

- 实用率：实用率达 80% 以上
- 合理性：可拼接，可旋转，户型间免遮挡
- 日照：满足大寒日 3h 及自遮挡
- 容积率：达到 3.0 以上
- 性能及均好性：朝向通风，户型均好性

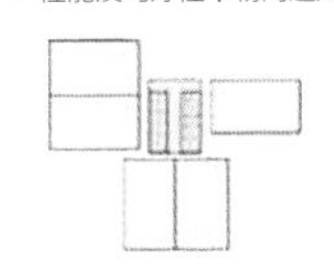

6. 户型优化

- 增加南向面宽、调整户型比例
- 增加功能空间，提升产品配置

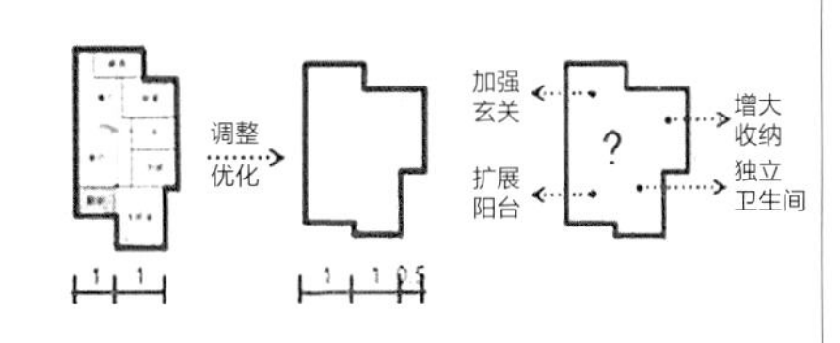

7. 工业化要求

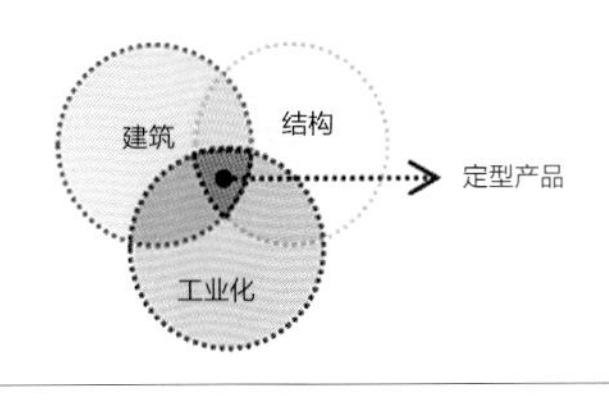

- **工业化体系：** PC 外墙、铝模 + 全现浇、内墙板 + 轻钢龙骨石膏板隔墙、成品卫浴、爬架
- **专业配套：** 铝合金门窗、栏杆、空调百叶、入户门、防火门、外墙保温、外遮阳、给排水、强弱电、空调、太阳能、新风、电梯、燃气、消防
- **建筑调整：** 墙体布置、外立面、模数、细部节点
- **结构调整：** 墙体布置、结构计算、梁高、细部节点

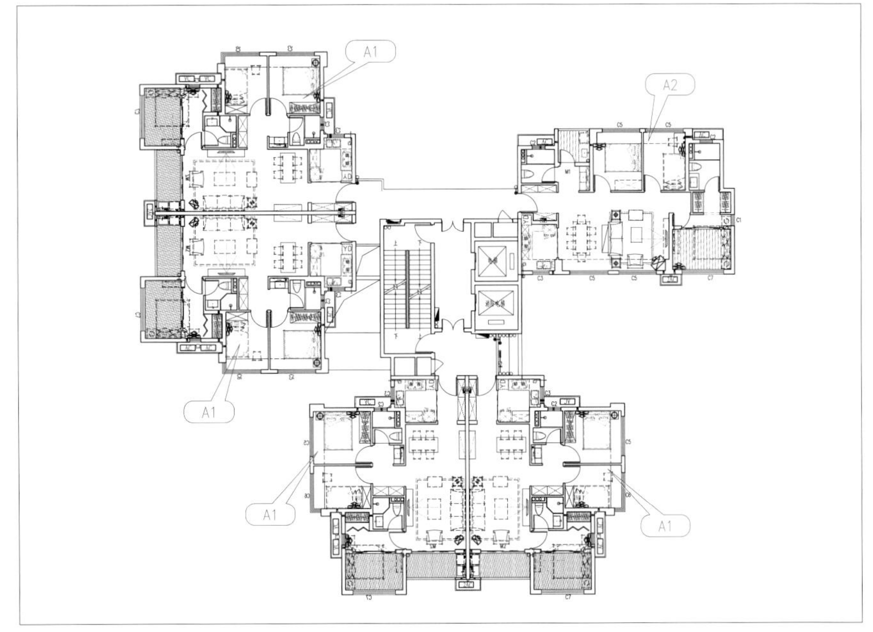

标准层户型布置图

2. 结构设计

（1）根据《工程结构可靠性设计统一标准》（GB 50153-2008），本工程的设计基准期为 50 年；根据《建筑结构可靠度设计统一标准》（GB 50068-2001），本工程主体结构设计使用年限为 50 年。

（2）本工程位于广东省龙岗区，根据《建筑结构荷载规范》（GB 50009-2012），本工程 50 年一遇的基本风压为 0.75kN/m^2，地面粗糙度为 C 类。根据《建筑抗震设计规范》（GB 50011-2010），本工程建筑物的抗震设防烈度为 6 度，设计基本地震加速度为 0.04g，设计地震分组为第一组。

单体建筑名称	层数 地上 / 地下	地上高度 （m）	结构型式	抗震等级	
				抗震墙	框架
1-A、1-B、2、3、6 栋	32/1	92.250	抗震墙结构	二级	二级
4、5 栋	30/1	89.450	抗震墙结构	二级	二级

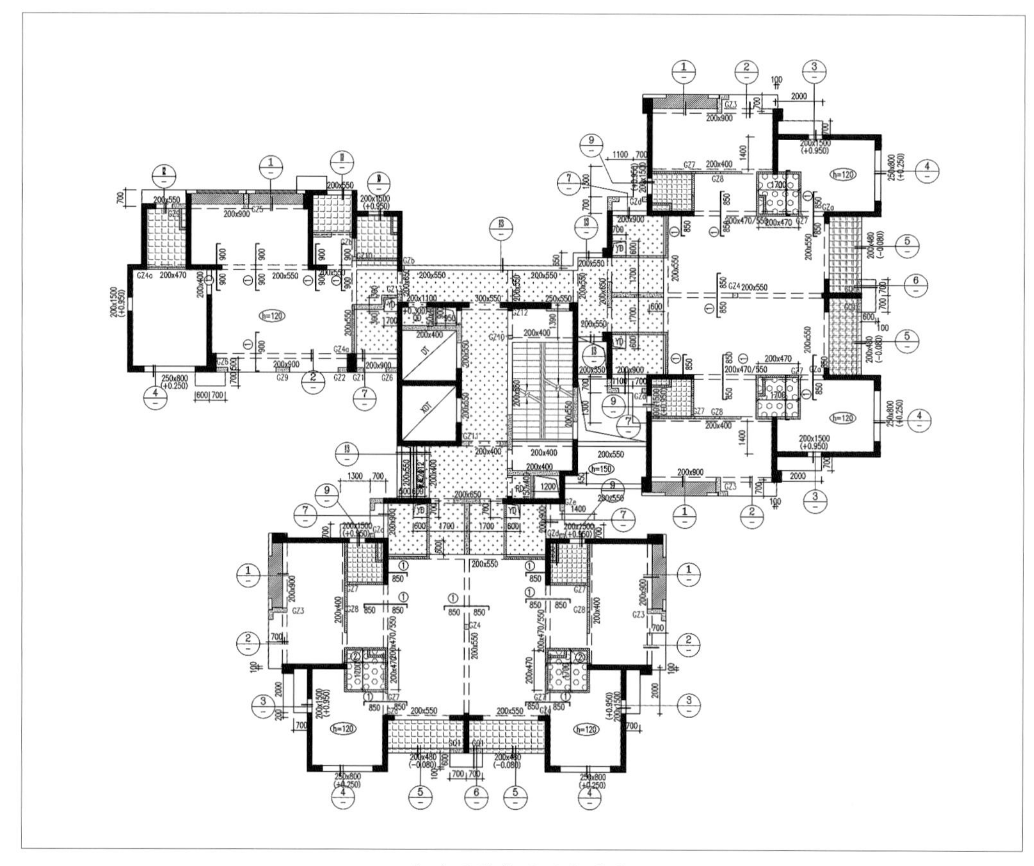

标准层结构平面布置图

3. 预制构件深化设计

预制外挂墙板墙厚 150mm，预制外挂墙板与主体采用外挂式连接，预制外挂墙板与边框梁整浇形成固端，预制构件与现浇墙柱的连接钢筋采用具有较好抗震性能的热轧带肋钢筋，两侧与墙柱铰接，底板部位与主体楼板通过在后浇带的钢筋及微膨胀后浇混凝土实现铰接连接。

本层预制外挂墙板与下层墙板之间设置 20mm 厚度的连接缝，待本层墙板吊装就位后，墙板下端与楼板之间采用微膨胀混凝土进行浇筑密实，而在浇筑前需采用 PE 棒胶条使接缝密封，以防止漏浆。预制外挂墙板四周与现浇主体结构相接的部位均采用"人工水洗面"，从而增强结构界面的抗剪能力以保证现浇混凝土与预制墙板混凝土的整体性，同时还能起到更好的防水性能。人工水洗面的凹凸度不小于 6mm。

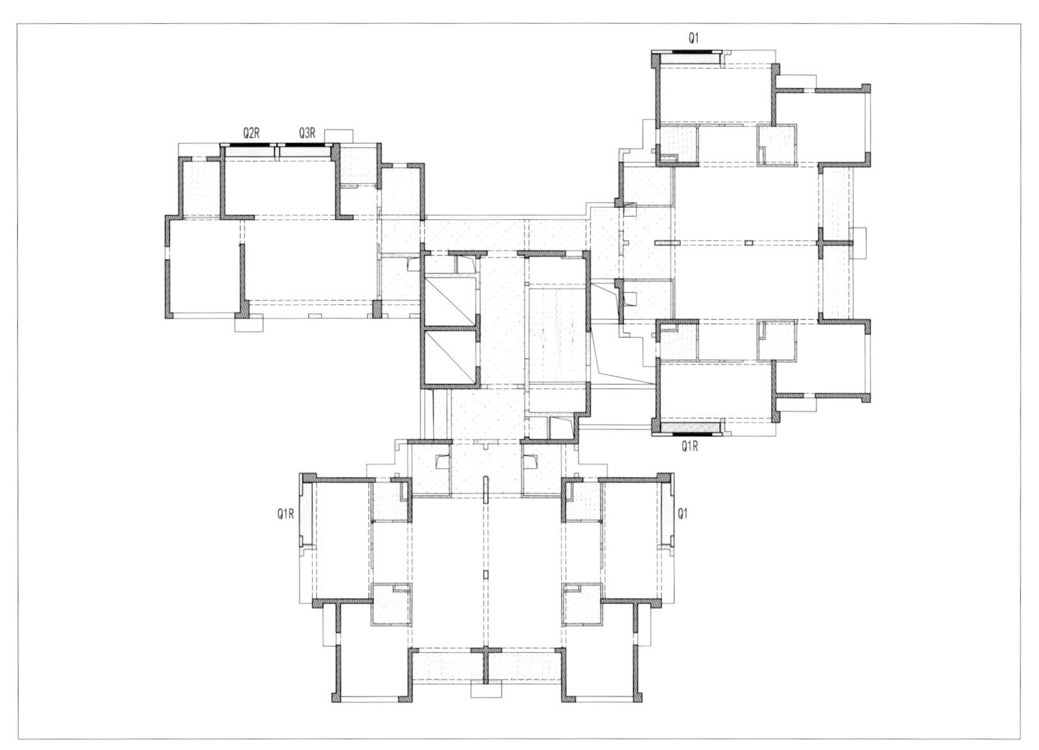

标准层预制构件平面布置图

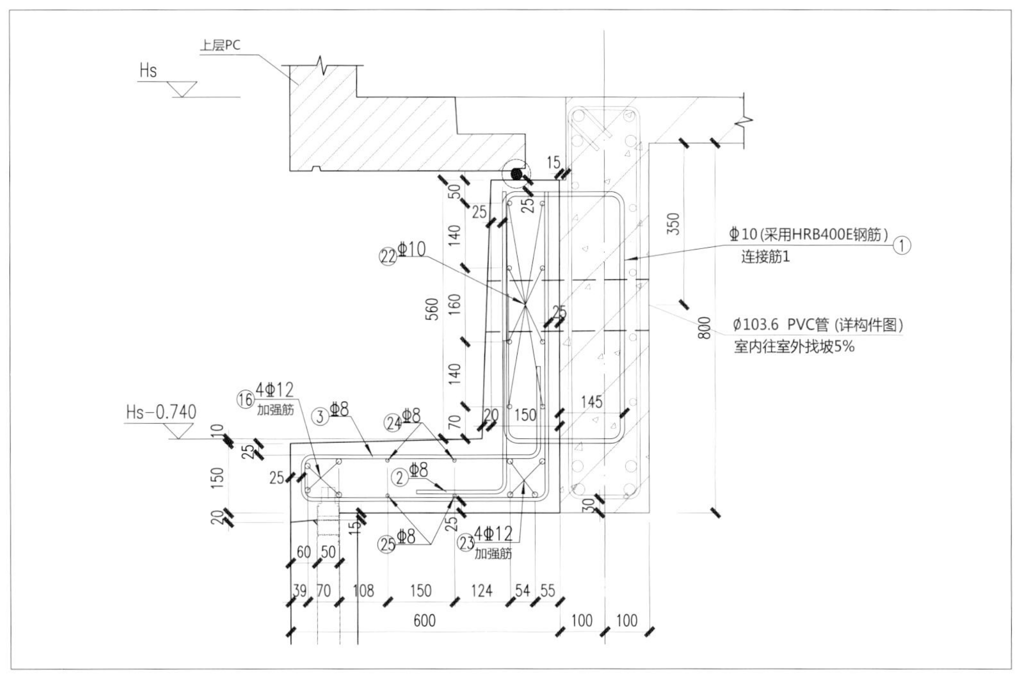

预制外挂墙板连接节点示意图

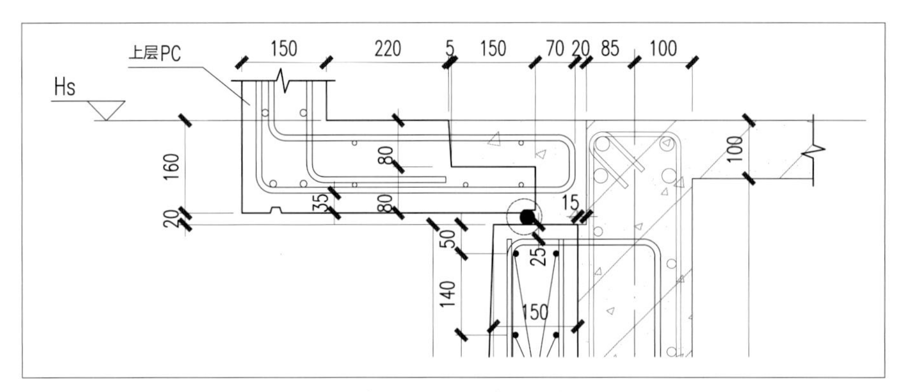

预制外挂墙板连接节点示意图

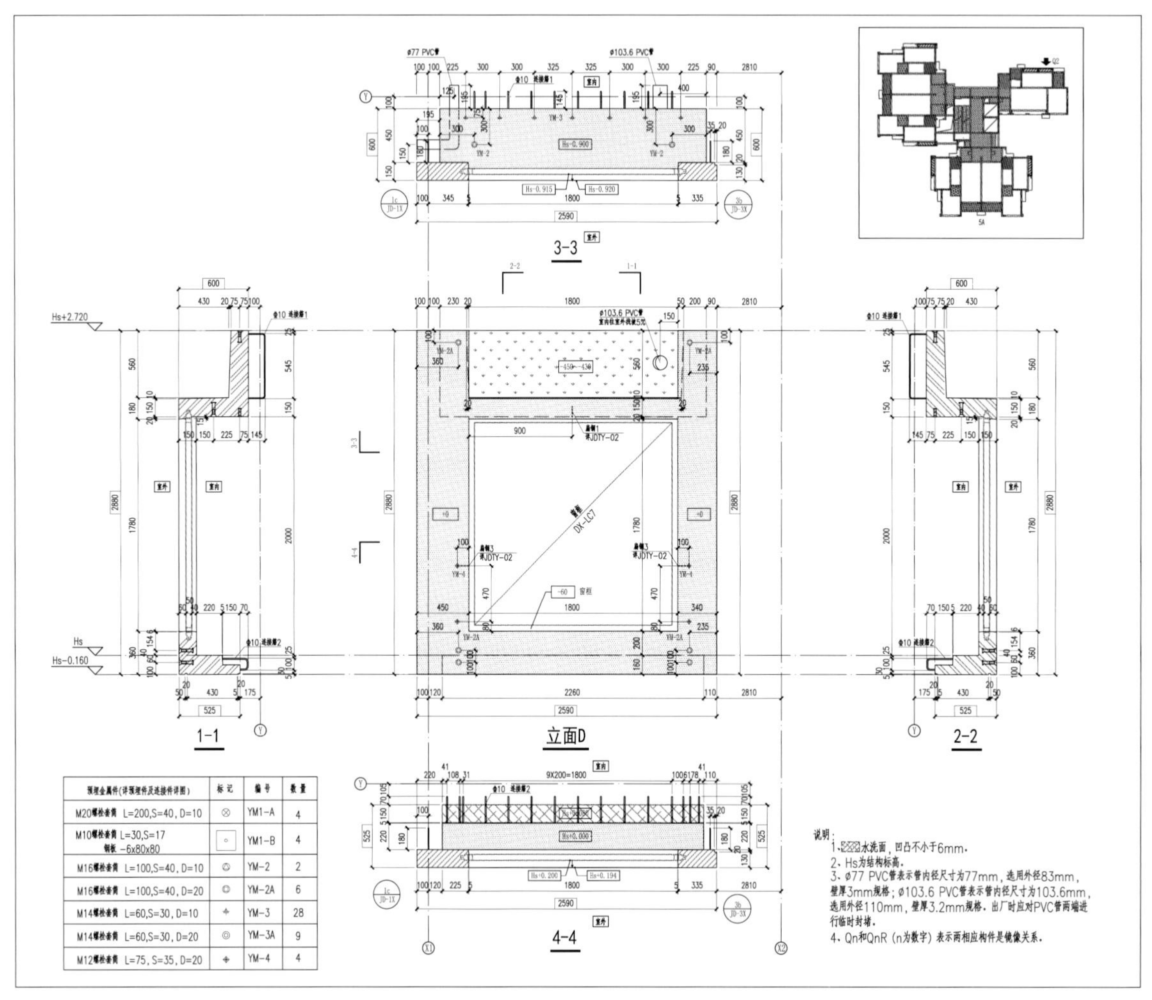

预埋金属件（详预埋件及连接件详图）	标记	编号	数量
M20螺栓套筒 L=200,S=40,D=10	⊗	YM1-A	4
M10螺栓套筒 L=30,S=17 钢板 -6x80x80	▫	YM1-B	4
M16螺栓套筒 L=100,S=40,D=10	⊙	YM-2	2
M16螺栓套筒 L=100,S=40,D=20	⊙	YM-2A	6
M14螺栓套筒 L=60,S=30,D=10	✧	YM-3	28
M14螺栓套筒 L=60,S=30,D=20	◎	YM-3A	9
M12螺栓套筒 L=75,S=35,D=20	✦	YM-4	4

典型预制构件图

4. 预制构件防水防火设计

（1）外墙防水工艺

自防水：预制外墙与现浇构件之间的连接缝通过在施工现场的整浇，实现结构自防水。

构造防水：水平缝低于楼板面，防止雨水回流入室内。

材料防水：外墙缝均打胶，实现防水目的。

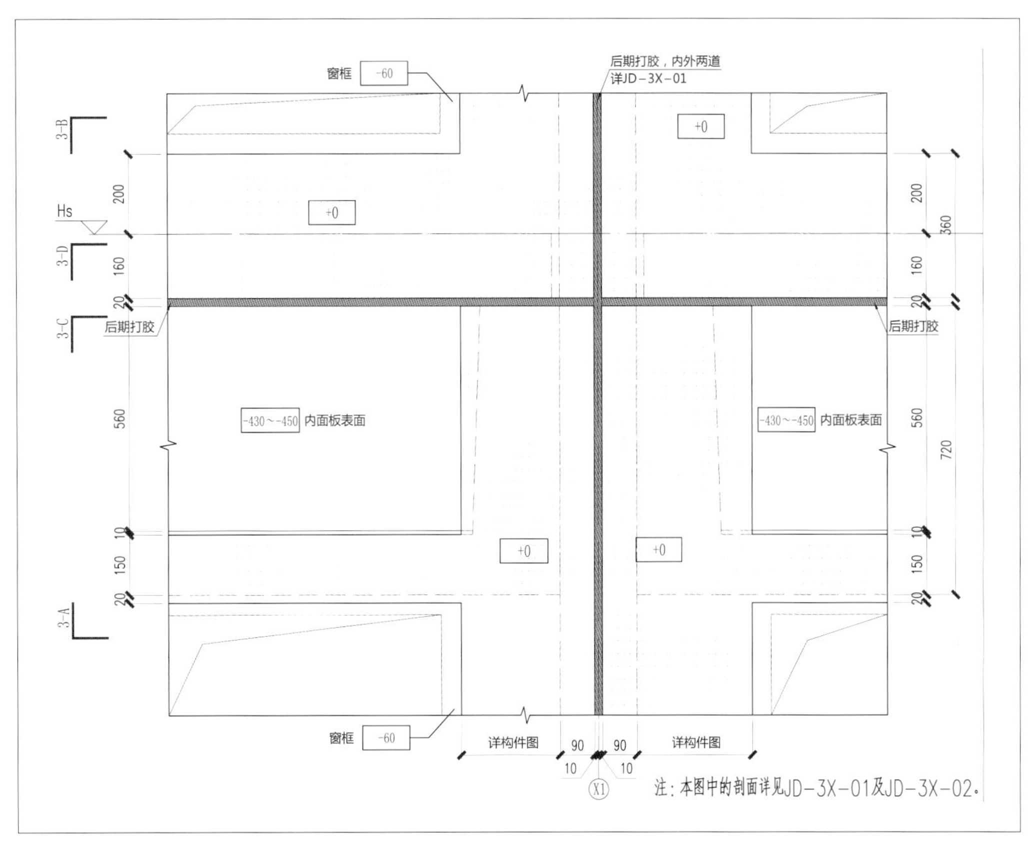

预制外挂墙板防水设计图

（2）外墙防火工艺

由于有 150mm 厚的钢筋混凝土墙体防护，构造上又在门窗洞口和板缝间均采用微膨胀混凝土浇筑，且主要保温材料均采用满足耐火等级的复合保温板，在保证安全的前提下实现较好的节能效果。

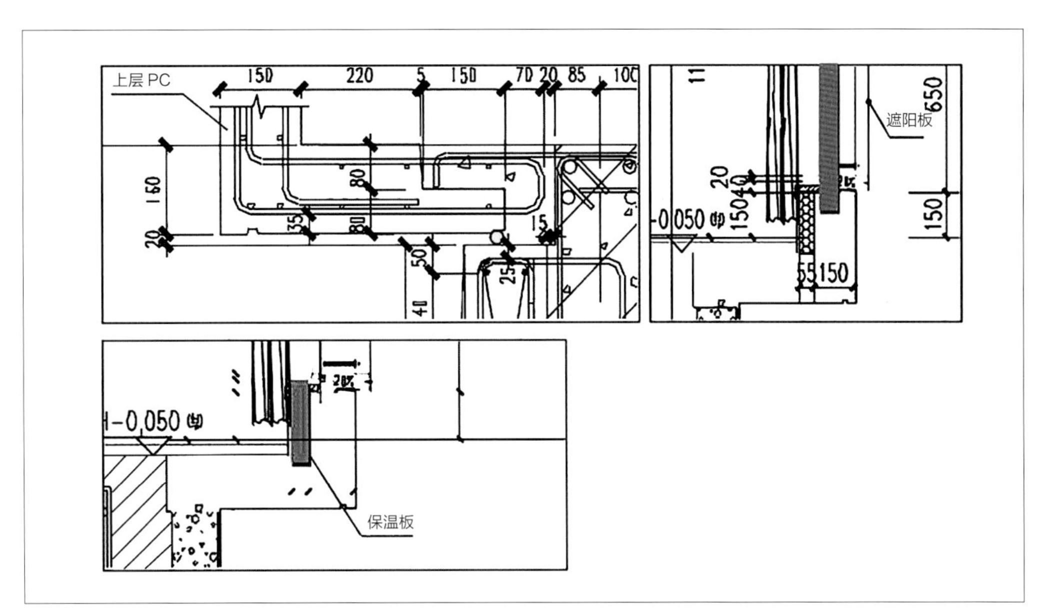

预制外挂墙板防火设计图

5. 保温设计及做法

本项目预制外挂墙板均分布在卧室等干区，此部分均采用内保温做法，在预制外挂墙板内贴复合保温板（由 30mmXPS 及 12mm 石膏板组成）达到深圳市节能相关要求。

6. 精细化施工图

精细化施工图是参考日式施工图的绘图方法，考虑国内的设计水平和施工水平，将国内传统的施工图结合精装修施工图、厂家施工详图等制作出的用于施工的图纸。

由于本项目引入了精细化施工图，在施工前解决错漏跐缺的问题，大大减少现场的施工浪费及返工。

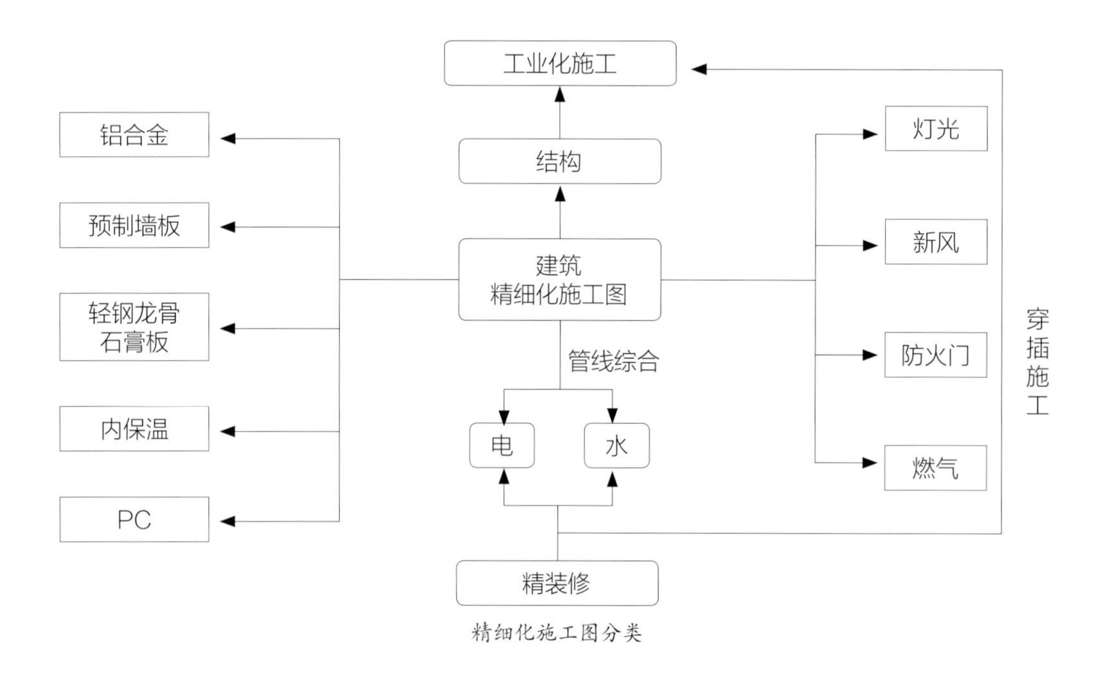

精细化施工图分类

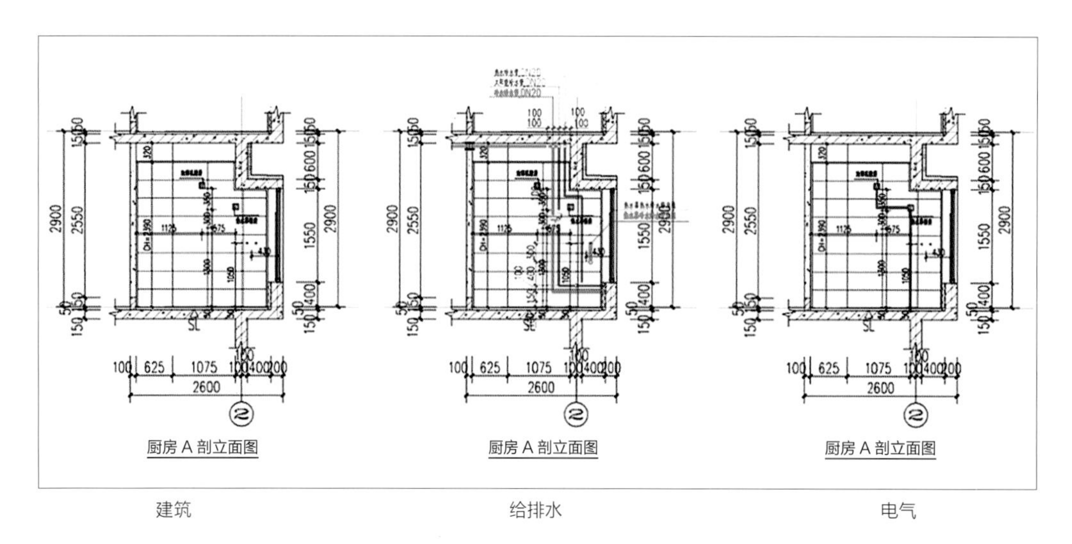

精细化施工图

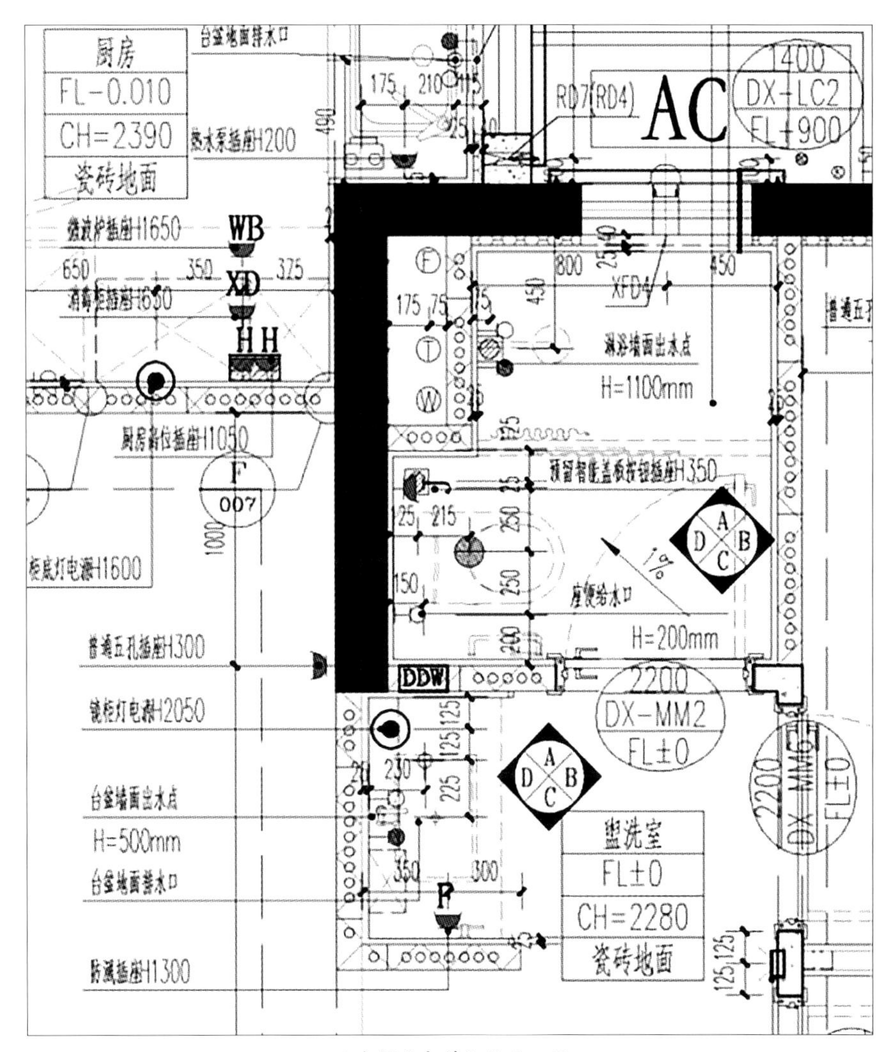

卫生间局部精细化施工图

（二）装配式施工

1. 装配式施工说明

本项目部承建的七栋楼型完全相同的高层住宅均为装配式建筑。施工采用内浇外挂方法，主要预制构件包括：预制外挂墙板，每个标准层分布六块。

（1）工期安排

标准层采用六天一层。详细工期安排如下：

第 1 天：混凝土养护、定位放线、凿毛、爬架爬升、绑扎墙柱钢筋；

第 2 天：预制外挂墙板吊装、绑扎墙柱钢筋、墙柱模板拼装、验收；

第 3 天：梁板铝模拼装；

第 4 天：梁板铝模拼装、梁板钢筋绑扎；

第 5 天：梁板钢筋绑扎、水电预埋、验收、验收；

第 6 天：混凝土浇筑、养护。

（2）构件运输

工厂化预制构件运输，采用 1 辆低平板车，预制外挂墙板采用竖直翻转后运输，预制构件养护完毕即安置于运输架上。每一个运输架上放置两块预制构件，为保护预制构件外立面，构件插筋向内，正向放置，构件放置角度不应小于 30° 以防止倾覆，构件均通过运输架进行运输。

构件运输放置图

为防止运输过程中构件的损坏，运输架应设置在枕木上，预制构件与架身、架身与运输车辆都要进行可靠的固定。为防止其他一些特殊原因使构件无法按时运输至现场，致使施工停滞，故在现场提前存放一层的构件数量。

（3）塔吊布置

考虑到单件吊装安装起重量覆盖全楼，以及预制构件现场运输临时道路情况，选用 TC7525 型号塔吊，大臂长度采用 60m，合理布置塔吊位置及数量，以满足利于外墙板的吊装装配施工。

2. 工艺流程

（1）标准层工艺流程

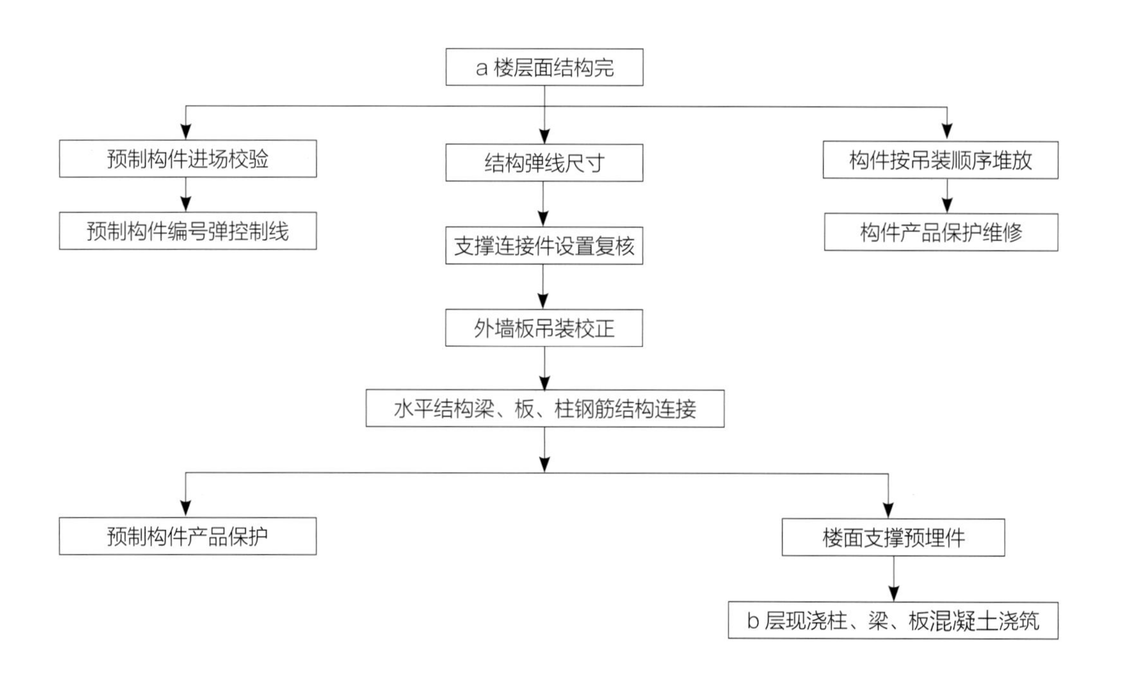

（2）预制构件安装

起吊准备　　起吊　　测量　　固定

（3）相邻层预制外挂墙板的安装埋件

外墙板预埋件均在工厂内埋设好，埋件的形式见下图所示：

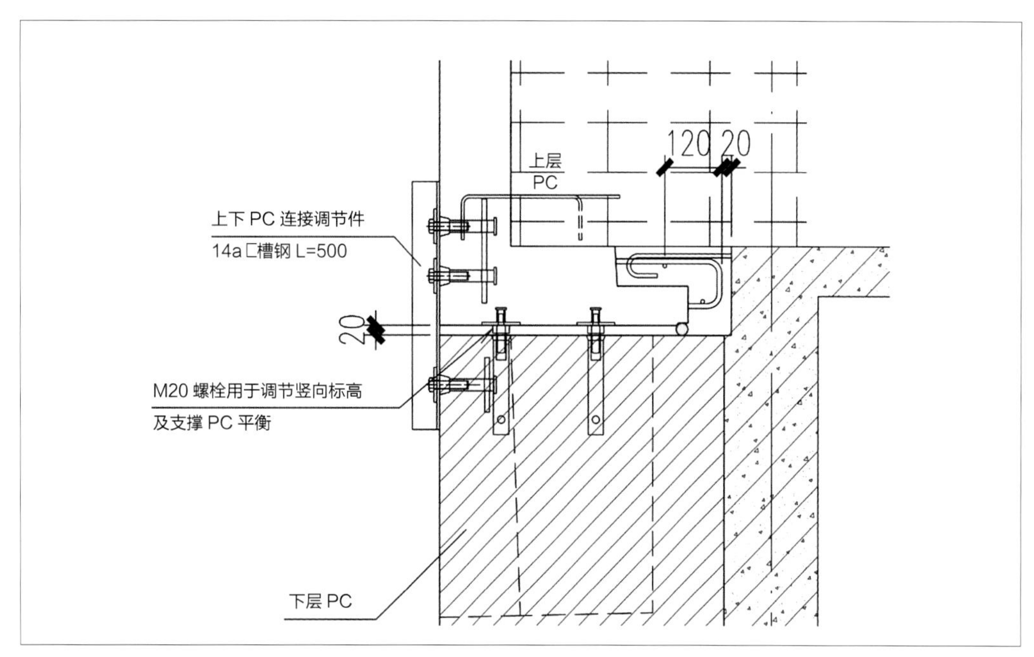

外墙板预埋件图

（4）外墙板在吊装前构件及楼层控制线

正式吊装前，用测量仪器在该楼层上放出预制外挂墙板的水平控制线作为平面位置调节的依据，在该楼层柱钢筋上放出 1000mm 标高线作为标高调节的依据。在未起吊的墙体构件上，找准与楼层相符合的位置，弹出左右控制线，在安装过程中用于与楼板控制线配合控制墙体左右位置的依据。

(5) 预制外挂墙板的安装流程

① 待墙板吊装就位前、在下层预制外挂墙板顶端拧入 M20 螺栓，并使用激光扫平仪调整顶标高高出构件面约 2cm（务必保证水平）；

② 在预制构件吊装即将到位前（离楼面 1m 处），由工人先将连接件（14a 槽钢）装在下层构件上；

③ 预制外墙缓缓落下，根据预先放好的楼层控制线调整吊装到位；

④ 预制外墙吊装到位后，拧入上层预制构件连接件的螺栓，复核构件水平度和平整度，调节至符合要求后固定好预制外墙的位置（加斜支撑和拉钢丝绳）；

（6）楼层其他工序的作业

结构楼层混凝土的浇筑后，在预制外挂墙板吊装之前，进行上层结构支模与钢筋的绑扎。此时应该注意一下三点：

合理安排现浇结构与预制结构施工的先后顺序：首先，放线人员将楼层墙柱控制线及预制构件控制线弹出。其次，铝模板班组工作人员进行与预制外挂墙板接触或相靠近的梁板满堂架施工，待搭设完毕且检查稳固后，铝模板班组分配部分工作人员进行与预制外挂墙板接触或相靠近的梁板模板的施工，分配其他工作人员进行余下部分满堂架的施工。待与预制外挂墙板接触或相靠近的梁板模板施工完毕后，进行此部分梁钢筋的铺设。本工序的安排，可合理的避免了预制外挂墙板安装时，上部模板施工的垂直作业，有效消除安全隐患的发生。再次，待预制外挂墙板吊装完毕后，铝模板班组也完成了其它模板的支设，此时钢筋班组及水电班组可进行全方位的工作，这时，铝模板班组也可以进行与预制外挂墙板相连接的现浇结构墙柱梁的模板封闭及加固工作。

与预制外挂墙板相连接的墙柱内外模板不可封闭。通过计算，使墙柱箍筋和拉筋避开即将安装的预制外挂墙板上与墙柱相连的连接筋及与墙柱内侧模板相通的墙柱对拉螺杆。待预制外挂墙板安装完成后，检查无误，再进行墙柱内侧模板的封闭。

与预制外挂墙板相连接的梁内外模板不可封闭。通过计算，使梁内箍筋避开即将安装的预制外挂墙板上与梁相连 U 形箍筋及与梁内侧模板相通的梁对拉螺杆。待预制外挂墙板安装完成后，检查无误，再进行梁内侧模板的封闭。

（7）预制内墙板安装工艺

施工材料准备：按工程图尺寸，预制好需要的预制混凝土内隔墙板，各种板型运至现场，堆放场地要求平整，堆放时按不同规格的板分类立放整齐以便配板，立放角度尽量垂直。

施工工具：钢卷尺、粉线袋、小铁锤、切割机、射钉枪、大菜刀、灰桶、刮泥刀，线锤，铝合金靠直尺 (2m 长) 撬棒、板锯及灰板、木楔等。

作业准备：建筑结构完成后. 根据设计要求将板材运至现场备用。在需要安装 GRC 的梁、板底面弹出安装线位置用墨线弹出 GRC 板的边线。将安装地面清理干净，凸出部分剔凿平整。配制水泥砂浆，水泥砂浆的配合重量比为：细砂：水泥 = 3:1。

预制混凝土内隔墙板在安装时，先将板侧抬至梁、

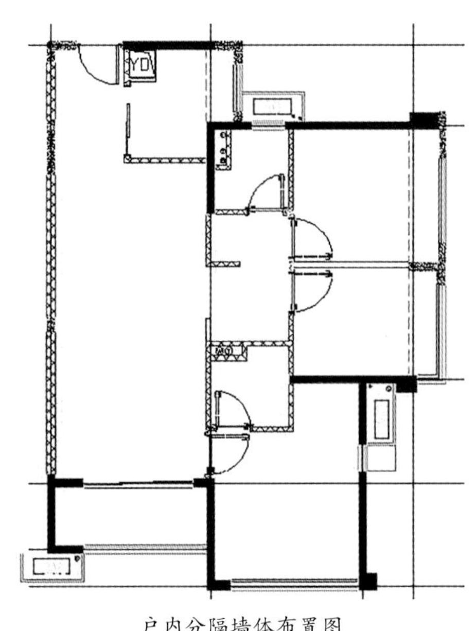

户内分隔墙体布置图

板底面弹有安装线的位置，将粘结面用备好的水泥砂浆全部涂抹，两侧做八字角；安装顺序；无门洞口，从外向内安装，由门洞口向两边扩展，门洞口边宜用整板，竖板时一人在一边推挤，一人在下面用撬棒撬起，边顶边撬，使之挤紧缝隙，以挤出胶浆为宜。在推挤时，应注意预制混凝土内隔墙板是否偏离安装边线，并及时用垂线和铝合金靠尺校正，将板面找平，找直。安装好第一块板后，检查其柱边板间粘结缝隙不大于 15mm 为宜，合格后即用木楔紧板底、顶部，用刮刀将挤出的水泥砂浆补齐刮平，以安装好的第一块板为基础，按第一块板的方法开始安装整墙条板。

接缝处理：两板接缝处理：两板接缝水泥砂浆必须饱满挤紧，挤出的多余砂浆及时刮平，板边调节处理槽必须等接缝内水泥砂浆、墙板干透后抹灰时一同处理。

梁、板底面接缝处理：由于条板长度生产误差，梁、柱底面高度模板误差，两者上下缝间一般在 3-8cm 范围内，该缝内可用水泥砂浆等硬物填充，但不允许挤压密实保持并且与梁设置 1cm 沉降空隙，靠梁下的阴角砂浆用抹灰板压实成外八字形，等装饰面处理时用弹性乳液制作成弹性砂浆腻子将空隙和阴角内填实补齐刮平，可保证纵向裂缝不超过 5%。

3. 装配式模板安装工艺流程

装配式模板现场施工图

从结构特点出发，充分考虑结构施工要求，在满足混凝土施工质量要求，并保证施工安全的前提下，做到铝模板最大限度通用，尽可能的减少非标铝模板数量和规格，充分发挥我公司设计、制造一体化的技术优势，与用户紧密配合，使铝模板设计制造更符合施工实际要求，达到适用、快捷、灵活、经济、合理、安全等。

本工程是铝模板和预制构件综合运用的构造形式，铝模板整体性强、刚度大、拼缝少、墙体表面效果好，具体结构：主体面板采用 4mm 厚铝板及竖肋为 70mm 骨体，纵肋选用 40×20 工字钢，加强背楞采用双向方 60×40×3mm 方通。相邻铝模板间使用标准钉及钉片进行拉结，使相邻两块铝模板的板面在同一平面，以保证整体平面度。

（1）间墙及楼面铝模板

标准层层高为 2900mm，外模板配置标准高度为 2800mm, 内模板配置标准高度为 2665mm，外墙铝模板、楼梯间和电梯间墙模板配置平楼面。采用此方法配模，可使内墙施工时方便调节楼层水平高度，施工灵活性高。

（2）角模

阴角编号为“V”，角模与模板间采用企口搭接式，阴角模与模板之间留有缝隙，便于拆模。为防止阴角模向墙内倾斜，特设计阴角模拉接器进行 45° 拉结，简称“阴角压槽”它的特点是防止阴角错位和涨模，拆模后墙体表面均较平滑，不需进行特别处理。

阳角编号为“A”，墙体阳角处设计成阳角模，把两块模板焊接成整体使之成为一个刚性角，角的边长一般以墙厚加上阴角模边长。阳角模与大模板间用螺栓连接，其后再用加固螺栓加固。大阳角的优点是阳角处棱角明显，外观较好。

异形角模编号为“S”，阴阳边均与大模板采用螺栓连接，与模板间使用标准螺栓进行拉结，以保证墙体平整度。

（3）穿墙螺栓

穿墙螺栓采用 M16 高拉力丝，每套穿墙螺栓由螺栓、1 个螺母 (16X50)、1 块垫片 (100X10mm) 组成，拆除方便，拆除时拆除，即可拆除螺栓，操作简单方便。

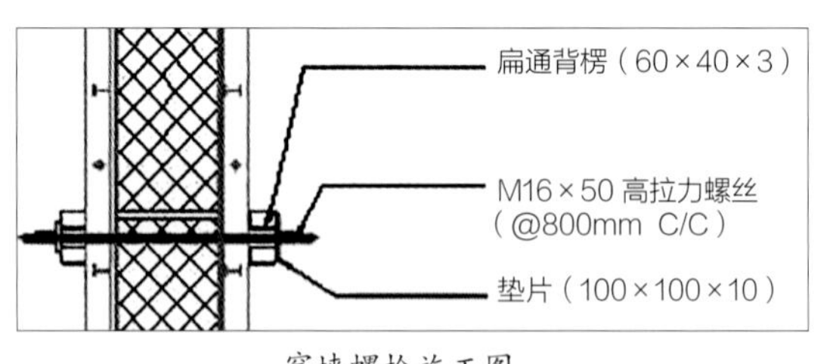

穿墙螺栓施工图

（4）筒模

电梯井模板按散模配置，配置电梯井平台，电梯井平台每次在使用时都要预留平台支撑吼，平台支撑要使用通常的“工”字钢或钢架来支撑，以确保安全。

（5）外墙维护

本工程外墙使用爬架作为外墙安全防护，无顶板处墙模板要放在下一层楼定位“U”上。

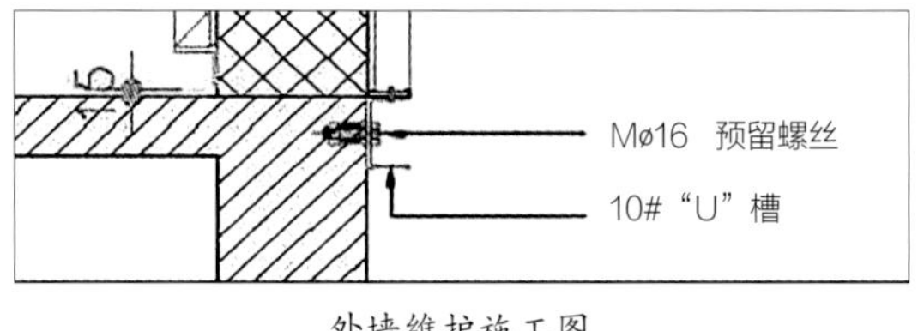

外墙维护施工图

（6）铝模板节点处理

对于预制外挂墙板、电梯井、楼梯间内模等无顶板处的结构，二次支模前，可在模板下端或在接触预制构件位放橡胶或粘海绵条，能避免漏浆。预制外挂墙板位在支模前必须要先定位好，以便铝模板安装。

内墙与顶模接槎处，用 C 型槽连接 . 一方面有利于脱模，另一方面有利于保证铝模板的平整度和垂直度。

在保证模板加工质量的前提下，要保证支模的施工质量。相邻两块模板间除销钉连接外，还使用模板连接器调整、校平。结构阴角处使用阴角连接器拉结于铝模板，能防止阴角模向墙内倾斜，影响混凝土墙面的整体观感；结构阳角处单独设计大阳角模，能保证结构棱角分明、线条顺直，为防止阳角胀模，产生‘鼓肚’现象，在阳角外设直角龙骨进行加固，简称“直角背楞”。

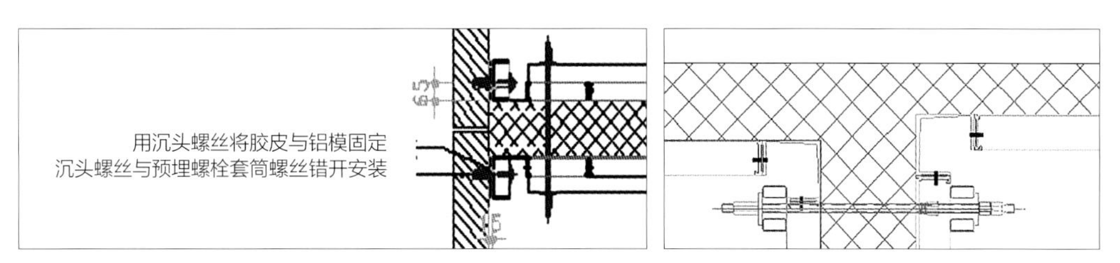

墙面上下层施工工艺节点图　　内墙与顶模接槎施工图

（7）防止内模整体移位的措施

为防止内模整体移位，合模前，需焊定位筋。要求定位筋距模板根部 30mm，其水平间距为 1000mm 左右，长度 = 墙厚 -1mm。要求定位筋竖筋为预埋钢筋头，横筋两头沾防锈漆，并按两排主筋的中心位置分挡，同时必须保证阴阳角和结构断面转折处的定位筋。

预制外挂墙板的定位必须要用相对应的调节码和支撑斜撑来其垂直度和平整度。

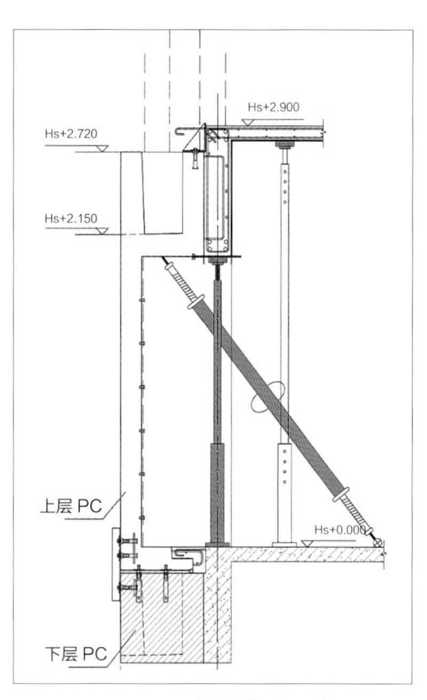

斜支撑施工图

四、小结

（一）综合效益分析

本项目采用工业化生产方式建设，采用内浇外挂式预制构件施工技术结合铝膜板施工技术。外墙采用预制构件，提高了劳动效率，减少了现场劳动力，劳动力成本减少 20%；外墙工期节省 1 个月，加快工程进度；外墙平整度、垂直度、观感明显提高，杜绝外墙裂缝渗漏、外窗框渗水现象。现浇结构采用铝模板施工技术，提高了工作效率，缩减了工期，减少了建筑垃圾，能达到清水混凝土效果，减小了抹灰成本。填充墙采用预制混凝土内隔墙板，提高了工作效率，减少了建筑垃圾，避免了抹灰工作。缩短了总工期。

（二）结语

希望通过本项目的示范，推动工业化技术在保障型住房的实际应用，促进住宅产业向集约型、节约型、生态型转变，引导和带动新建住宅项目全面提高建设水平，带动更多建筑采用“四节一环保”新技术，进而推进住宅产业现代化进程，实现可持续发展的社会意义和价值。

资料来源：深圳市万科发展有限公司、筑博设计股份有限公司

深圳中海天钻

建设单位	深圳市毅骏房地产开发有限公司
设计单位	筑博设计股份有限公司
监理单位	深圳市中行建设监理有限公司
施工单位	中国建筑第五工程局有限公司
构件生产单位	深圳海龙建筑科技有限公司
开竣工时间	开工时间：2015.03，竣工时间：2016.08
建筑规模	建筑面积：26 万 m^2，建筑高度：148.05m
实施装配式建筑面积	3.47 万 m^2
结构类型	剪力墙结构
装配式技术	预制外挂墙板、预制楼梯、预制叠合楼板、铝合金模板 预制率 15%，装配率 55%
项目特点	深圳首个新出让土地装配式建筑项目 深圳已建成最高装配式建筑项目 帮助形成深圳市装配式建筑技术认定工作机制

一、项目概况

本项目位于深圳市罗湖区滨河大道与红岭路交会处东南侧，紧邻深圳河，与香港一河之隔，是两城交汇之处。本项目为罗湖区更新改造项目，用地面积 47166.23m^2，容积率为 4.1，总建筑面积 260380.87m^2，地下室建筑面积 63201.35m^2，计容建筑面积 193481.49m^2，其中高层住宅面积 183951.49m^2，商业面积 3300m^2，其他配套面积 3530m^2，幼儿园建筑面积约 2700m^2，地上核增建筑面积 3698.03m^2。

产品类型主要为住宅，工程结构类型为抗震墙结构，抗震设防烈度为 7 度。总体规划包括 8 栋、9 栋超高层工业化住宅；本项目于 2015 年 3 月开工，2016 年 8 月主体封顶。

项目取得英国 BREEAM 二星级绿色建筑认证，在兼顾了绿色新理念的基础上，还实行了私人定制的装修：色系定制、功能定制、品牌定制、衣柜定制、入户门定制。2016 年中建总公司科技推广示范工程。

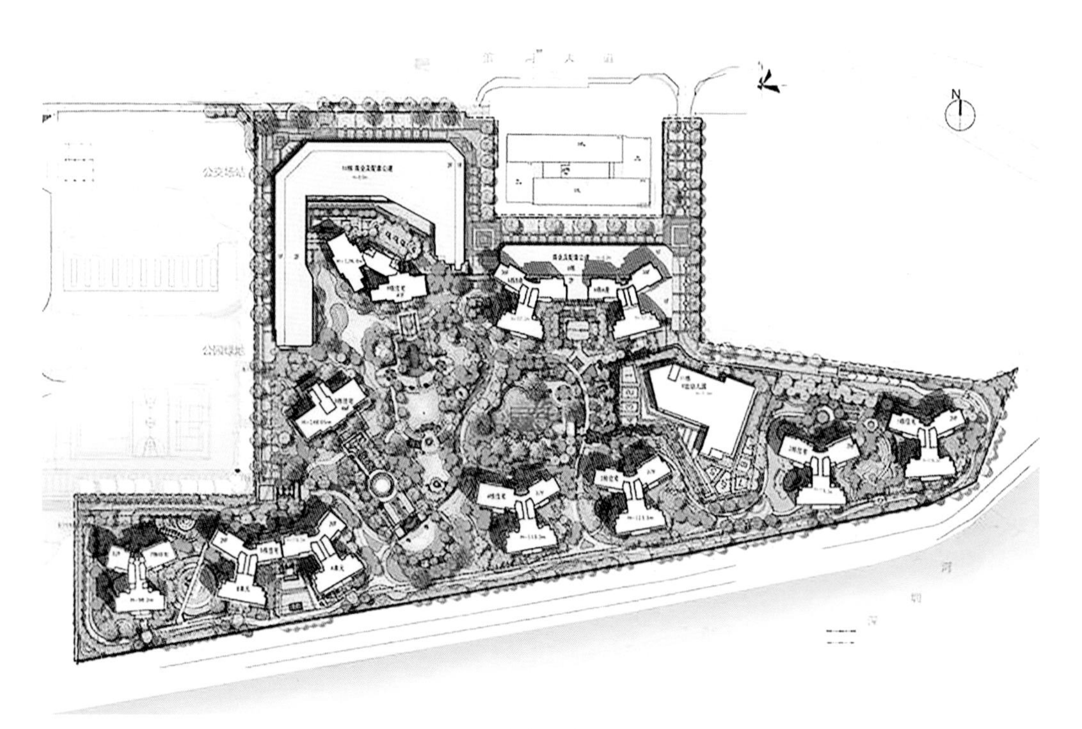

总平面图

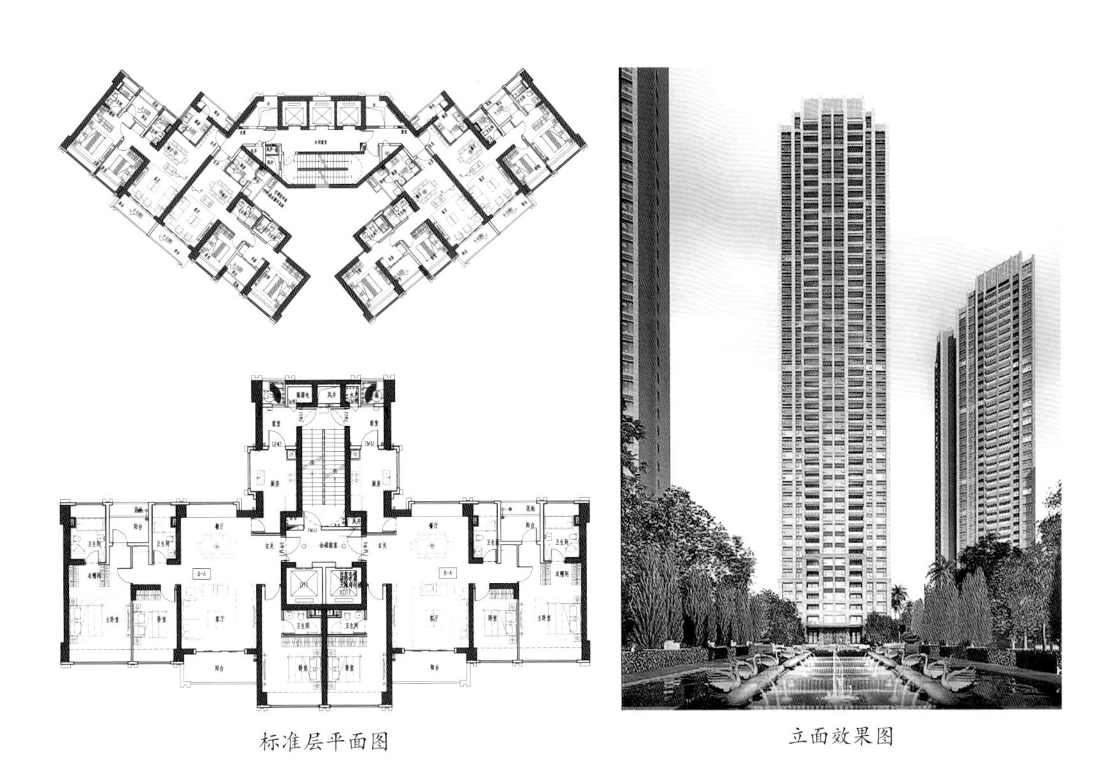

标准层平面图　　　　立面效果图

二、装配式建筑技术应用情况

（一）预制率指标

8 栋（三 ~ 四十六层）						
楼层	预制混凝土体积（m^3）	预制非承重预制混凝土内隔墙板		现浇混凝土体积（m^3）	标准层预制率	楼栋总预制率
		体积（m^3）	是否大于 7.5%			
3-11	35.174	无	无	231.26	15.2%	15.2%
12-36	35.218	无	无	219.66	16%	
37-46	35.304	无	无	212.76	16.6%	

9 栋（三 ~ 四十一层）						
楼层	预制混凝土体积（m^3）	预制非承重预制混凝土内隔墙板		现浇混凝土体积（m^3）	标准层预制率	楼栋总预制率
		体积（m^3）	是否大于 7.5%			
3-21	41.194	无	无	259.53	15.87%	15.01%
22-41	41.246	无	无	256.53	16.1%	

（二）装配率指标

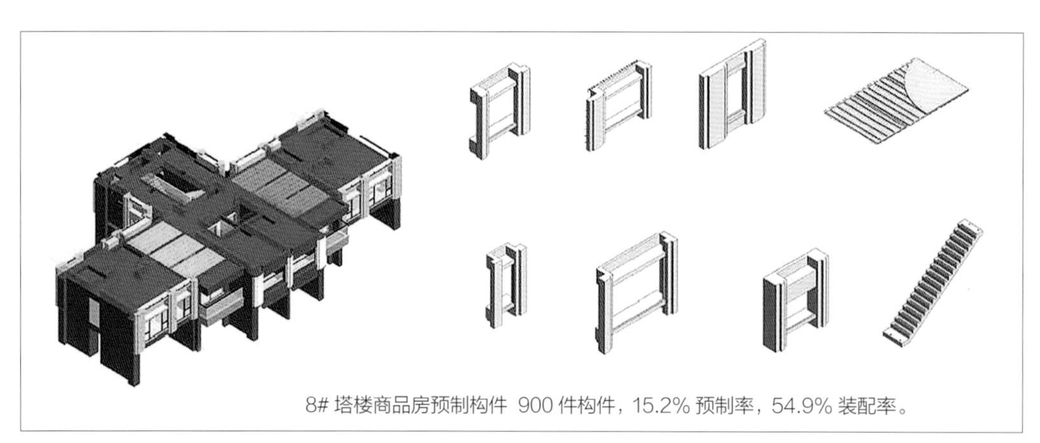

8# 塔楼商品房预制构件 900 件构件，15.2% 预制率，54.9% 装配率。

9# 塔楼商品房预制构件 1600 件构件，15.01% 预制率，57.1% 装配率。

（三）技术应用措施

构件类型	施工方法		构件位置	构件设计说明	总体积
	预制	现浇			
预制外挂墙板	√		东西向外墙	内保温，保温材料为无机保温砂浆；采用内浇外挂技术，实现窗框与预制构件一体化连接，解决了常规的窗边渗漏的问题。	2284.72m^3
预制叠合楼板	√	√	局部楼层板	采用 5cm 及 6cm 的桁架式预制叠合楼板	659.484m^3
预制楼梯	√				328.1m^3
其他技术	1. 住宅科技成果的产业化，利用最新的科学工业产品，整合到住宅中：多种节能材料的应用，光导管技术，海绵社区技术，新风置换系统，防雾霾 PM2.5 系统，小区夜光跑道，智能家居、地库充电桩等等。 2. 通过自主模拟实验及技术分析，突破性地使用了 5cm 的桁架式预制叠合楼板，国内其他项目都是 6cm 的板，这样下来，能够有效提升室内的净高。 3. 成品的预制楼梯采用的是先进的滑动支座的节点技术，而不是需要钢筋锚固的固定支座技术，在施工便利性上有很大的优势。				

三、装配式设计、施工技术介绍

（一）装配式设计

1. 结构体系说明

本项目 8 栋、9 栋结构主体高度分别为 148m、126m，均为超限高层建筑，结构体系为抗震墙结构；工程抗震设防分类为标准设防类，抗震设防烈度为 7 度，设计基本地震加速度 0.10g，设计地震分组第一组。8 栋、9 栋抗震等级为一级。

2. 标准化设计

标注化设计说明

本项目产业化为 8 栋、9 栋住宅楼，总建筑面积约 34758m^2。因此设计整体思路：减少楼栋类型，减少户型种类，增加楼栋高度层数，尽可能使标准单元楼层数量增加。

楼层高度 8 栋为 46 层，2~46 层均为标准层；9 栋为 41 层，2~41 层均为标准层；全部楼层考虑产业化。

共设计三个标准户型，分别为 180m^2、118m^2、120m^2，两个核心筒。所有户型尽量规整，结构主要墙体尽量对齐，使结构更加合理，减少预制构件转折。南北通厅：采光通风极好，吸纳双向景致，尽享自然的静谧之美和城市的繁华之美。餐客厅与玄关、过厅、走道形成十字形轴线，户型格局庄重大气，具有强烈的仪式感。灵活多变的主卧空间：主卧功能变化灵活，满足不同家庭的使用需求。宽阔南向开间：板式设计，四个南向房间，对景观资源尽可能充分利用。超大景观阳台：景观阳台尺寸达到 4.5m×1.8m，可在阳台观景、休憩、小酌，享受生活之美。

各户型采用相同的装修方式、材料、部件，协调好建筑、结构、强弱电、给排水、燃气及室内装饰装修设计，实现各专业之间的有序、合理同步进行，减少后期返工，从而达到节约成本、节省工期、保护环境的目的。

3. 预制构件深化设计

（1）钢筋防碰撞技术

施工现场，构件之间以及构件与现浇结构之间可能发生钢筋碰撞，钢筋碰撞会影响构件的安装。钢筋碰撞在设计时即需考虑，现浇结构的钢筋在预制构件就位后错开构件外伸钢筋放置。通过在工厂内预演安装样板测试。

（2）立面节点包括铝窗以及排砖分色

立面节点包括铝窗以及排砖分色需提前确定。针对预制外挂墙板或预制凸窗，一般情况下为达到更好的质量和防水效果，窗框均为预制时进行预埋。窗的节点以及预埋方式，均需在预制构件图上表达。如外墙贴砖，为尽量少切砖或者不切砖，外墙排砖分色、预制构件分缝、窗台和檐口等部位的尺寸都需要在预制构件模板图出图前进行敲定。一般情况下，按照砖的规格，外墙预制构件尺寸为零碎的尺寸，而非常规的 50mm 的模数。

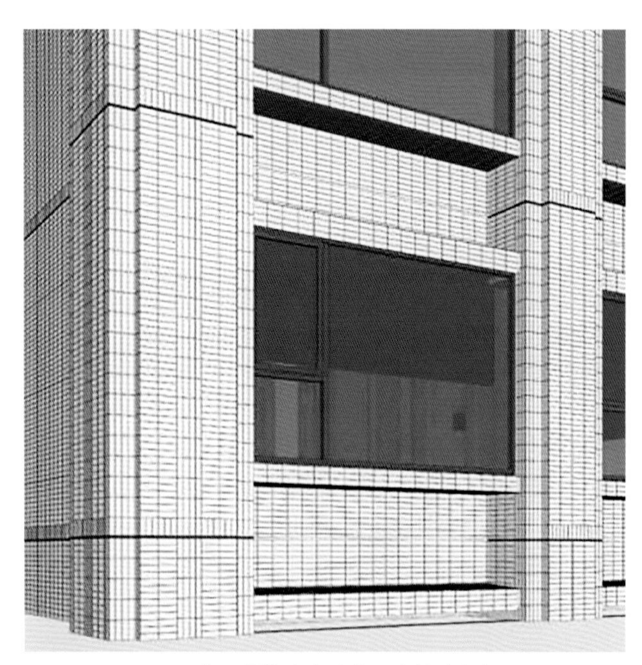

项目在预制构件出图阶段的排砖分析

（3）预制叠合楼板

客厅预制叠合楼板采用 60mm 厚预制 +80mm 厚现浇的尺寸，房间采用 50mm 厚预制 +70mm 厚现浇的尺寸。均按双向板设计。设计时，有以下计算：

使用阶段：抗弯配筋计算、水平叠合面抗剪计算、裂缝验算、挠度验算。

施工阶段：吊装起吊点验算、格构筋起吊验算、浇筑施工验算。

预制叠合楼板的安全等级为二级，设计使用年限为 50 年，重要性系数取 1.0。脱模验算时等效静力荷载标准值取构件自重标准值的 1.2 倍与脱模吸附力之和，且不小于构件自重标准值的 1.5 倍。吊装验算时动力系数取 1.5。

绘图时参考了国家标准图集 15G366-1。根据电气专业要求，预制板上设置了若干线盒留洞。且带预制凸窗的房间，配合构件厂设置了斜撑、角码螺栓孔。

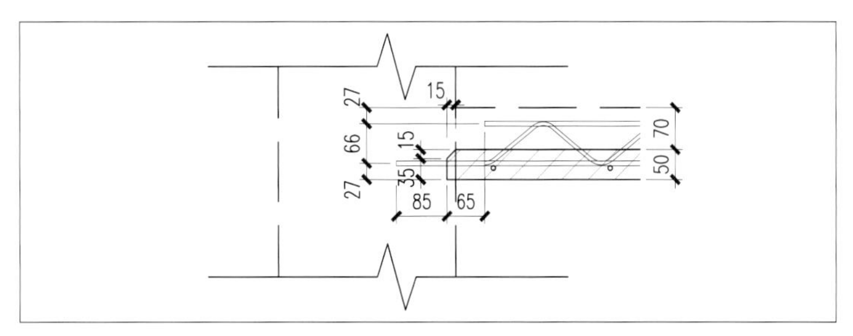

预制叠合楼板与梁连接节点

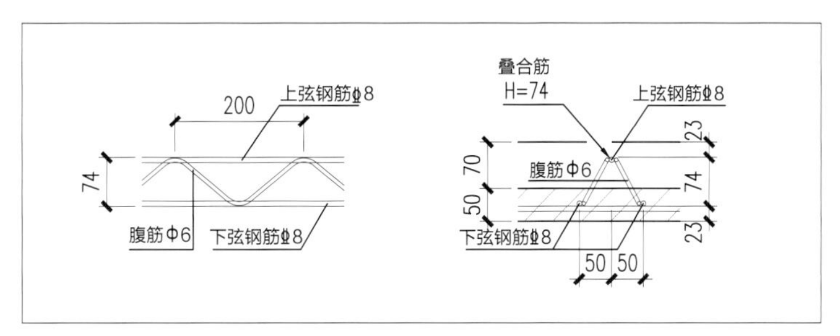

预制叠合楼板桁架筋节点

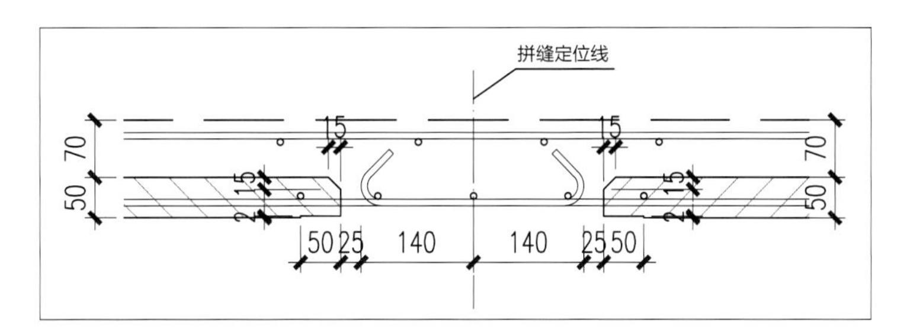

板与板连接拼缝节点

（4）预制楼梯

由于剪刀楼梯跨度较大，经计算（按两端铰接），配筋较大，故预制楼梯各工况受力按使用阶段挠度控制。由于低端支座采用了滑动支座，结构抗震可不考虑其斜撑作用。

预制楼梯安全等级为二级，结构重要性系数取 1.0，设计使用年限为 50 年，保护层厚度按 15mm 设计，裂缝控制等级为三级，最大裂缝宽度限制为 0.3mm，挠度限制为 L/200。

楼梯支座采用现浇梁带挑耳的形式，绘图时参考国家标准图集 15G367-1 以及构件厂商一些合理的建议。

8 栋、9 栋标准层均采用预制剪刀梯，其中 8 栋预制楼梯共两种类型：构件 8JT-3150-26-01，构件重 4.64t；构件 8JT-3150-26-02，构件重 5.10t。9 栋预制楼梯共两种类型：构件 9JT-30-26-01，构件重 4.44t；构件 9JT-30-26-02，构件重 4.87t。

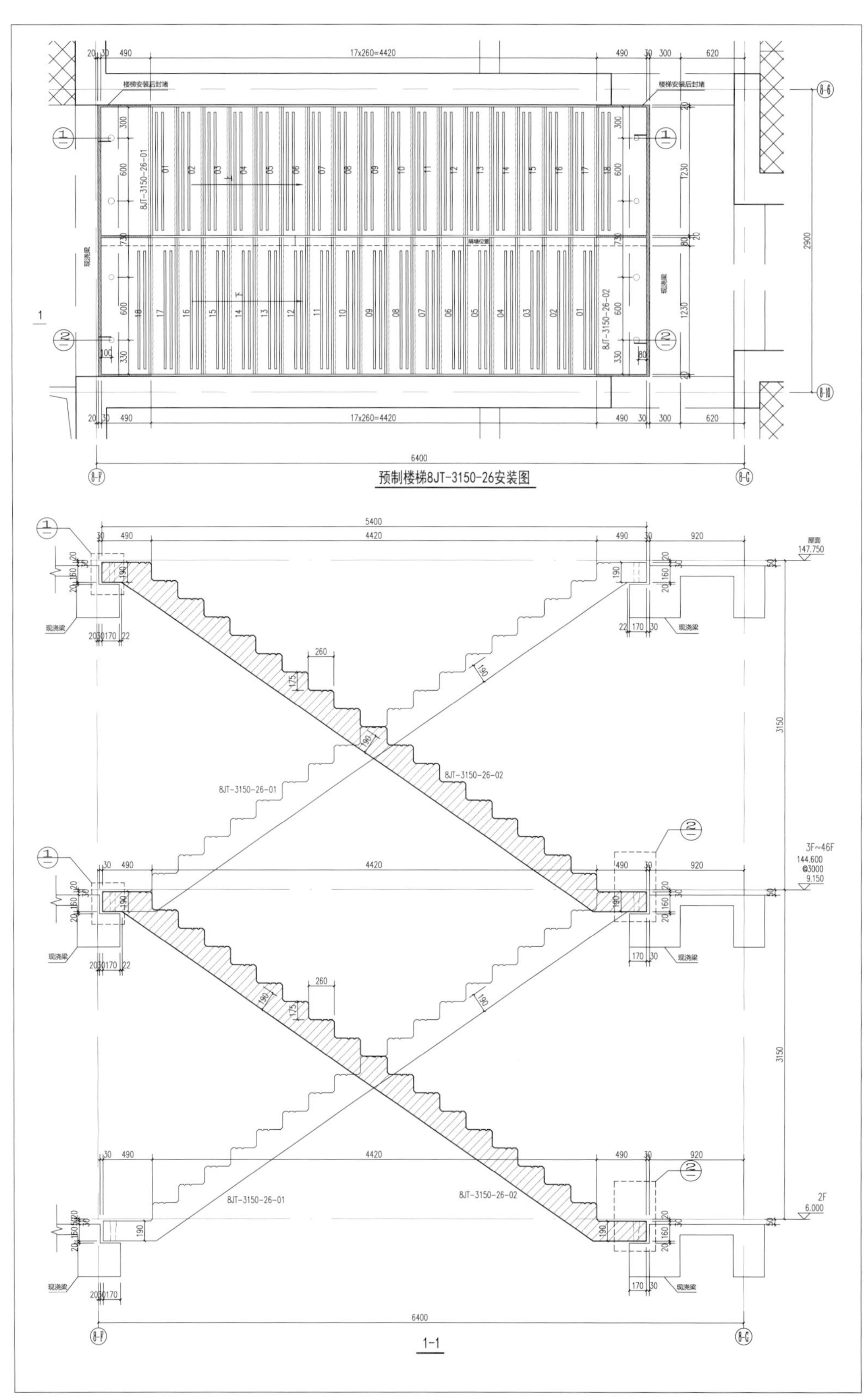

预制楼梯深化设计图

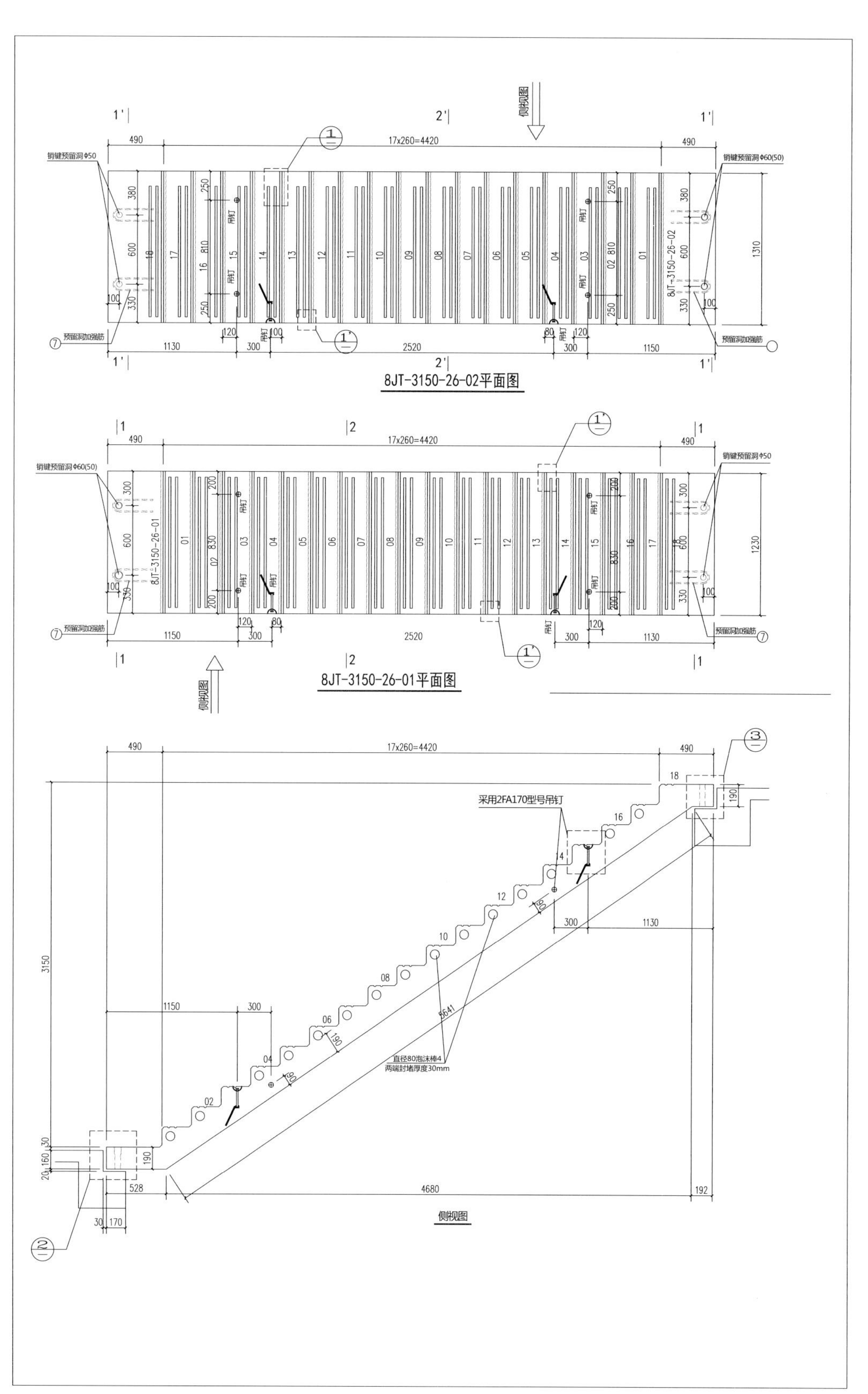
侧视图
1'
2'
1'
490
17x260=4420
490
销键预留洞Φ50
销键预留洞Φ60(50)
380
600
330
100
1310
250
810
250
吊钉
8JT-3150-26-02
预留洞加强筋
120
100
80
120
1130
300
2520
300
1150
8JT-3150-26-02平面图
1
2
1
销键预留洞Φ60(50)
销键预留洞Φ50
300
600
330
200
830
200
1230
8JT-3150-26-01
预留洞加强筋
120
80
1150
300
2520
300
1130
8JT-3150-26-01平面图
侧视图
490
17x260=4420
490
18
190
采用2FA170型号吊钉
16
14
12
300
1130
10
3150
08
1150
300
06
5641
190
04
直径80泡沫棒4
两端封堵厚度30mm
02
30
160
20
190
528
4680
192
30
170
侧视图

预制楼梯深化设计图

（5）预制外挂墙板

本项目预制外挂墙板为预制凸窗外墙板，区别于传统的凸窗采用的砌砖模式施工，预制的方式能更好地把控凸窗外墙的整体质量和平整度。同时还能解决传统施工所难以解决的窗框边缘漏水的问题。凸窗构件是按内浇外挂的设计理念进行设计的。设计过程中主要分析了构件的生产过程、运输过程、施工过程以及正常使用状态下的受力情况。构件以构造配筋为主，并结合施工经验对相关部位做了加强处理。

每个凸窗构件设计了 2 个吊钉，每个吊钉要求采用抗拔承载力设计值不小于 5t 的型号。8 栋共有 6 种类型的凸窗构件，加上镜像构件共有 12 种；9 栋共有 7 种类型的凸窗构件，加上镜像构件共有 14 种。结合建筑功能需要，在构件上留有相应的水专业及暖通专业要求的管洞，减少现场的二次施工。提高凸窗的整体性。同时该项目凸窗构件还配合铝模在构件上留有相应的连接套筒，方便现场施工，以提高效率。设计时参考国家标准图集 15G365-1 以及构件厂商一些合理的建议。

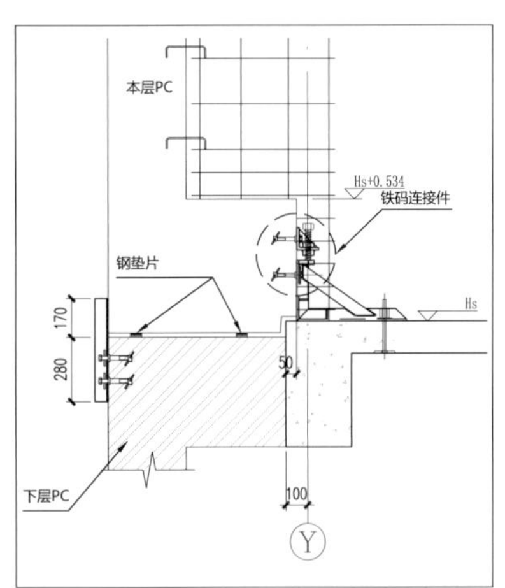

角码连接件节点图

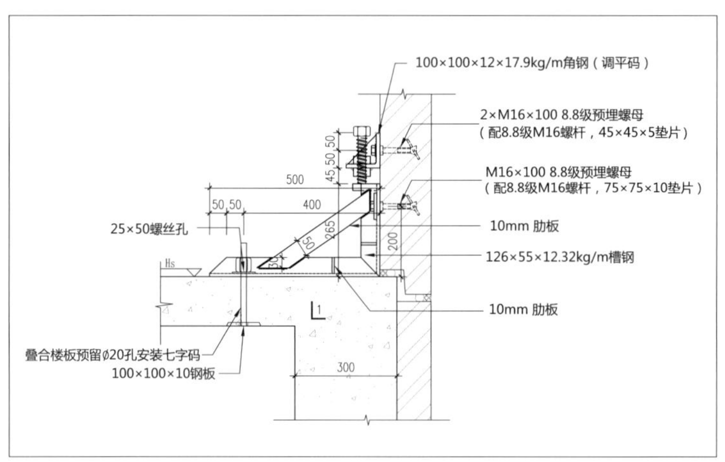

上下层预制凸窗连接节点图

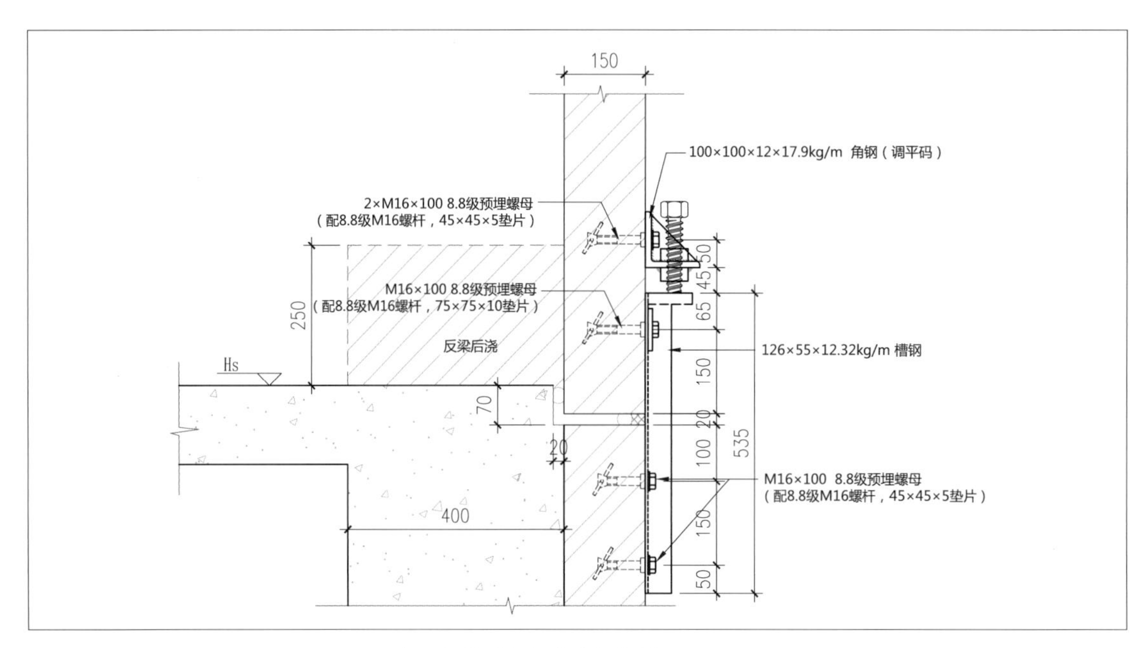

上下层预制凸窗连接节点图

4. 保温设计及做法

东西向外墙采用内保温，保温材料为无机保温砂浆，其材料的导热系数不大于 0.07W/(m.K)，东西向外墙满足《夏热冬暖地区居住建筑节能设计标准》(JGJ 75-2012)，材料的耐火等级为 A 级。屋面采用倒置式屋面，隔热材料为挤塑聚苯板，其材料的导热系数不大于 0.03W/(m.K)，耐火等级为 B1 级。屋顶采用 40mm 挤塑聚苯板；外窗采用中空玻璃或中空夹胶玻璃；性能化节能计算得到的节能率＞ 50%。

外窗采用铝合金门窗，由于本项目相邻于城市主干道，针对节能与隔声，通过模拟与分析，细致有效设置中空玻璃、中空 low-e 玻璃、夹胶中空玻璃、穿孔板遮阳等隔声隔热措施，在保证良好通风采光的基础上，实现有效节能。

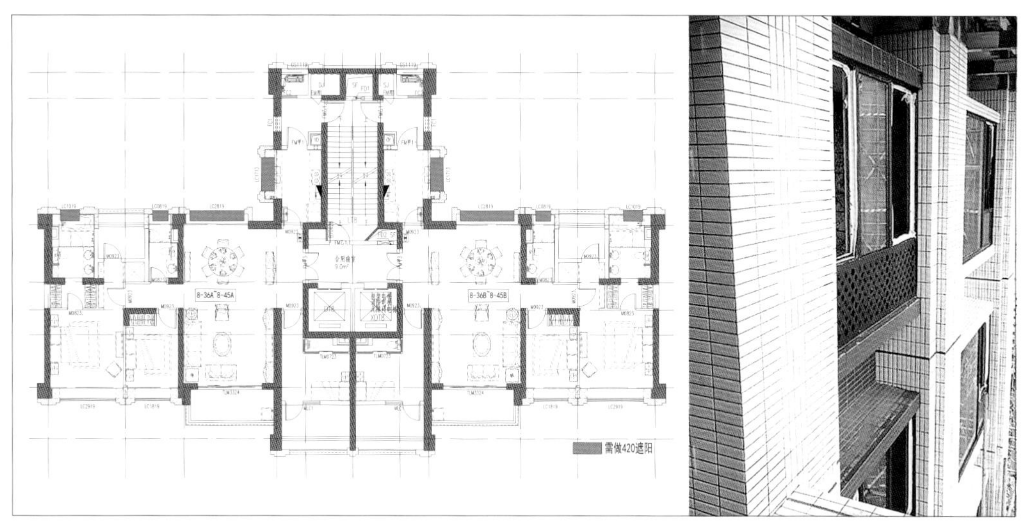

中空玻璃与 LOW-e 玻璃合理设置应用，同时考虑遮阳与透光的权衡，使用穿孔铝板进行外墙遮阳。

保温设计做法说明

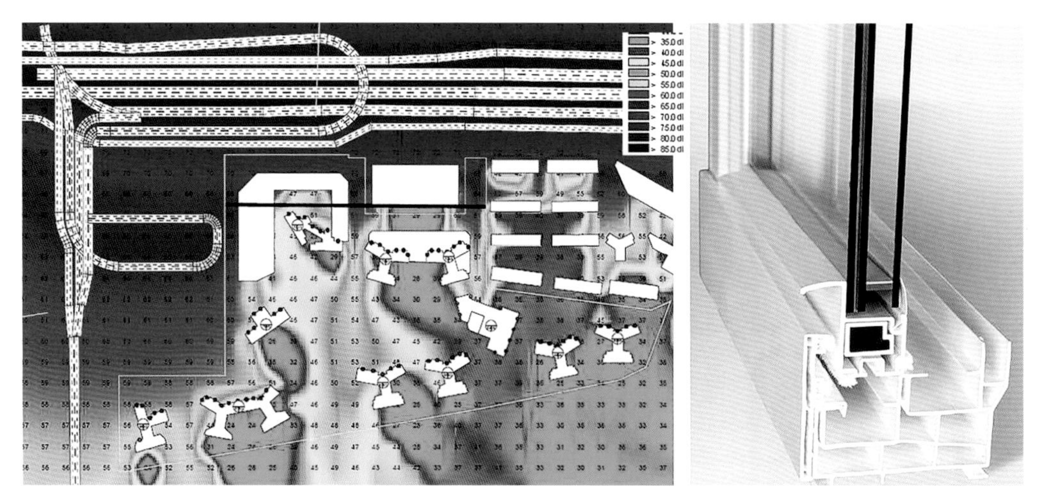

通过实测与模拟结合的噪声分析，避免昼夜噪声干扰，靠主干道一侧设置夹胶中空玻璃隔声，玻璃计权隔声量 + 交通频谱噪声修正值达到 34dB 以上，实现隔声与节能的统一。

项目铝窗节能与隔声分析

5. 防水节点及做法

预制外挂墙板采用内浇外挂的设计，本项目普通预制外挂墙板防水形式主要有 3 道防水措施，最外侧采用被上下层预制构件压紧的 PE 棒和建筑密封胶（采用改性硅酮密封胶），中间部分为企口型物理空腔形成的减压空间，内侧使用预嵌在混凝土中的 PE 棒上下互相压紧来加上建筑面层砂浆封闭起到防水效果。

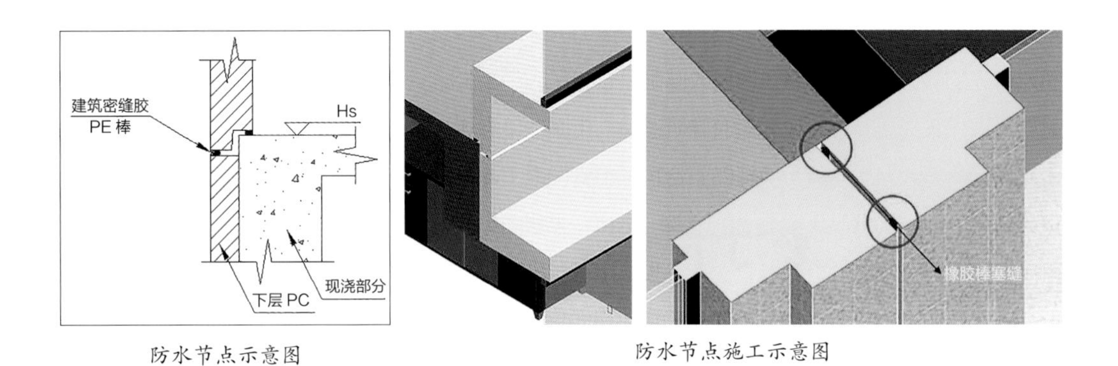

防水节点示意图　　　　防水节点施工示意图

6. 装饰装修设计

全面家居解决方案设计，最大化利用室内面积，提高空间效率，实现造型与户型的完美统一，提升家居舒适度。

一体化装修的思路在设计时，一并细致考虑，对方案以及预留预埋做好了设计。厨房设计精细化，利用预制外挂墙板凸窗空间，布置吊柜、洗菜盆，实现空间利用最大化。

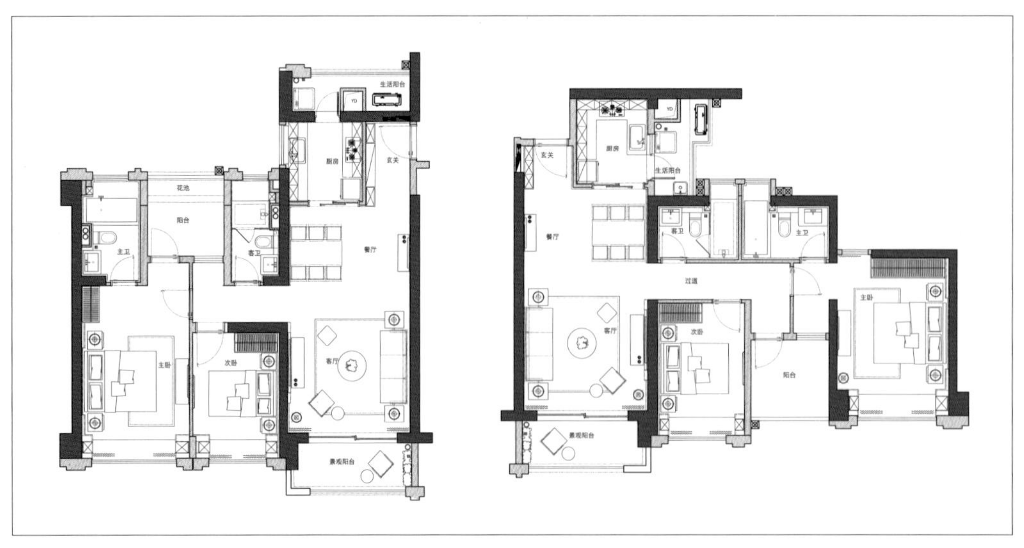

户型图

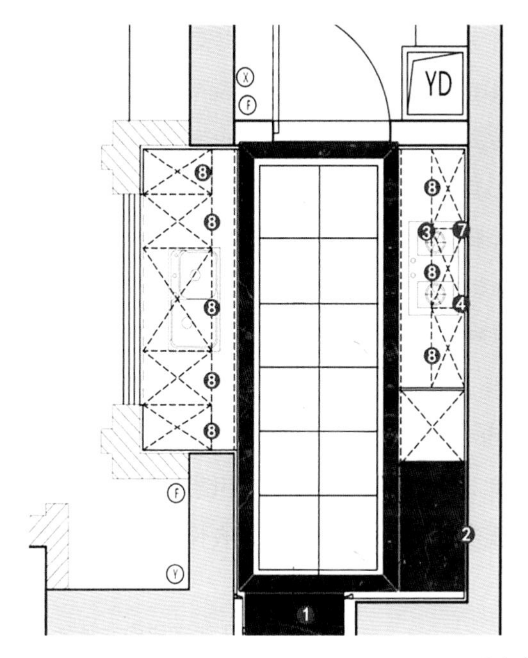

厨房布置图

（二）装配式施工

1. 预制外挂墙板安装工艺流程

放线定位

构件吊装

支撑件安装

固定件安装

调平、校正

固定件预埋

预制外挂墙板安装工艺流程图

楼面采用预制叠合楼板，对铝模整体性有一定影响，针对性的采用内五外六的背楞体系并增加墙板斜撑，保证墙板施工质量。

墙板和预制叠合楼板连接处设置 20mm 调节胶条，调整两者之间的安装误差，并保证混凝土浇筑不发生漏浆现象，同时墙体上口设置对拉螺杆，保证墙体成型尺寸。

预制外挂墙板与内墙模板连接时，采用预埋 M16 标准套筒的方案，铝合金墙板安装完成后收紧 M16 对拉螺杆及紧固背楞，与预制构件形成整体，有利于提高墙体成型质量。

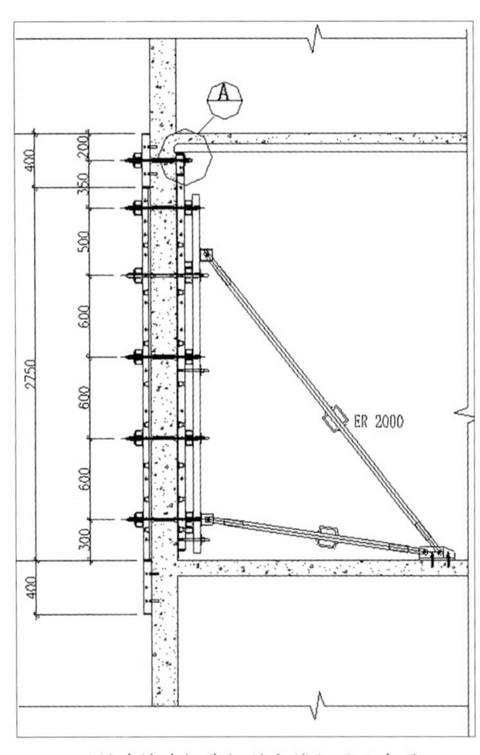

预制外挂墙板背楞斜支撑加固示意图

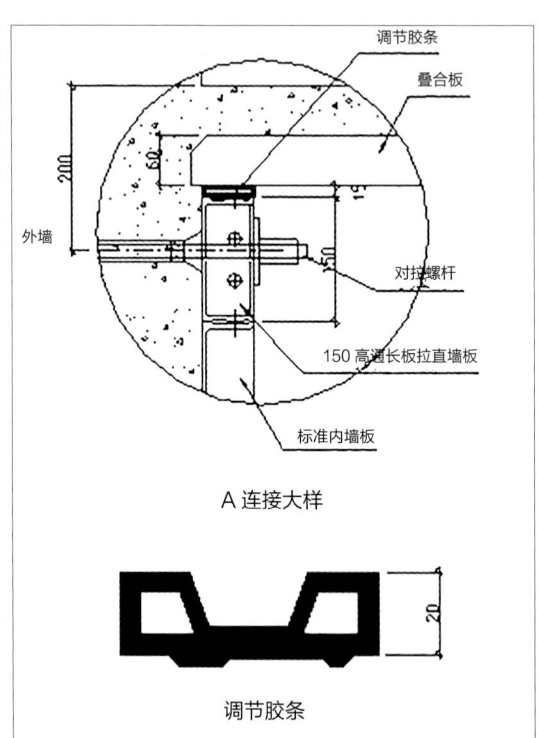

调节胶条施工示意图

内墙与预制叠合楼板连接处分单边预制叠合楼板和双边预制叠合楼板两种情况，预制叠合楼板与内墙模板连接处同样采用调节胶条并增加对拉螺杆的方案，标准 400 宽墙模板与调节胶条之间增加通长 150 高墙模板将墙体拉直。

内梁与预制叠合楼板连接处同样分单边预制叠合楼板和双边预制叠合楼板两种情况，预制叠合楼板与梁侧模板连接处与墙板方案相同，采用调节胶条并增加对拉螺杆的方案，保证梁口成型尺寸。由于没有楼面模板形成整体体系，所有与预制叠合楼板连接处的内梁梁底均采用双排单支顶的支撑构件，加强梁体稳定。

预制叠合楼板拼缝底模采用全支撑体系，配 5 套模板和支撑。预制叠合楼板拼缝处预留 50mm 宽 2mm 深的槽，避免由于底模安装不平整造成后期打凿。

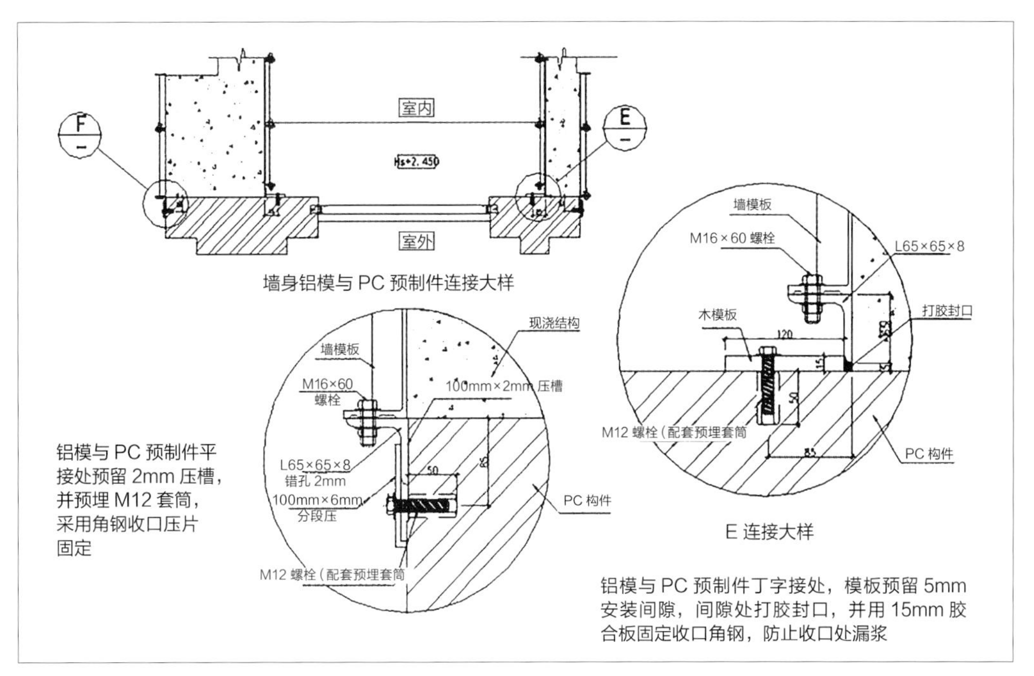

预制构件与铝模板与墙身处连接大样图

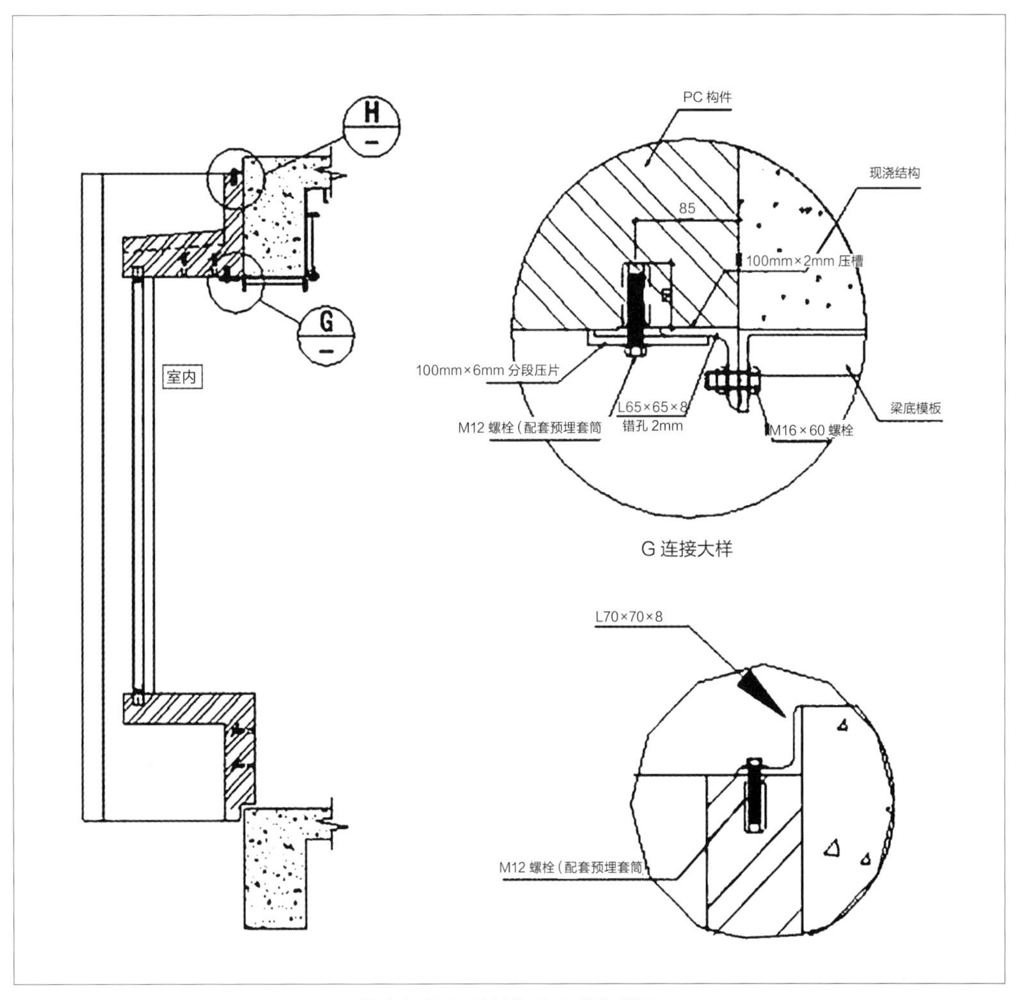

梁底铝模与预制构件连接大样图

预制叠合楼板与铝模现场拼装

2. 装配式模板安装工艺流程

装配化施工

采用铝合金模板的装配式模板技术，工厂生产模板，模板模块化，现场拼装循环使用。实现免抹灰技术，实现与预制构件的强力连接，可回收重复利用节能环保。

本项目除采用预制外挂墙板部位外其余现浇部位均采用铝模装配式模板技术替代传统的模板施工技术进行施工。

铝模板体系组成部分根据楼层特点进行配套设计，对设计技术人员的能力要求较高。铝模板系统中约 80% 的模块可以在多个项目中循环利用，而其余 20% 仅能在一类标准楼层中循环应用。本项目由于标准化程度高，而且标准层分别为 41 层和 46 层，应用铝合金模板的周转次数高，成本上以及质量上，均比采用传统木模板有优势。

铝模使用前施工策划和图纸深化是重点，首先要编制严谨的施工组织设计，确定配合铝模施工的二次结构、楼地面、墙面、顶棚等部位工艺做法，铝模在深化设计时要充分结合其他工序，这样才能达到最佳的使用效果。当铝模深化设计时，尽量将外墙洞口两侧的短墙、门洞顶部挂板及过梁、门窗小垛及构造柱结合到铝模图纸中随主体一次性浇筑，施工省时省力。

铝模加工成型后，对模板构件分类、分部位排序，使用时转运到施工现场将各构件“对号入座”，利用销钉组装固定。组装就位后，用钢管立杆做竖向支撑，可调支撑调整模板的水平标高；利用可调斜撑调整模板的垂直度及稳定性；利用穿墙对拉螺杆及背楞保证模板体系的水平刚度。在混凝土强度达到拆模条件后，仅保留竖向支撑，按先后顺序对墙模板、梁侧模板及楼面模板进行拆除，迅速进入下一层的循环施工。

铝模工艺流程：测量放样→安装墙柱钢筋（墙柱水电施工）→墙板涂刷脱模剂→安装墙柱铝模→安装梁铝模→安装楼板铝模→梁模楼板模涂刷脱模剂→安装梁板钢筋（梁板水电安装）→收尾加固检查→混凝土浇筑→拆除墙、柱、梁、板模板→拆除板支撑→拆除梁支撑。

铝模在施工过程中将构件“对号入座”现场拼装，相对于木模节约劳动力 20%。

建筑内外墙均可实现免抹灰，楼地面施工完成即可进行精装工作面移交；外墙随主体一次性浇筑，主体封顶即可进行铝合金及外立面施工，与传统工期模板相比，工艺衔接紧凑，进度优势明显。

铝模安装完成图

铝模浇筑成型图

铝模施工流程：放线→布置墙身垂直参照线并进行墙角定位→安装墙模并校正垂直度→楼面梁模板安装及校正→安装楼面模板龙骨→安装楼面梁模板及调平→整体校正、加固检查及墙模板底部填灰→检查验收。

现场铝模安装

架体搭设及垫木铺设、抄平

（三）BIM 技术应用

信息化管理

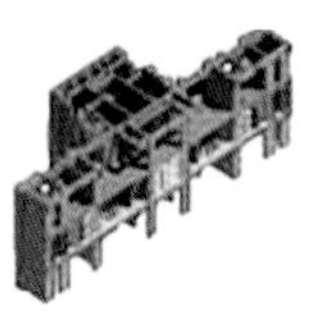
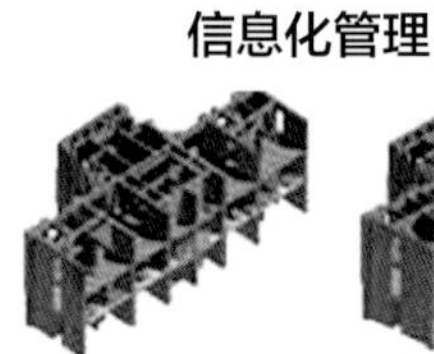

采用建筑信息模型（BIM）技术，建立规划 - 设计 - 制造 - 建造 - 运营等全过程的模型信息库。解决设计碰撞，提供施工模拟，完善运营处理。

装配式住宅相比传统住宅，要求有预制构件装配、成品装修交付、信息集成运维，故 BIM 技术的应用有独到的优势，对各环节信息，产品进行整合以及应用管理，在设计、生产、施工、运维均有价值优势。

本项目采用的 BIM 技术具有可视化、协调性、可优化性、模拟性、可出图等特点。

而在住宅产业化中的 BIM 技术应用可贯穿预制装配式住在的设计、深化设计、构件生产、构件物流运输、现场施工及物业管理等建筑的全生命周期。通过对预制构件的设计、施工过程的模拟功能，可以核查构件之间的干涉与碰撞以及构件的预埋钢筋之间是否冲突，从而提高并优化设计水平、降低施工风险。另外通过虚拟建造，可检查预制构件与主体建筑结构之间的冲突碰撞，将这类问题提前在设计阶段予以解决，从而减少后期因此类碰撞导致的工期延误及人力财力的耗费，更能节约宝贵的时间及成本。

BIM 模型按照装配式做法进行构件拆分、搭建，实现 BIM 模型预拼装，并通过 BIM 模拟虚拟拼装过程，细化节点设计。

通过 BIM 模型的搭建，直观反馈设计存在的问题及优化方向，将很多可能发生在施工现场的设计问题，消灭在施工之前。

装配式建筑设计中，由于需要对预制构件进行各类预埋和预留的设计，因此更加需要各专业的设计人员密切配合。利用 BIM 技术所构建的设计平台，装配式建筑设计中的各专业设计人员能够快速地传递各自专业的设计信息，对设计方案进行“同步”修改。通过碰撞与自动纠错功能，自动筛选出各专业之间的设计冲突，帮助各专业设计人员及时找出专业设计中存在的问题，通过直观真实的模型反馈问题，提升设计效率。

BIM 的重要环节在于整合，各个系统的设备管线平面上难以进行综合校对，BIM 的整合过程，能轻易发现设备系统之间的冲突。在管线调整过程中，本项目利用 BIM 进行高效的复核校对，对走向不合理的管线进行优化，作为各个设备系统的枢纽，进行合理化调整，节省了不少管材和管件的用量。

除了节材降低成本，通过对管线位置的调整，将管线过于集中、影响到净高位置的管线，进行平移处理，尽可能地提高建筑的净高，尽可能地使管线布置整洁美观。

充分利用 BIM 的优势，进行预制构件的设计与研究。装配式建筑最重要的设计原则为标准化设计，从户型到构件，实现标准化利于工厂化生产，也有利于成本控制。方案设计阶段，通过构件划分，归并，整理，采用标准化构件，减少预制构件种类，从设计方案源头实现标准化。

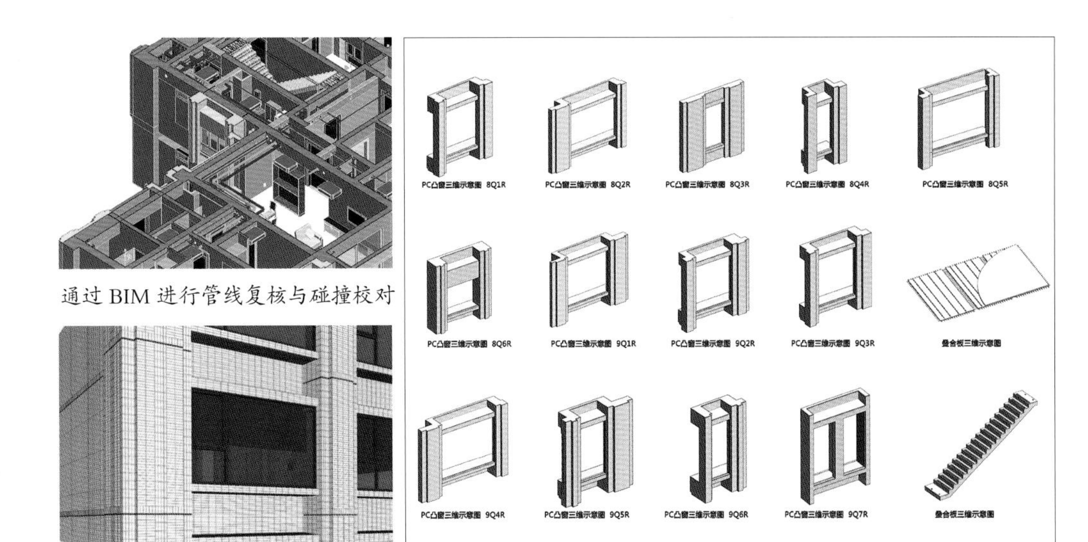

通过 BIM 进行管线复核与碰撞校对

通过 BIM 进行精细排砖方案

标准化构件库

通过标准化的构件，配合铝模预埋要求，施工吊装要求以及生产阶段模具拼装要求，出具配套的标准化预留预埋信息，配筋信息，极大地减少生产施工难度，对进度的提升具有重要意义。

通过 BIM 的实体模型，可以实现直观地对关键节点部位进行研究。本项目采用的预制凸窗为内浇外挂式，且造型复杂，也涉及厨房、卫生间部位的凸窗。在防水防渗漏处理方面以及与设备管线交错搭接方面尤为关键。

故本项目在整合了主体、设备、装修之后，利用 BIM 模型进行关键节点的逐个研究，并借此确定各专业之间的搭接与节点做法。通过模型细部节点，确定了凸窗之间的三道防水的做法，包括内部的高低差企口防水，中间贯通的导水通道，外部的 PE 棒加耐候胶密封外防水。

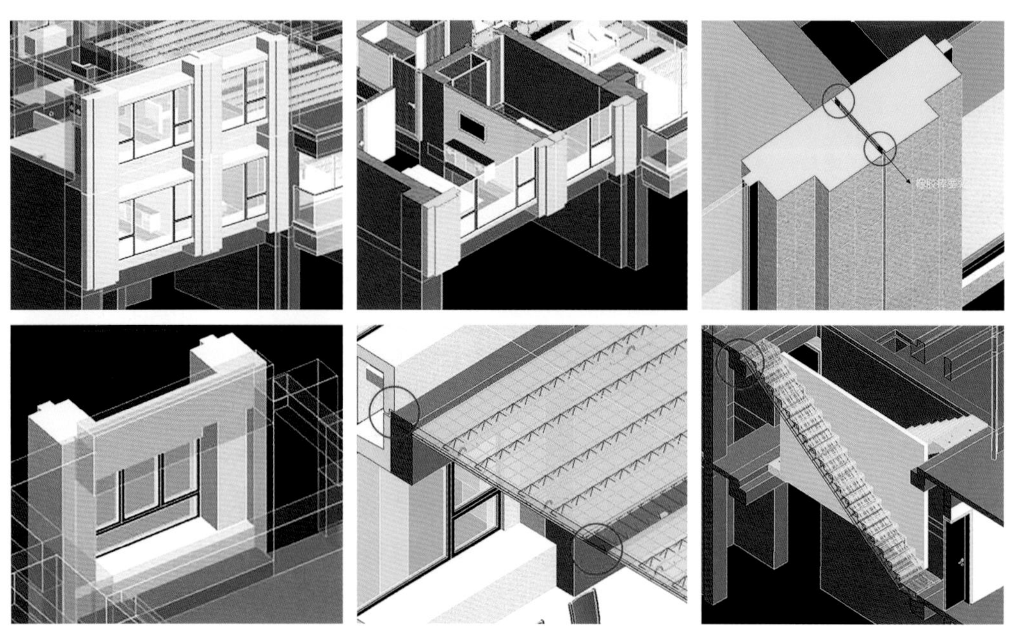

39：BIM 施工节点检测分析

本项目的 BIM 的应用是贯穿项目全过程，包括设计阶段，施工阶段以及入伙后的运营维护阶段。

设计阶段把整个项目的土建信息，管综信息全部建立到模型文件内，并对碰撞问题进行协调，优化管综布置。施工阶段总包单位配备对应的人员及设备，根据模型进行现场施工铺排，指导施工。

安装及施工单位接取 BIM 信息模型，根据构件的位置关系、数量、种类等，铺排流水搭接，施工进度等信息，进行施工模拟。通过施工模拟，可以筛选出最高效的施工组织方案。对提升装配式建筑的施工周期有极大的便利性。

通过 BIM 模型，整个项目的设计情况已实现三维可视，针对管道及设备布置复杂的地方，要采用三维图纸或视频进行交底，指导现场按照设计进行施工。

首先，使用三维模型的可视化功能，能够直观地把模型和实际的工程相比较，发现其项目中实际与理论的差距以及不合理性，既直接又方便；其次，可以通过与三维模型的比较，对建筑相关联的功能性以及施工的过程得到进一步的了解和评估，可以尽早提出意见，这样可以及时地对可能发生的情况作出修正。

此外，在三维模型技术交底时，需要将现场的工人组织起来，对需要进行施工的地方做三维技术交底，这样做的目的就是为了防止施工人员与现场工程师针对蓝图的理解不相同而导致施工中的偏差现象。通过使用来做三维模型的可视化的技术交底时，可以在不同的角度以及不同的方位的变化中观察，使得现场工人直观地了解施工中要求的管线的走向，并且对管线在避让以及交叉时的方案有一个透彻以及清晰的认识，然后再与每一段的管线所带的相关的参数进行配合施工。这样做既杜绝了排布错误问题导致的返工，又提高了施工工作的效率。

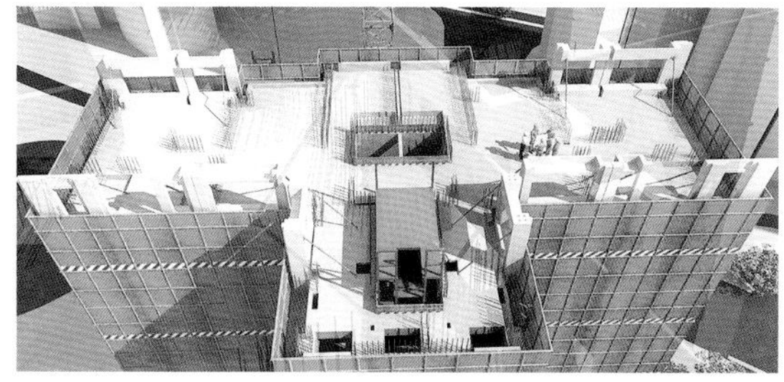

通过 BIM 模型进行施工模拟

四、小结

（一）综合效益分析

通过标准化设计和装配化施工，项目采用相同的预制构件、模板安装的方式，减少现场湿作业，一定幅度地加快了项目的工期，提高项目质量，减少人工成本；各户型采用相同的装修方式、材料、部件，协调好建筑、结构、强弱电、给排水、燃气及室内装饰装修设计，实现各专业之间的有序、合理同步进行，减少后期返工，从而达到节约成本、节省工期、保护环境的目的。

（二）小结

作为中海地产全国范围内实施的首个装配式建筑项目，同时也是深圳首个通过土地招拍挂方式出让实施的装配式建筑项目，要求高、标准高，项目通过采用预制凸窗、叠合楼板、预制楼梯等产品构件，并采用装配式铝合金模板技术、BIM 建筑信息模型技术等，成功探索了在近 150m 建筑高度上的装配式建筑技术应用，与此同时，项目还采用了一系列绿色建筑技术，并荣获华南地区首个 BREEAM 绿色建筑二星级认证。也是因为该项目的成功探索，开启了中海地产在集团层面的装配式建筑整体推进。

资料来源：深圳中海地产集团有限公司、筑博设计股份有限公司

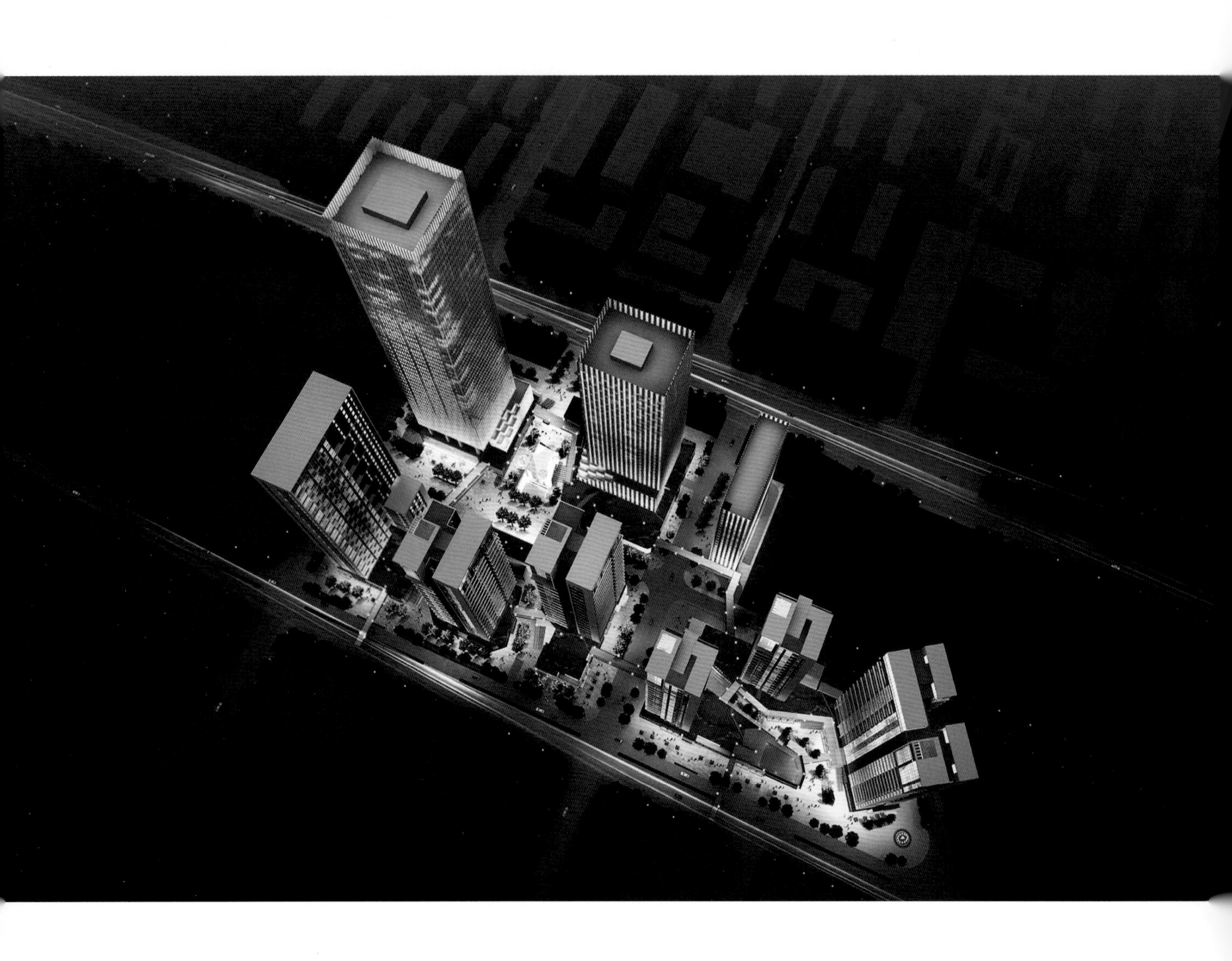

深圳招商中环

开发单位	深圳市德瀚投资发展有限公司
设计单位	深圳市华阳国际工程设计股份有限公司
监理单位	深圳市城建监理有限公司
咨询单位	前田（深圳）建筑技术有限公司
施工单位	中天建设集团有限公司
构件生产单位	广州永万预制构件有限公司
开竣工时间	开工日期 2016.08，竣工日期 2018.12.21
建筑规模	12.5 万 m^2
实施装配式建筑面积	3.98 万 m^2
结构类型	部分框支剪力墙结构
装配式技术	预制外挂墙板、预制楼梯、预制阳台、预制混凝土内隔墙板、铝合金模板、自升式爬架 预制率约 16%，装配率约 53%
项目特点	深圳首个装配式公寓建筑项目

一、项目概况

招商中环项目处于罗湖笋岗－清水河片区，是原中外运物流仓库的城市更新项目。项目总用地面积58550.3m^2，共有1、2、3、4#地块，规划容积率≤8.5，总建筑面积约50万m^2。其中1#地块用地面积12453.7 m^2，计容面积91060m^2，共有三栋超高层商务公寓塔楼（1-101、1-102、1-103）。为提高项目品质及施工质量，其中1-102座、1-103座公寓四层及以上深圳市德瀚投资发展有限公司自愿采用装配式方式建造。

项目在2016、2017连续两年被深圳市发展和改革委员会评为深圳市重大项目，并荣获2016年度深圳市装配式建筑示范工程。

表现图

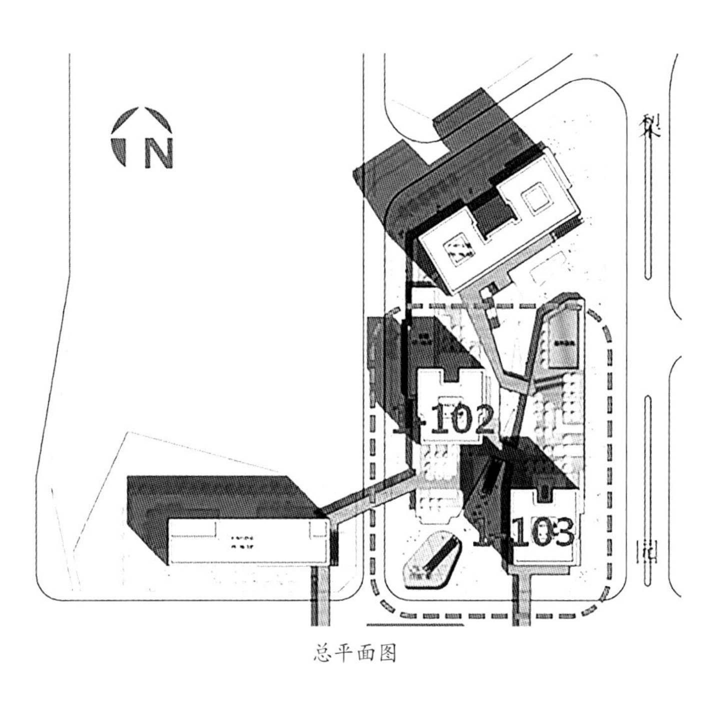

总平面图

施工现场

二、装配式建筑技术应用情况

构件类型	施工方法		构件位置	构件设计说明
	预制	现浇		
外墙	√		四层及以上东、西面外墙	保温设计采用10mm厚保温砂浆内保温做法；防水设计采用材料防水、构造防水以及结构防水相结合做法
内墙	√	√	公共区域	采用预制混凝土内隔墙板
楼梯	√		四层及以上	预制混凝土楼梯
阳台	√	√	四层及以上	140mm厚叠合阳台板，预制板厚60mm，现浇厚80mm
其他技术	1. 铝模板施工 2. 自升式爬架 3. 组装式成品栏杆 4. BIM技术 5. 精细化管理			

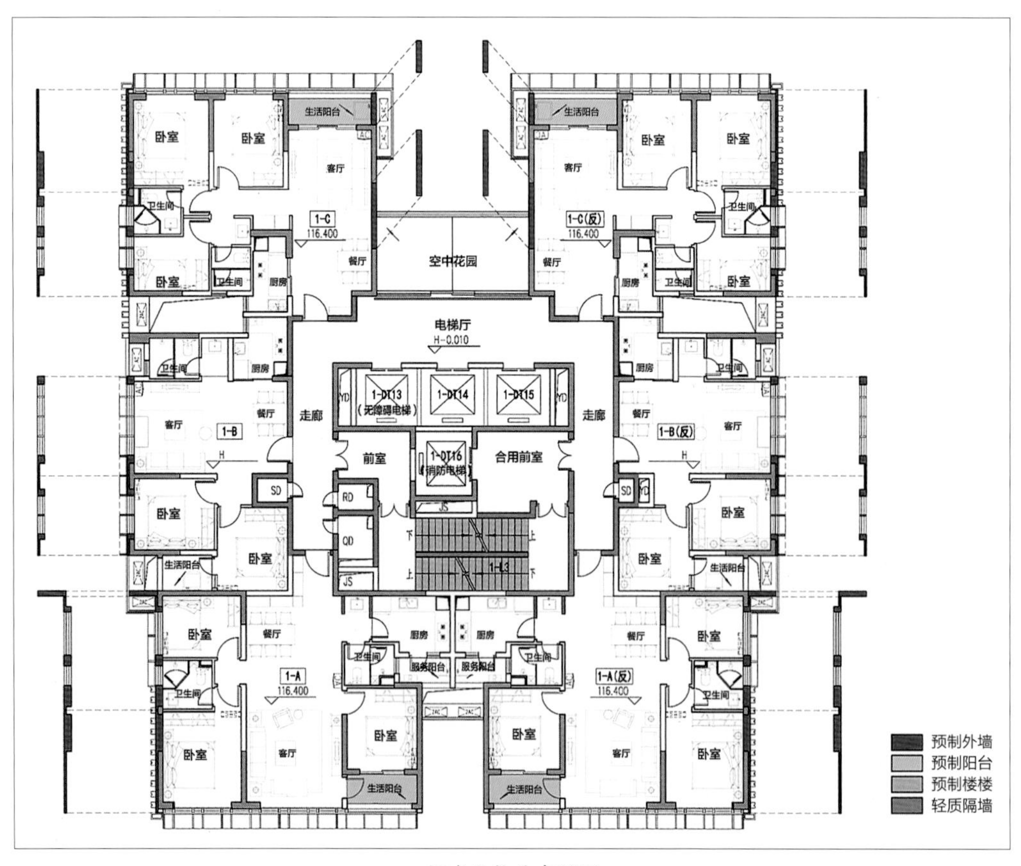

标准层构件布置图

三、装配式设计、施工技术介绍

（一）装配式设计

1. 装配式工法体系

1-102 座、1-103 座公寓为部分框支剪力墙结构体系，考虑到结构高度超过装配式建筑规范限高（《装配式混凝土结构技术规程》(JGJ 1-2014) 表 6.1.1，7 度区装配整体式剪力墙结构最大适用高度为 110m）。故本项目竖向构件采用现浇结构，四层及以上为现浇剪力墙预制外挂墙板工法体系，预制构件种类为预制外挂墙板（非承重墙）、预制叠合阳台板、预制楼梯、预制混凝土内隔墙板。

2. 标准化设计

预制构件标准化设计：通过减少楼栋类型，减少户型种类，增加楼栋高度，尽可能使标准单元楼层数量增加。同时基于模块化的户型，对不同部位的预制构件进行了标准化设计，实现生产模具种类的最少化，以降低成本。项目预制外挂墙板可以采用 11 种模具来实现全部 1452 块外墙构件的生产；预制叠合阳台板共使用 2 种模具（共 264 块构件），预制楼梯使用了一种模具（共 132 块构件）。

连接节点标准化设计：对于预制构件与现浇主体之间采用连接可靠、构造简单、防水性能好的标准化连接节点，如预制外挂墙板与构造柱的交接处、预制外挂墙板转角处、预制外挂墙板与梁连接处处理等，利用同类连接采用相同的构造方式，实现了项目整体施工难度的降低，提高了效率。具体节点连接详见下图所示：

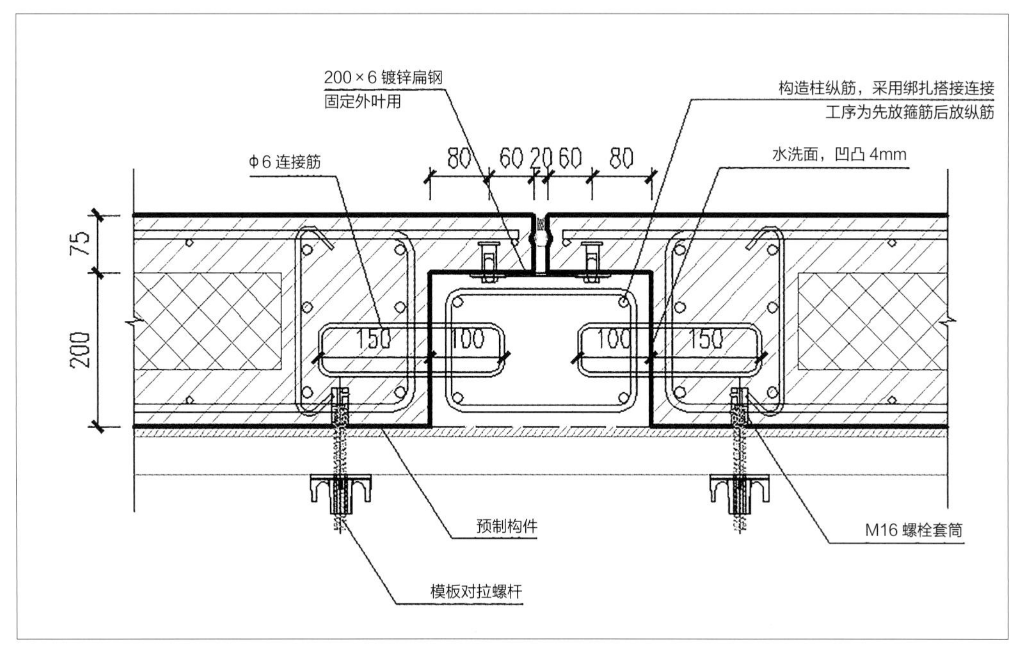

预制构件水平连接节点详图

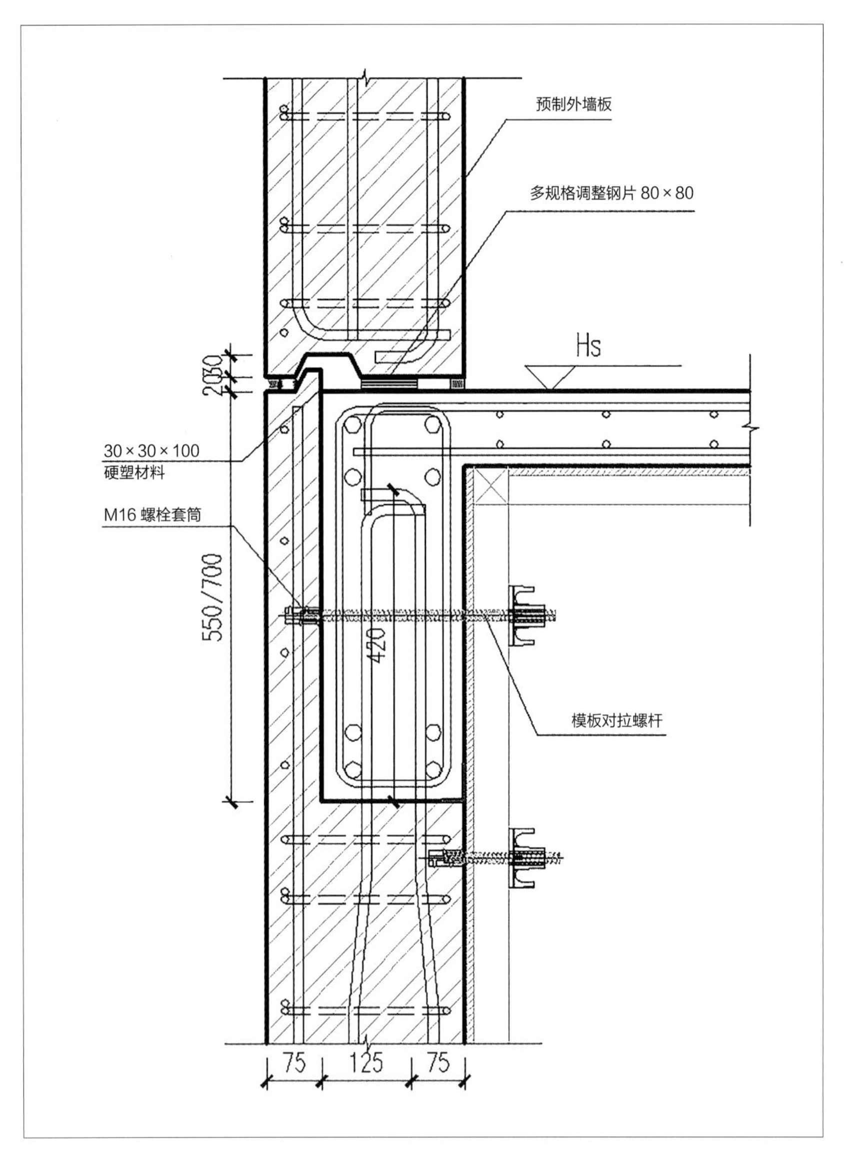

预制构件竖向连接节点详图

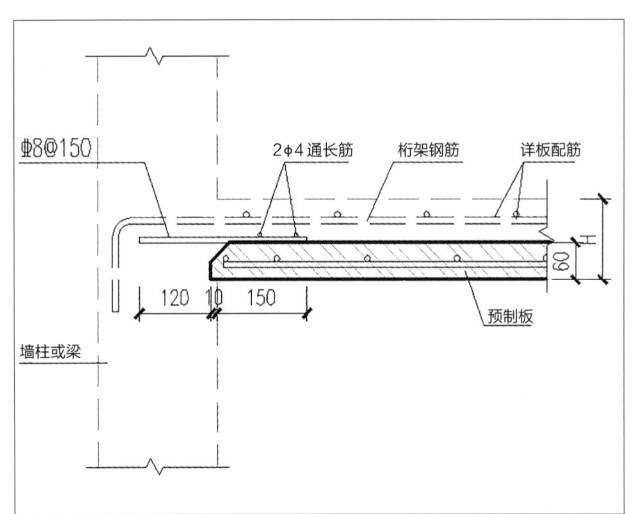

叠合楼板与现浇处节点详图

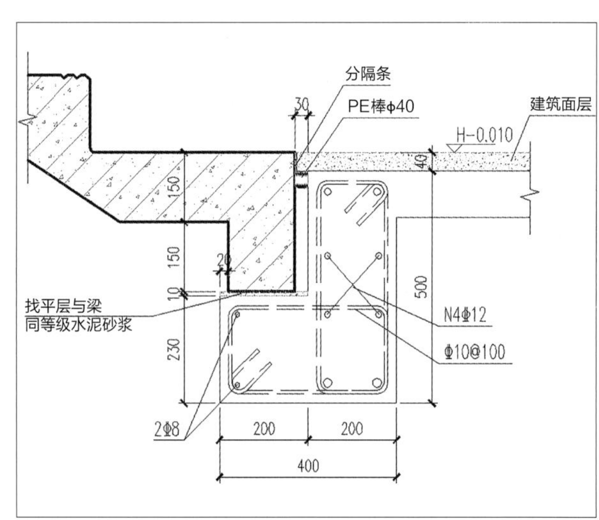

楼梯构件连接节点

3. 预制构件深化设计

本项目预制构件深化设计主要对防漏浆、防渗漏、防开裂及铝模与预制构件交叉部位、对接及预埋的部位进行重点考虑；同时考虑根据不同重量的构件采用不同方式的吊具，确保吊装安全。

（1）防漏浆深化节点

（2）窗框预埋

窗框预埋入预制构件混凝土中，不存在后期渗水问题。

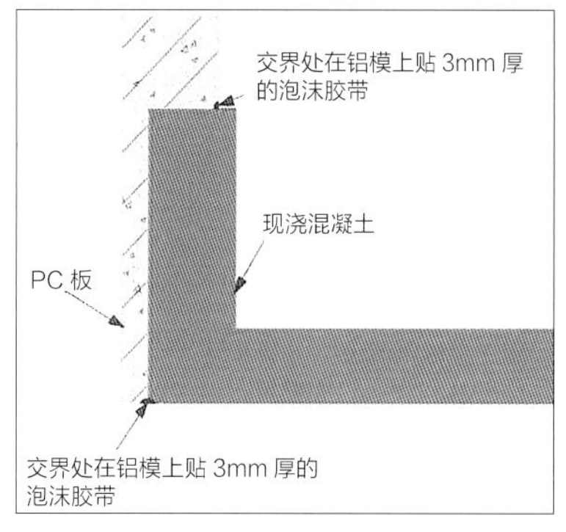

与铝模接触位贴胶带防漏浆

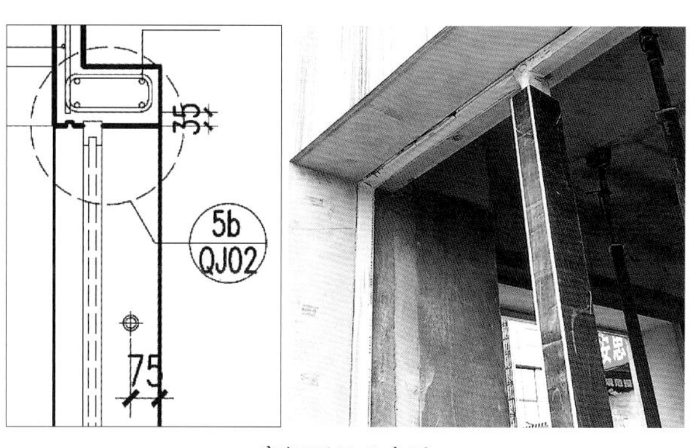

窗框预埋示意图

（3）预制与现浇钢筋锚固

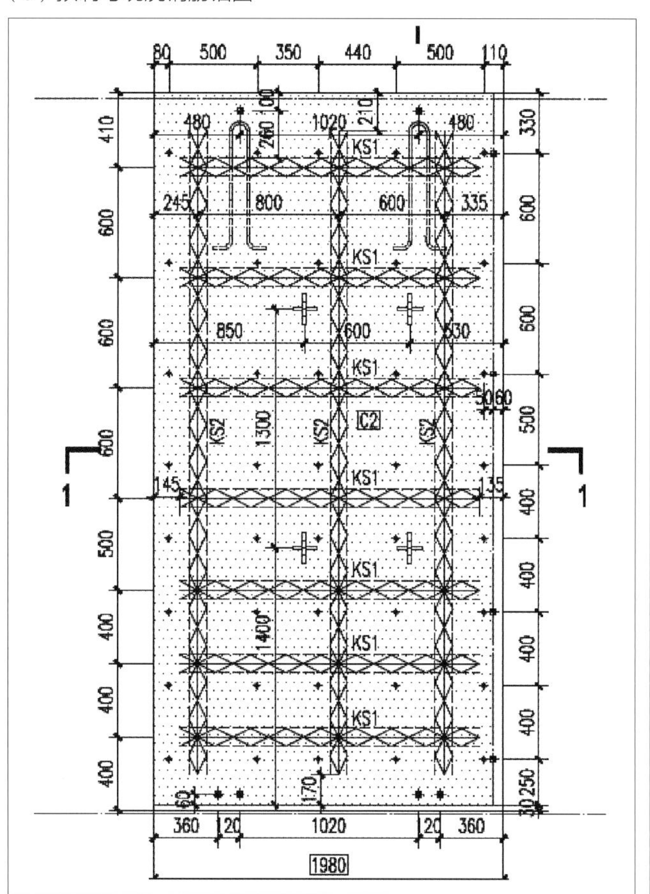

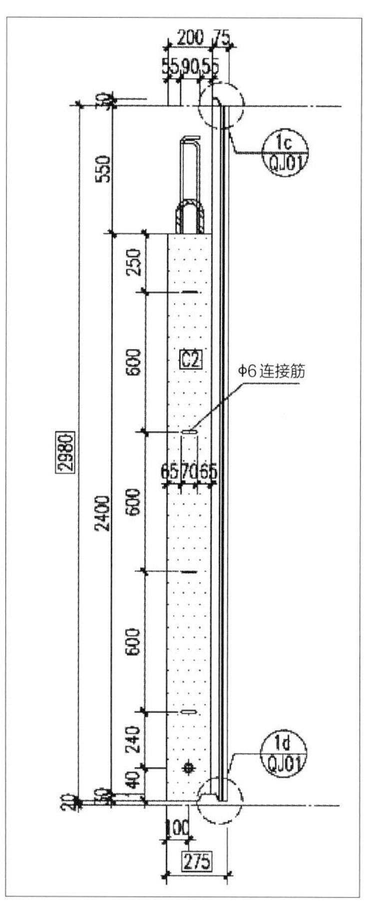

预制与现浇钢筋锚固、接触面水洗处理，结合牢固

(4) 水电预埋

(5) 根据幕墙、爬架的定位预留埋件，方便安装

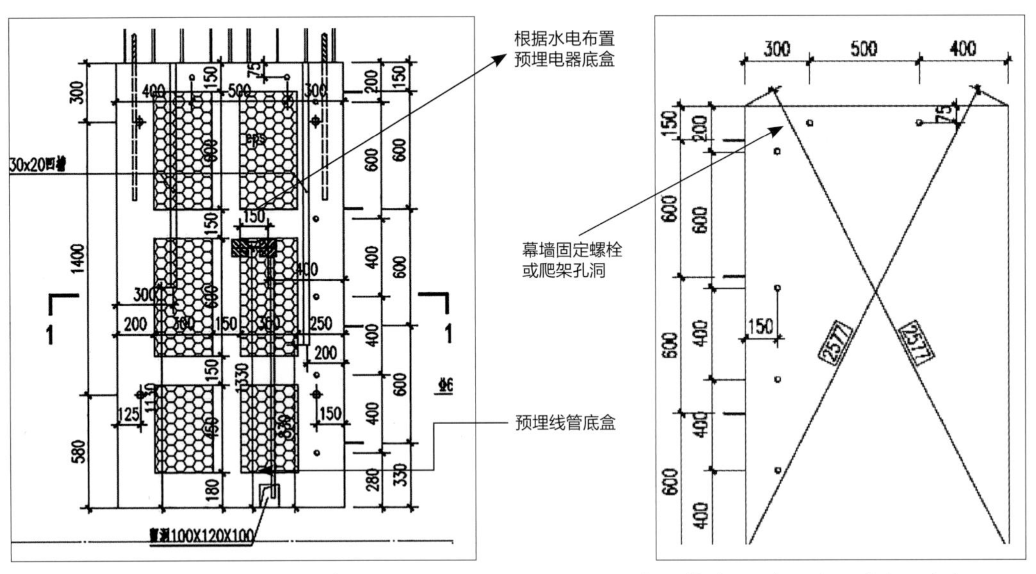

水电预埋，一次到位减少后期开裂

根据幕墙、爬架预留埋件定位减少后开孔

(6) 电路管线、排水孔预埋

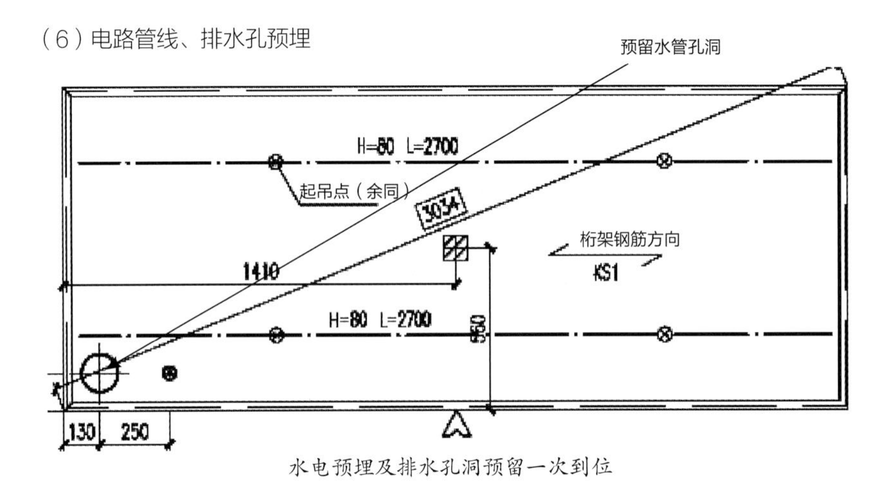

水电预埋及排水孔洞预留一次到位

(7) 楼梯细部设计

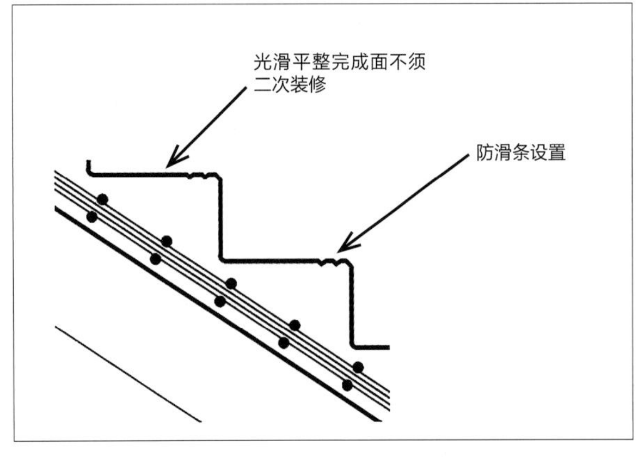

楼梯深化设计

（8）预制构件加固深化节点

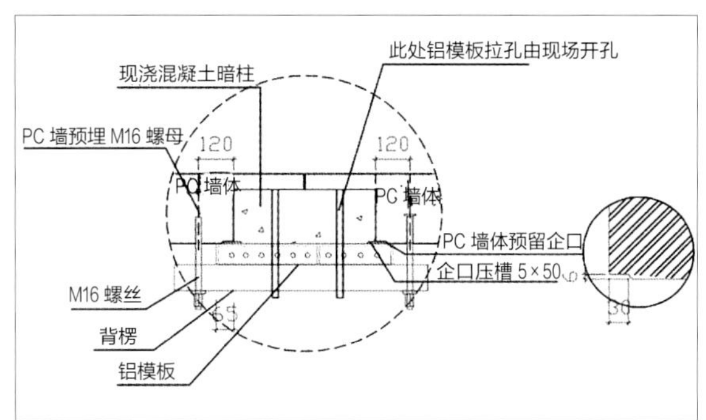

墙体与暗柱、剪力墙连接做法

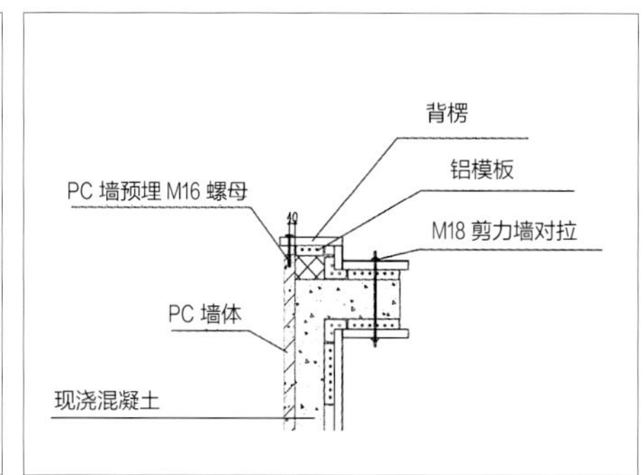

铝模与预制外挂墙板的加固节点①

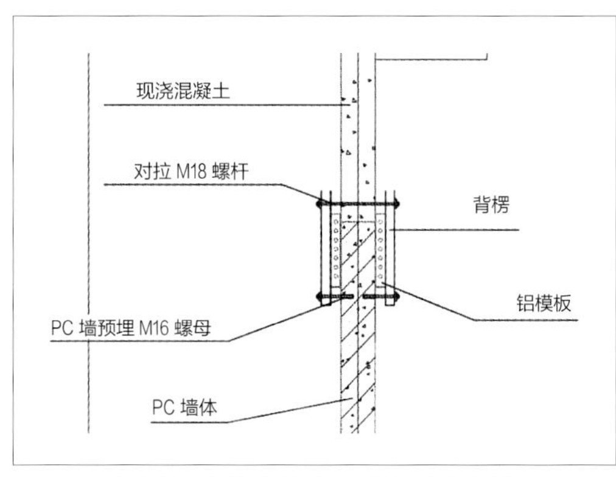

铝模与预制外挂墙板的加固节点②

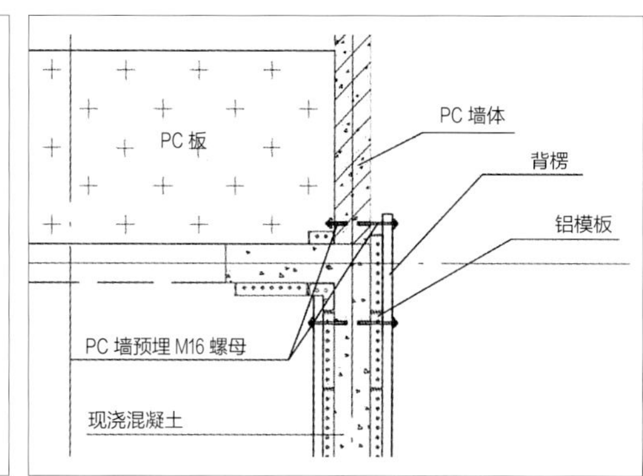

铝模与预制外挂墙板的加固节点③

4. 保温设计及做法

本项目依据《〈公共建筑节能设计标准〉深圳市实施细则》SZJG 29-2009 设计，经计算，预制外挂墙板采用内保温，保温材料为 10mm 厚玻化微珠无机保温砂浆，导热系数 $\lambda \leq 0.070$W/(m · K)。

5. 防水节点及做法

为避免材料年久失效需要更换的隐患，项目中预制外挂墙板采用了构造防水与材料防水相结合的技术。其通过预制外挂墙板拼缝处的企口、凹槽与导水槽的合理设计，实现了构造防水的要求（竖直缝设置企口型物理空腔形成的减压空间与现浇混凝土构造排水，水平缝设置排水槽构造与反坎构造防水）。墙体外侧采用被上下层预制构件压紧的 PE 棒和建筑密封胶、内侧使用预嵌在混凝土中的 PE 棒上下互相压紧再加上建筑面层砂浆封闭达到材料防水的要求，同时起到防尘、隔热及确保外墙面整体效果的作用。

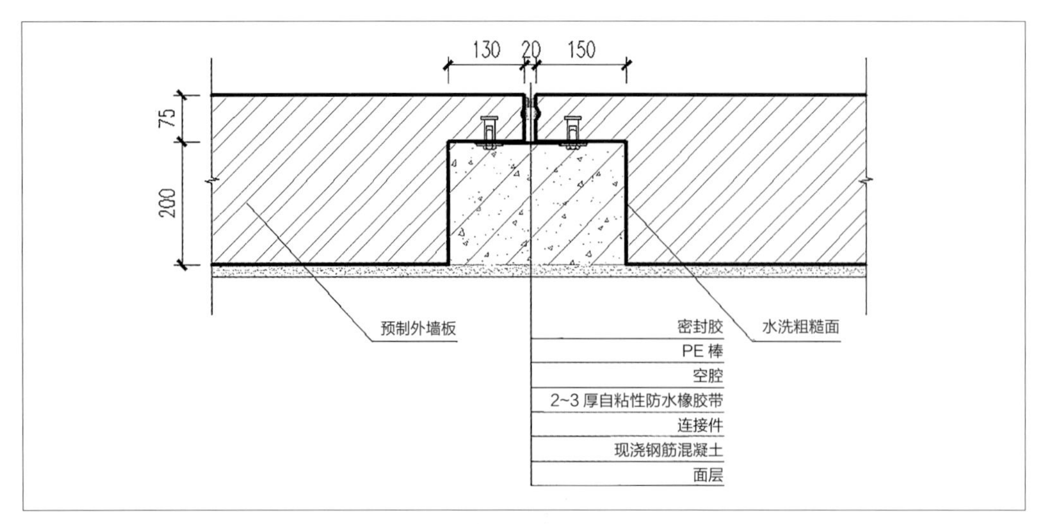

竖向防水节点图

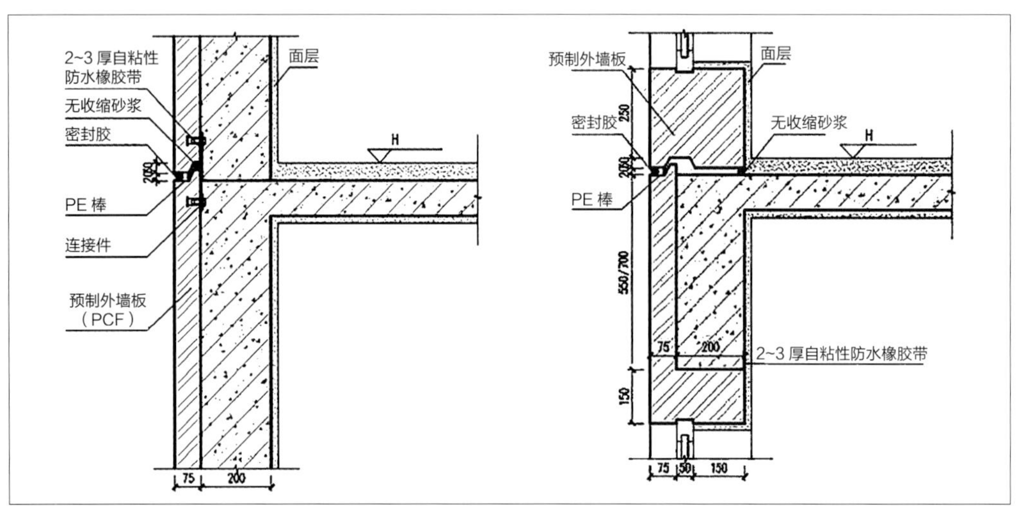

水平防水节点图

6. 装配式模板深化设计

（1）墙模体系设计

本工程层高 3.0m，墙厚较薄（200mm）。墙模板沿水平与垂直方向设置 M16 高强度对拉螺栓，同时在每排螺栓处沿水平方向设置两根钢背楞（尺寸 60mm × 40mm）。根据墙厚和墙高，螺栓间距布置如下：水平方向标准间距 800mm，垂直方向以地面为基准分为 4 道，第一道离地面 270mm、第二道离地面 750mm、第三道离地面 1450mm、第四道离地面 2250mm，外墙设置第五道背楞；墙模侧面支撑用可调式斜支撑，用膨胀螺栓固定于地面，另一端螺栓固定在背楞上，可以起到增强抗弯，调节垂直度。如右图所示。

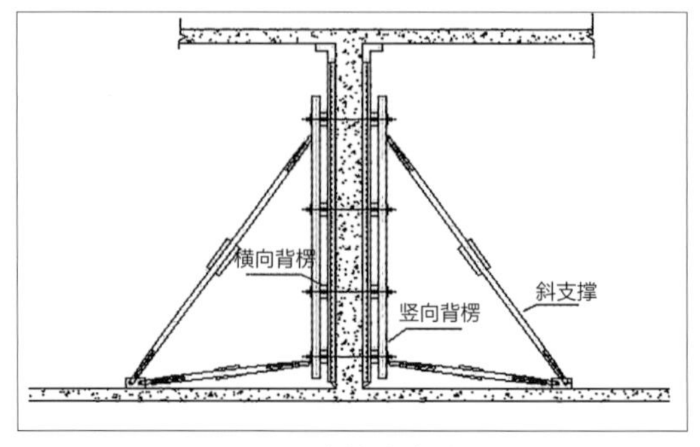

墙模体系图

（2）梁模体系设计

本工程层高 3.0m，梁底设置单支撑。梁底支撑间距 1200mm，梁底早拆头宽 100mm，早拆头之间为 1100mm 铝模板。梁侧铝模与梁底铝模用阳角连接。本项目的最高外墙梁侧模板高大于或等于 500mm 时，我们采用对拉螺栓和设置横向背楞，根据受力分析和模板的强度，我们的对拉螺栓按照间距为 600-800mm 依次分布，采用横向背楞加固。对于内墙的梁侧板，由于有楼板模板和阴角模板的约束，增强了梁侧模的刚度，所以小于 750mm 的梁均不需采用对拉螺栓。

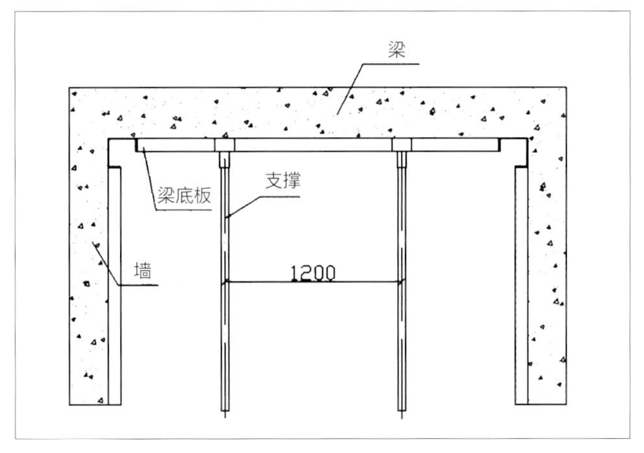

梁模体系设计图

（3）板模板体系设计

板底铝合金模板标准尺寸 400mm×1100mm，局部按实际结构尺寸调整配模。铝模板厚 4mm。底部按支撑间距为 1200mm×1200mm 进行分布。楼面施工统一进行，与钢筋穿插施工。

7. 内墙板深化设计

本项目公共部位内隔墙采用预制混凝土内隔墙板，内隔墙板与剪力墙、砖墙部位以及梁底、板底部位搭接的防开裂措施为墙板深化设计的重点和难点。

本项目在转角应力较集中处应首先采用“L 型”“T 型”整板，以降低开裂风险；其他异形转角处需设短钢筋加固，加固竖向间距为 1m，以增强抗裂，如图。

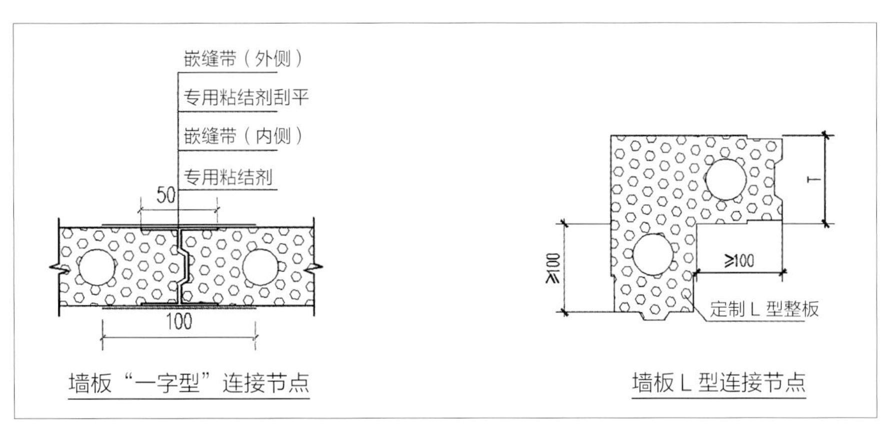

预制混凝土内隔墙板深化节点图

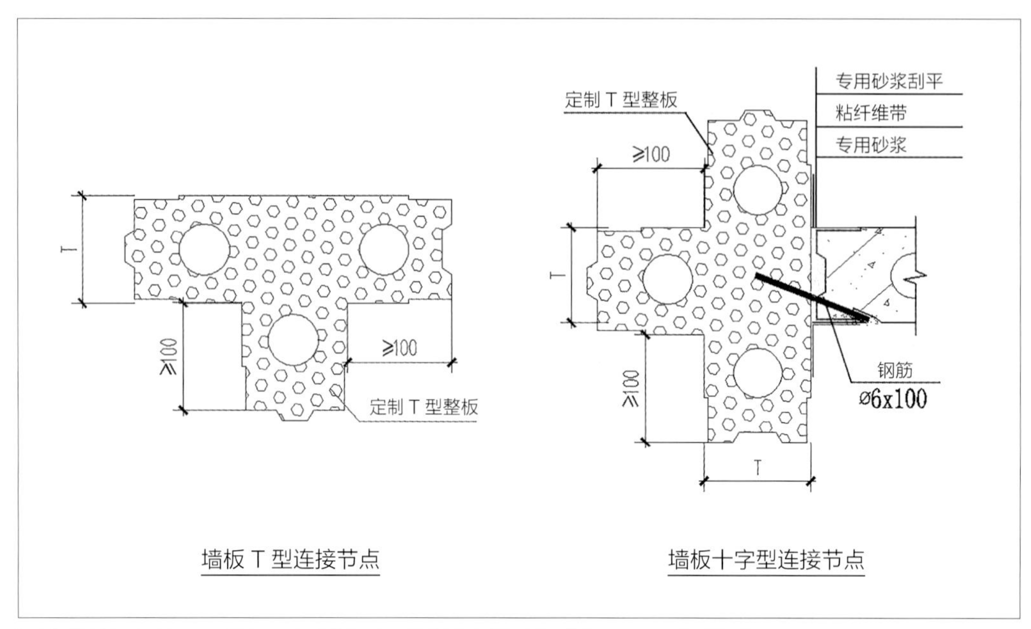

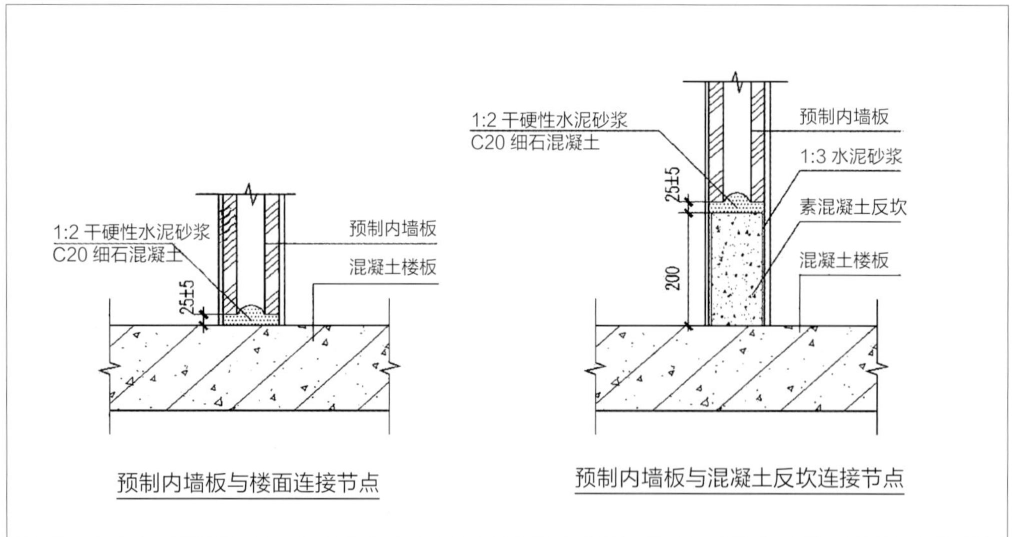

预制混凝土内隔墙板深化节点图

（二）装配式施工

1. 工艺流程

在浇筑完四层板之后，正式进入预制构件施工环节。本项目预制构件安装依次进行“技术交底→反坎验线→预制构件验收→预制构件吊装→预制构件调整固定→钢筋绑扎→铝模拼装→铝模验收→混凝土浇筑”等步骤。现场安装调整的实景如下图所示。

预制构件吊装现场示意图

（1）预制阳台板施工工序

工序一：预制阳台板进场、编号、按吊装流程清点数量。

工序二：搭设临时固定与搁置排架。

工序三：控制标高与预制阳台板身线。

工序四：按编号和吊装流程逐块安装就位。

工序五：塔吊吊点脱钩，进行下一预制阳台板安装，并循环重复。

工序六：楼层浇捣混凝土完成，混凝土强度达到设计、规范要求后，拆除构件临时固定点与搁置的排架。

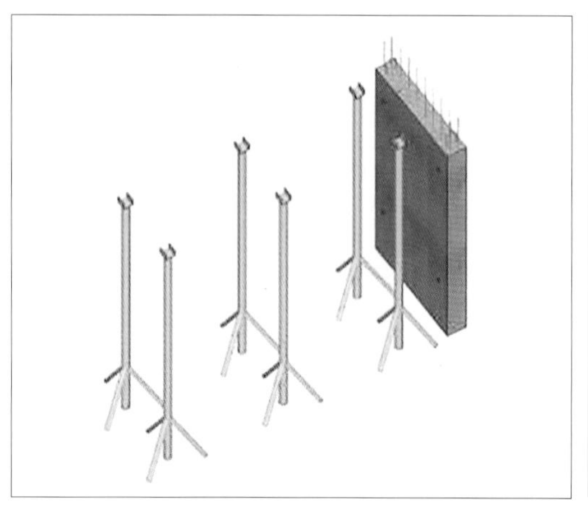

1. 支撑搭设

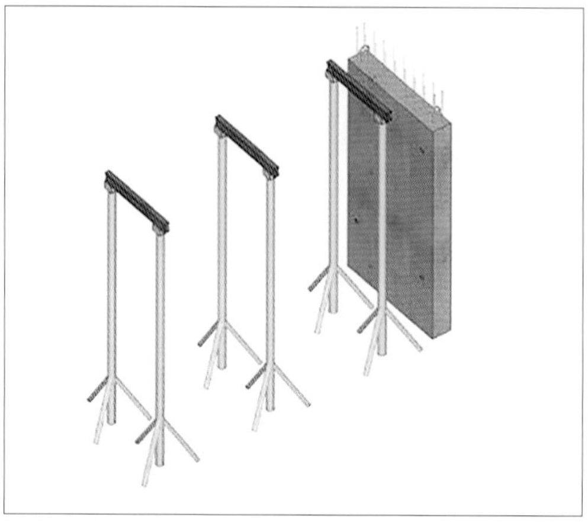

2. 阳台板吊装就位 1

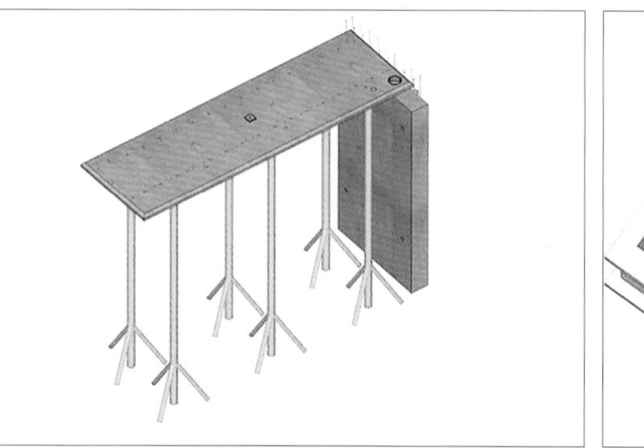

3. 阳台板吊装就位 2

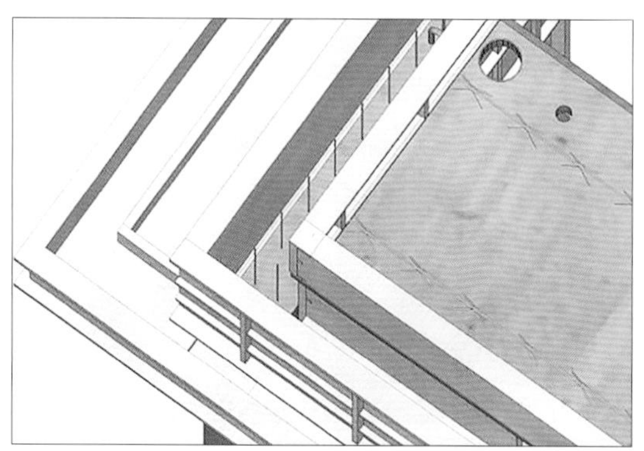

4. 空调板及线脚铝模板安装

预制阳台板施工工序图

（2）预制楼梯施工工序

工序一：楼梯进场、编号，按各单元和楼层清点数量。

工序二：搭设楼梯（板）支撑排架与搁置件。

工序三：标高控制与楼梯位置线设置。

工序四：按编号和吊装流程，逐块安装就位。

工序五：塔吊吊点脱钩，节能型下一预制叠合楼板梯段安装，并循环重复。

工序六：楼层浇捣混凝土完成，混凝土强度达到设计、规范要求后，拆除支撑排架与搁置件。

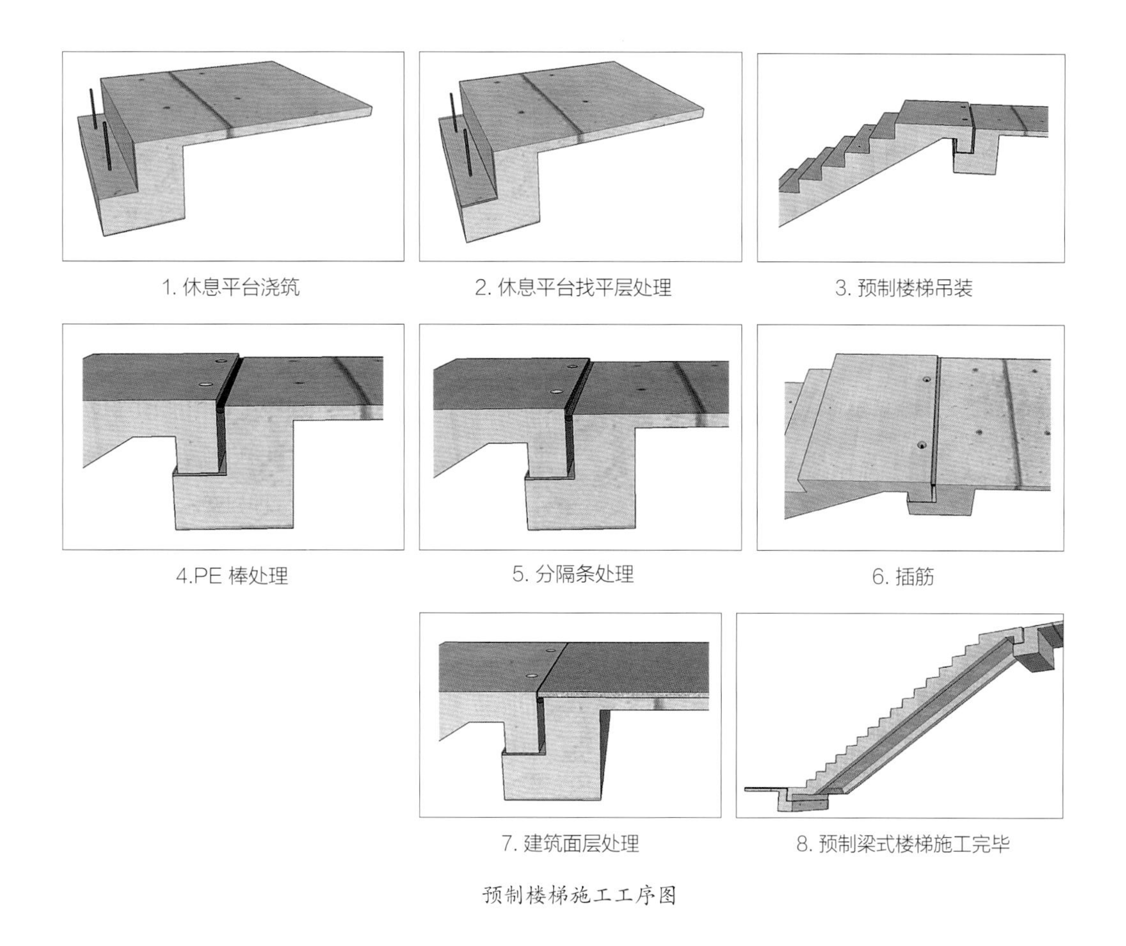
1. 休息平台浇筑　2. 休息平台找平层处理　3. 预制楼梯吊装
4.PE 棒处理　5. 分隔条处理　6. 插筋
7. 建筑面层处理　8. 预制梁式楼梯施工完毕

预制楼梯施工工序图

（3）预制混凝土内隔墙板安装工艺流程

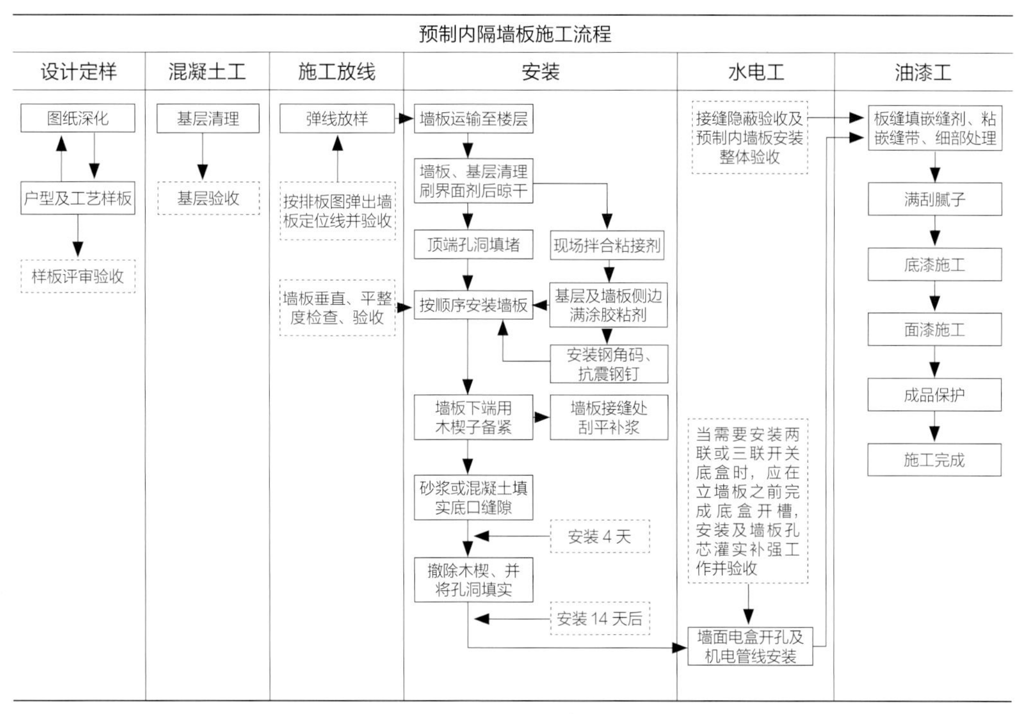

预制混凝土内隔墙板安装工艺流程图

（4）爬架施工

本工程使用预制结构及铝模板施工工艺。根据招商中环项目 1-102 座 /1-103 座建施图、结构图及工程特点进行升降脚手架深化设计。

本工程安装步骤为：搭设平台架并做水平调整→铺设走道板→安装下节导轨、竖向立杆、辅助立杆→安装第二道走道板→安装第一道安全立网→安装第一道附墙件并卸荷→安装中节导轨、竖向立杆、辅助竖向立杆→连续组拼架体直到安装完 2 层各组架为止→连续组拼架体直到安装完 3 层各组架为止→连续组拼架体直到安装完 4 层各组架为止→铺设电源线→安装提升设备（进入运行阶段）。

2. 装配式模板安装工艺流程

本项目为打造专业的绿色施工、绿色建筑、环保节能。除了预制构件之外，剩下的结构主体（包括部分构造部位）全部采用了铝模的工艺，1-102 座 和 1-103 座分别配一套铝模。现场一般配置一套模板、三套支撑，混凝土浇筑一天后即可脱模。利用支撑早拆头进行回顶，拆模无需拆支撑。本项目考虑 5 天一层的进度计划，需配备 4 套支撑。人员配备：每栋配拆装工人 25 人，调平工人 4 人。

本工程铝模施工的施工过程可分为以下步骤：支墙模板→支梁底梁旁→安装 C 槽→安装龙骨→顶板拼装→加固→浇筑混凝土→拆模，再进入下一循环。

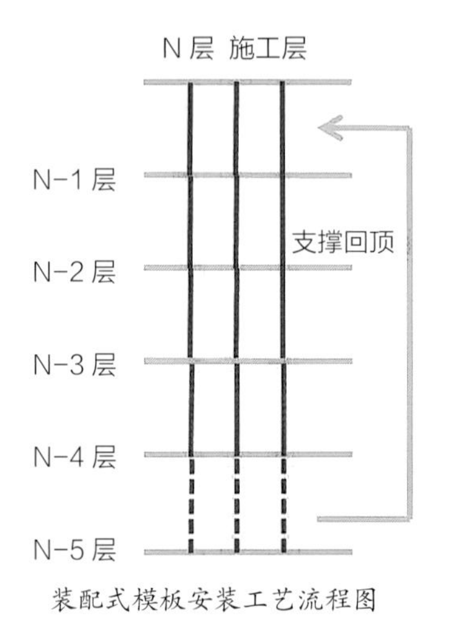

装配式模板安装工艺流程图

装配式模板现场安装图

（三）BIM 技术应用

在 BIM 技术应用方面，本项目采用 BIM 系统管理。根据本工程地下室面积大、专业分包多、机电安装量大、工期紧张、装配化施工要求高等特点，施工过程中拟采用 BIM 技术完成以下几个方面的工作：三维场平布置、综合管线分析、BIM 模型指导施工、BIM 质量安全管控、施工模拟等。为了尽可能在施工过程中有效地利用 BIM 技术，将 BIM 技术的社会经济效益发挥出来，本工程通过在施工现场建立 BIM 工作站，完成 BIM 成果的及时输出，以指导现场施工。

本工程在施工方案策划阶段，对每种类型的构件施工进行了 BIM 模拟，制定出合理的施工工序。

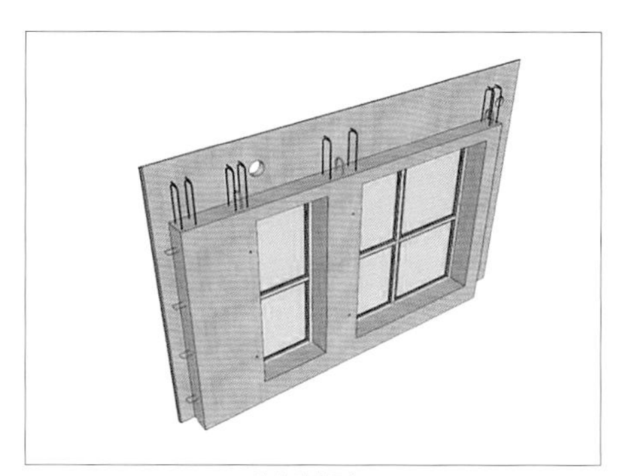

墙板模型 1

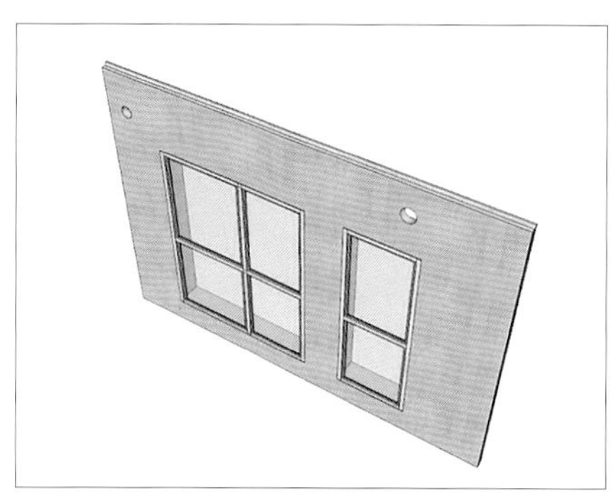

墙板模型 2

墙板吊装

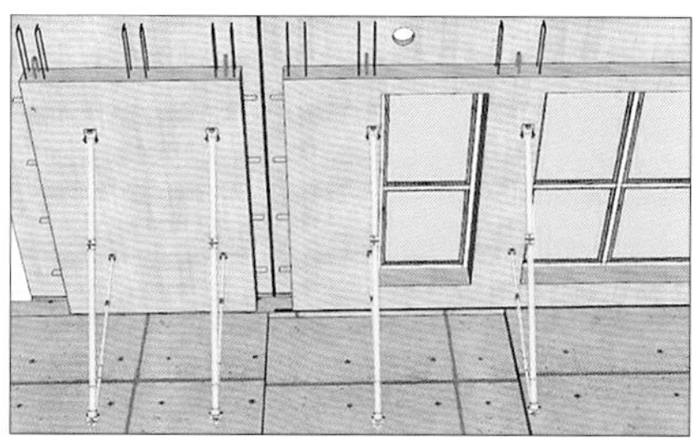

斜支撑安装

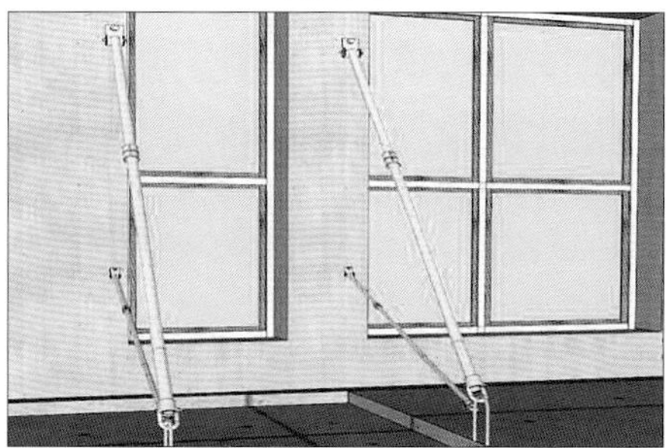

斜支撑节点 1

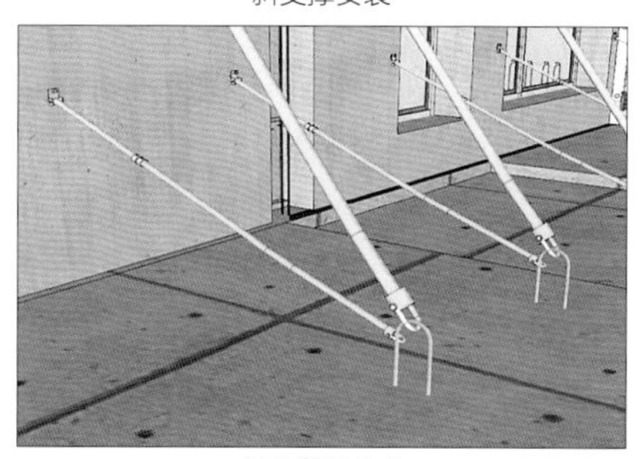

斜支撑节点 2

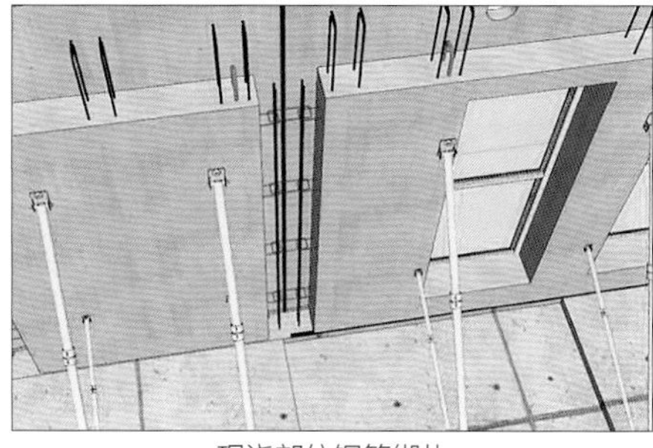

现浇部位钢筋绑扎

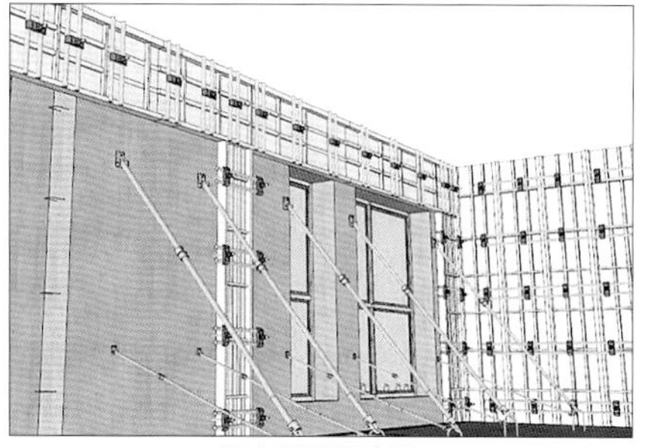

竖向铝模板安装

预制墙板施工方法模拟①

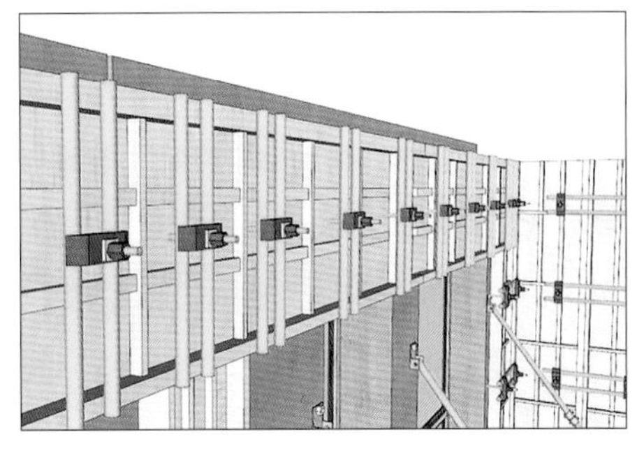
现浇梁铝模板安装

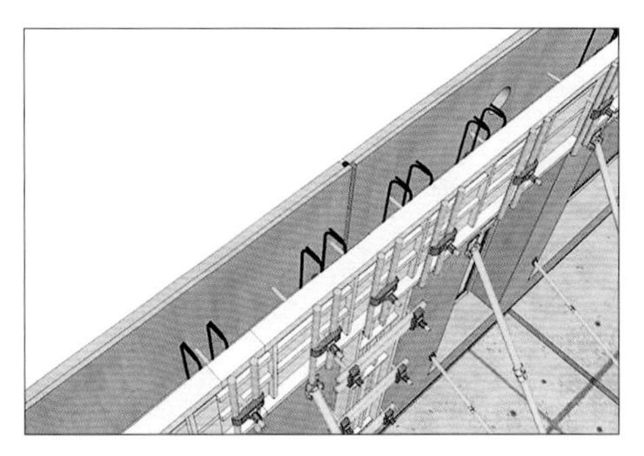
铝模安装拉结杆节点

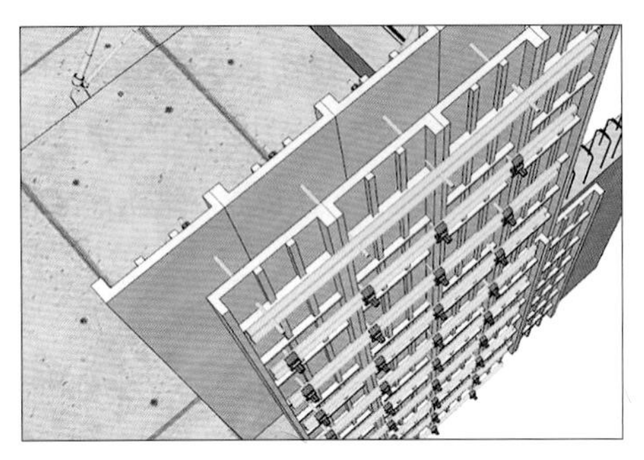
现浇墙部位铝模板安装

现浇楼板铝模安装

PCF 板斜支撑

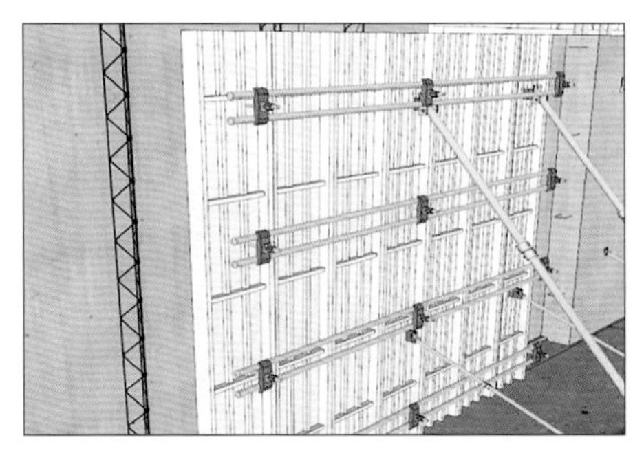
铝模合模

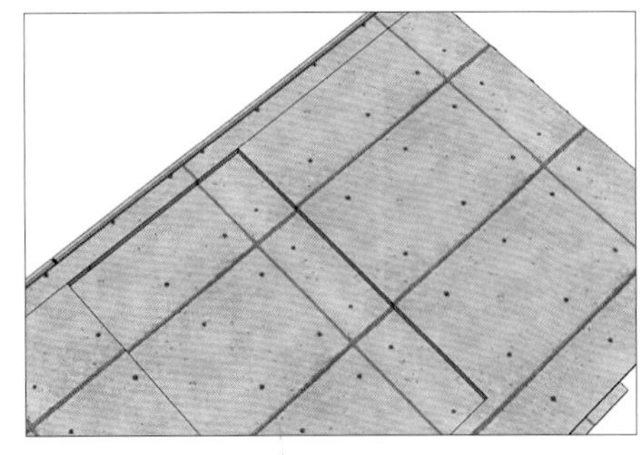
混凝土浇筑

楼板铝模拆模

预制墙板施工方法模拟②

在正式施工的过程中，本项目通过 BIM 建模跟踪实际工程进度，将预制构件的安装、进场以及排产情况全部体现在模型中，随着施工的推进，所有的施工数据都会不断更新。

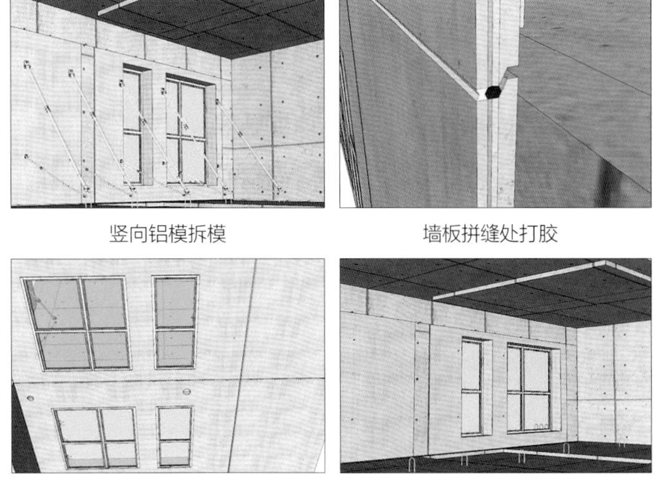

预制墙板施工方法模拟③

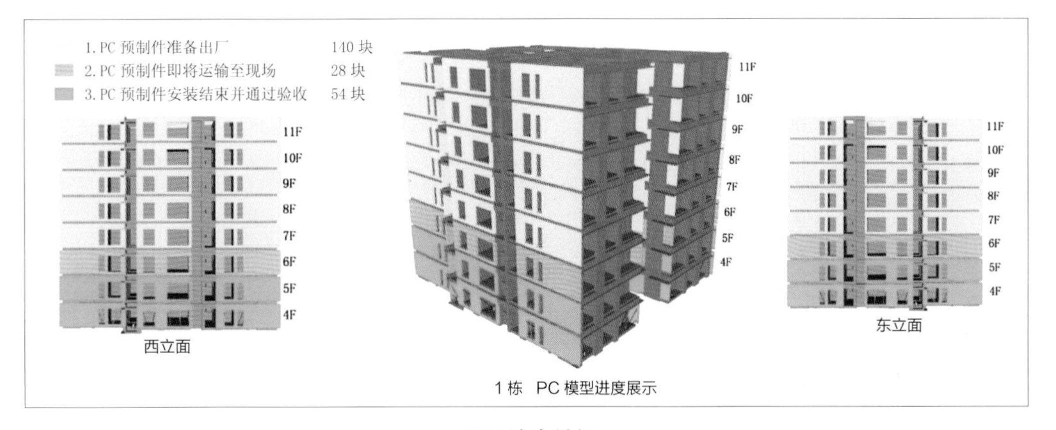

项目进度模拟

四、小结

本项目通过前期策划、过程管理、协同设计、严格质量管理，使项目能够做到设计高标准、施工高要求，为招商蛇口的第一个装配式建筑项目的顺利提供了坚实基础。通过本项目的顺利实施，为招商蛇口培养了一批产业化专家，并梳理总结了一套装配式建筑的管理文件及流程，为以后的装配式建筑的实施提供了管理标准、树立了项目标杆。

项目使用预制外挂墙板实现了超高层建筑的装配化施工，实现了全预制混凝土建筑外立面，通过设计和施工的严格把关，对于建筑的整体效果有很大提升；通过预埋窗框彻底解决了外窗渗漏的顽疾，这也是实施装配式的优点之一；预制混凝土内隔墙条板减少了大量现场湿作业，对项目质量及现场形象均有较大幅度提升。

在成本方面，采用预制构件总体上主体单方成本会有所增加，但由于工地湿作业的减少也节省了安全文明措施费，提升了工程的展示面形象，同时能够结合精装修穿插施工，缩短项目精装修交付的总工期，从项目整盘的收益来看，采用产业化建造在合理的设计和施工组织下有利于项目整体的成本节约。

资料来源：深圳市德瀚投资发展有限公司、深圳市华阳国际工程设计股份有限公司

深圳裕璟幸福家园

建设单位	深圳市住宅工程管理站
EPC 总承包单位	中国建筑股份有限公司
设计单位	深圳市华阳国际工程设计股份有限公司（方案和初设）、中国建筑股份有限公司（施工图）
监理单位	深圳市邦迪工程顾问有限公司
装配式咨询单位	深圳市诚信行工程咨询有限公司
构件生产单位	广东中建新型建筑构件有限公司
开竣工时间	开工时间：2016.08，竣工时间：2018.10.31
建筑规模	总建筑面积 6.4 万 m^2，建筑高度分别为 92.8m（1# 楼、2# 楼）、95.9m（3# 楼）
结构类型	装配整体式剪力墙结构
实施装配式建筑面积	4.8 万 m^2
装配式技术	预制剪力墙、预制外挂墙板、预制内墙、预制叠合楼板、预制叠合梁、预制阳台板、预制楼梯、预制混凝土内隔墙板，预制率 48%，装配率 70%
项目特点	国家住建部“装配式建筑工程质量提升经验交流会”示范工程 深圳首个 EPC 装配式保障性住房项目 深圳首个《深圳市保障性住房标准化设计图集》落地项目

一、项目概况

裕璟幸福家园项目位于深圳市坪山区田头社区，为深圳市保障性住房，总用地面积 11164.76 m^2，总建筑面积 64050 m^2，用地容积率 4.49，共 3 栋塔楼（1#、2#、3#），建筑高度分别为 92.8m（1# 楼、2# 楼）、95.9m（3# 楼），整体结构形式为装配整体式剪力墙结构，其预制构件包括预制剪力墙、预制叠合梁、预制叠合楼板、预制阳台、预制楼梯、预制混凝土内隔墙板等，现浇节点及核心筒采用铝模现浇施工，1#、2# 楼预制率达 49.3%，装配率达 71.5%，3# 楼预制率达 47.2%，装配率达 68.2%，项目概算 3.165 亿元。本项目于 2016 年 8 月 19 日开工，目前主体结构已施工至 28 层，预制混凝土内隔墙板、机电管线、精装修的工作均已提前穿插结构施工。

裕璟幸福家园项目为深圳市建筑工务署建筑工业化试点项目，本项目于 2017 年 5 月获得“深圳市安全生产文明施工优良工地”，同时，本项目申报的“深圳市优质结构示范工程”、“深圳市绿色施工示范工程”、“深圳市建筑业 10 项新技术应用示范工程”、“广东省房屋市政工程安全生产文明施工示范工地”、“广东省优质结构示范工地、广东深绿色施工示范工程”、“广东省建筑业新技术应用示范工程”等奖项，目前均已立项及初审通过。2017 年 11 月 1 日，作为住房城乡建设部“装配式建筑工程质量提升经验交流会”实地考察示范工程。

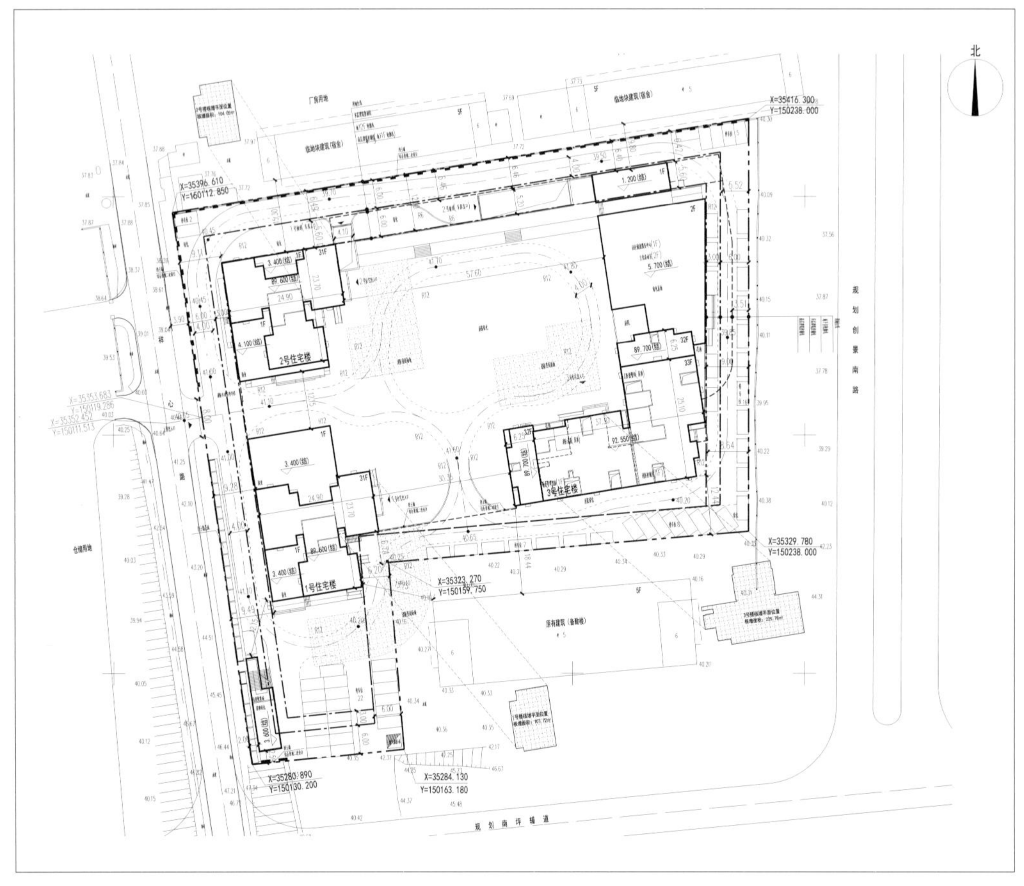

总平面图

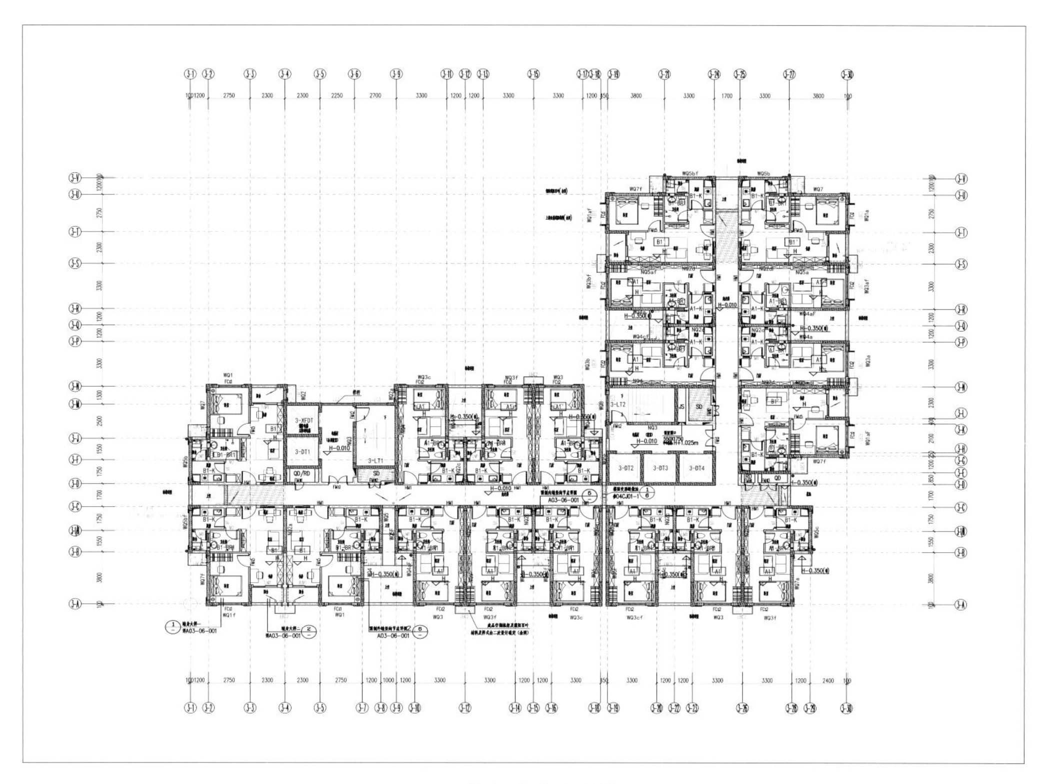

3# 楼标准层平面图

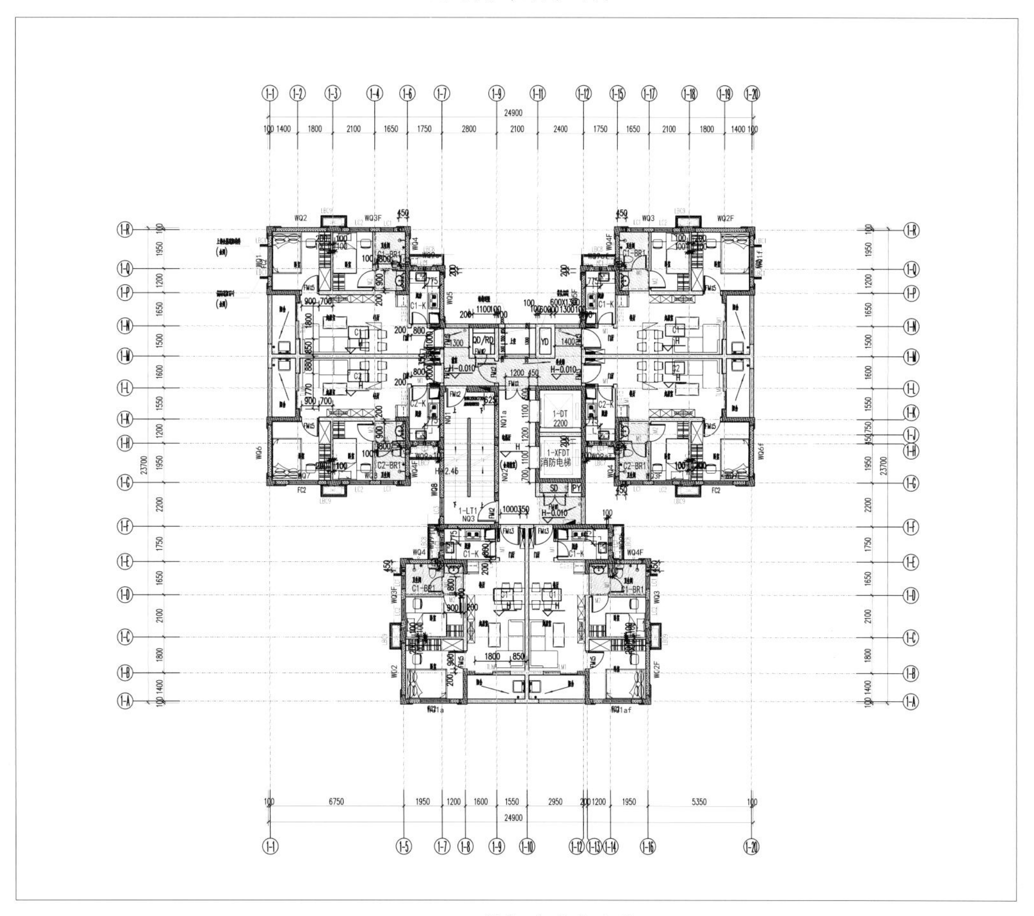

1#、2# 楼标准层平面图

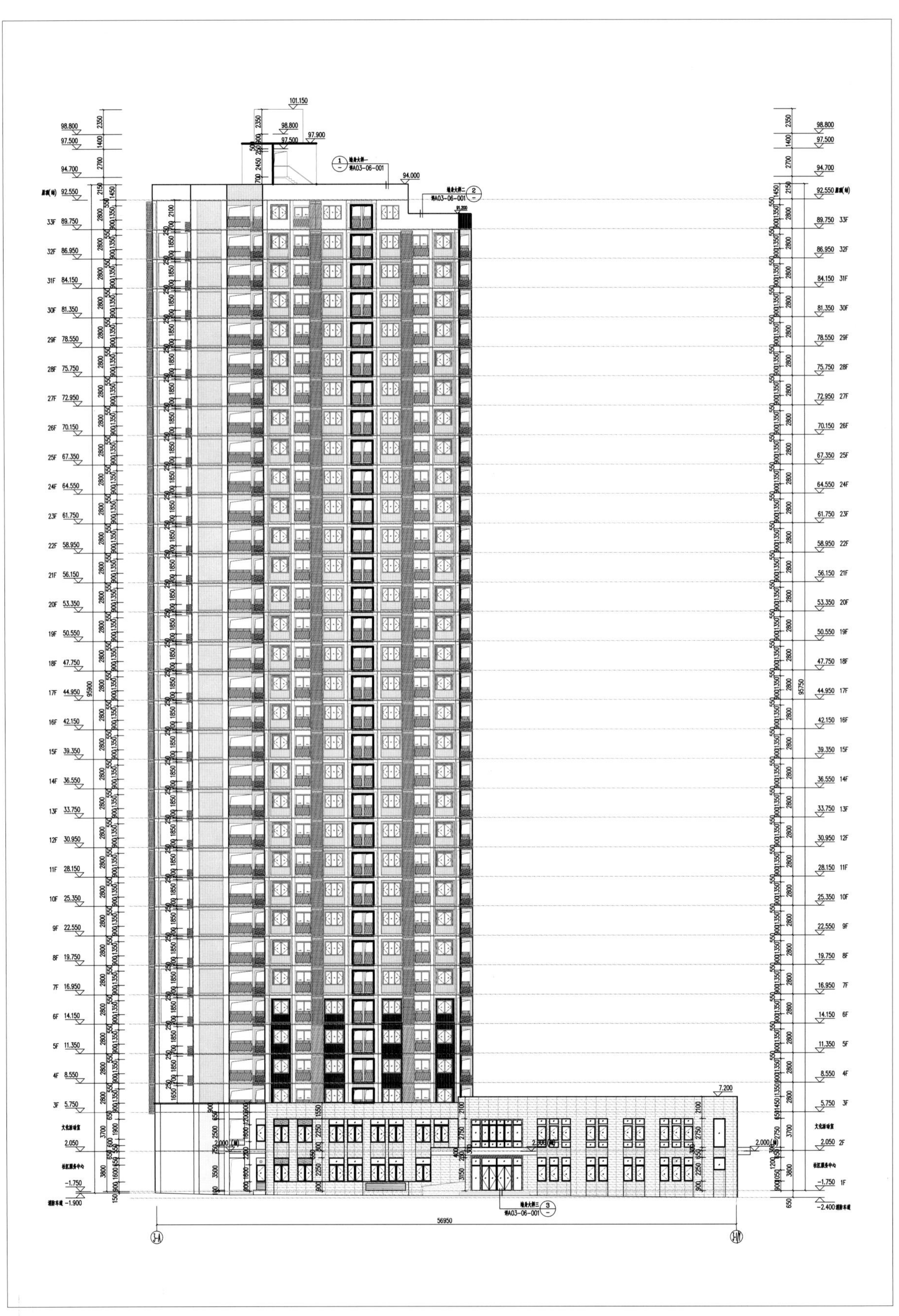
101.150
98.800
97.500
97.900
94.700
94.000
92.550
33F 89.750
32F 86.950
31F 84.150
30F 81.350
29F 78.550
28F 75.750
27F 72.950
26F 70.150
25F 67.350
24F 64.550
23F 61.750
22F 58.950
21F 56.150
20F 53.350
19F 50.550
18F 47.750
17F 44.950
16F 42.150
15F 39.350
14F 36.550
13F 33.750
12F 30.950
11F 28.150
10F 25.350
9F 22.550
8F 19.750
7F 16.950
6F 14.150
5F 11.350
4F 8.550
3F 5.750
7.200
2.050
2.000
-1.750
-1.900
-2.400
56950

3# 楼立面图

二、装配式建筑技术应用情况

（一）预制率指标

项目名称						
3 栋（31~33 层）						
楼栋	预制混凝土体积（m^3）	预制非承重预制混凝土内隔墙板		现浇混凝土体积（m^3）	标准层预制率	楼栋总预制率
		体积（m^3）	是否大于 7.5%			
1#、2#	71.450m^3	31.568m^3	是	61.575m^3	50.9%	/
3#	152.121m^3	94.859m^3	是	113.737m^3	49.7%	/

（二）装配率指标

项目名称									
3 栋（31~33 层）									
楼栋	预制构件免除传统模板表面积		非承重预制混凝土内隔墙板预制混凝土构件免除传统墙面抹灰的表面积		定型装配式模板与混凝土接触面的表面积		传统模板与混凝土接触面的表面积（m^2）	非混凝土构件（集成式厨房、集成式卫生间）装配率	标准层装配率	平均装配率
	表面积（m^2）	系数 a	表面积（m^2）	系数 b	表面积（m^2）	系数 c				
1#、2#	765.355	1	455.024	0.5	409.414	0.5	0	0	73.5%	/
3#	1076.183	1	1207.724	0.5	750.140	0.5	0	0	67.7%	

（三）技术应用措施

构件类型	施工方法		构件位置	构件设计说明	最大重量（或体积）
	预制	现浇			
预制外挂墙板	√		标准层四周预制承重剪力墙	200mm 厚承重剪力墙，含防水节点	3.75t
预制叠合楼板	√	√	标准层楼板	130mm 厚预制叠合楼板，预制板厚 60mm，现浇厚 70mm	1.3t
预制叠合梁	√	√	标准层结构梁	400mm 高叠合梁，预制叠合梁高 270mm，现浇厚 130mm	1.1t
预制阳台板	√	√	标准层阳台	阳台板厚 130mm，预制阳台板厚 60mm，现浇厚 70mm	1.75t
预制楼梯	√		标准层楼梯	预制楼梯上端固定，下端滑移面	3.2t
其他技术	1. 精装修穿插施工：预制混凝土内隔墙板、机电、精装等分部分项工程提前穿插，做到 N-15； 2. 自升式爬架：外防护采用新型自爬升架体； 3. 灌浆套筒技术：预制剪力墙水平节点采用全灌浆套筒连接； 4. 铝模技术；预制剪力墙竖向节点采用铝模现浇施工； 5. 预制混凝土内隔墙板技术：楼层内分户隔墙及户内隔墙板采用预制混凝土内隔墙板。				

标准层预制构件平面布置图

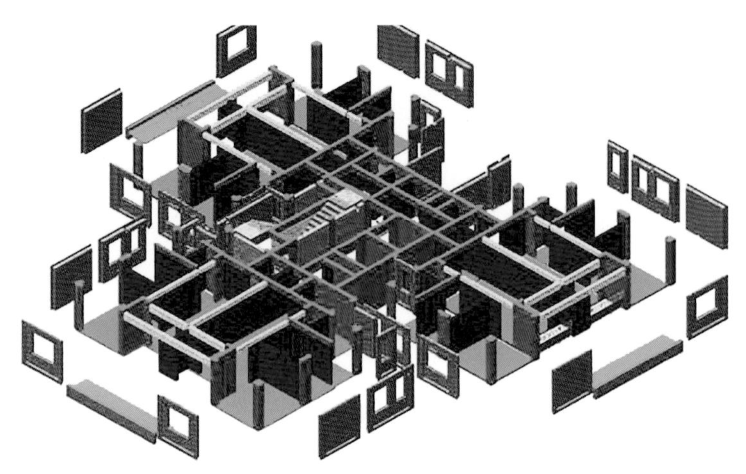

1#、2# 楼标准层预制构件平面布置图

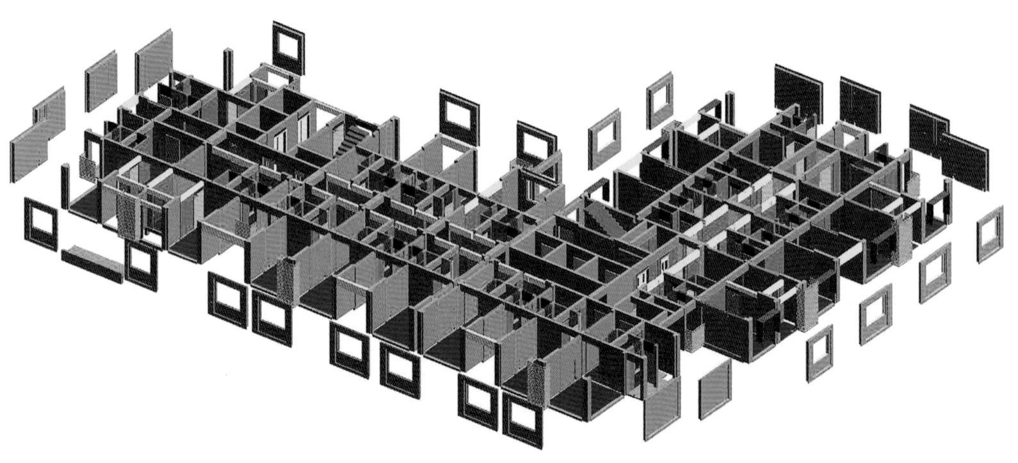

3# 楼标准层预制构件平面布置图

三、装配式设计、施工技术介绍

（一）装配式设计

1. 建筑设计

（1）户型标准化设计

本项目 3 栋高层住宅共计 944 户，由 35、50、65m^2 的三种标准化户型模块组成，为选用《深圳市保障性住房标准化系列化研究课题》的研究成果。通过对户型的标准化、模数化的设计研究，结合室内精装修一体化设计，各栋组合建筑平面方正实用、结构简洁，满足工业化住宅设计体系的原则。

（2）预制构件标准化设计

1 号、2 号楼标准层采用一种通用户型，一种阳台，一种楼梯板；3 号楼采用两种户型，一种阳台，一种楼梯板。实现了平面的标准化，为预制构件的少种类、多数量提供了可能。

本工程预制范围从地上五层开始，主要预制构件包括：预制剪力墙、预制叠合楼板、叠合梁、预制楼梯、预制阳台等。经计算本工程预制率达 50%，装配率达 70% 左右。

（3）模具标准化设计

预制构件厂针对本项目预制构件“少规格、多组合”的设计特点，将预制构件模具按固定模数设计成标准化、模块化模具，便于各项目周转使用。

（4）现浇节点标准化设计

本工程标准层现浇节点，均采用铝模现浇施工，为提高铝模标准化程度，预制构件现浇节点设计时，按 200mm 模数进行标准化设计，使本项目铝模均按 200mm 模数配模，提高了结构整体标准化程度。

2. 结构设计

本项目依据国标《装配式混凝土结构技术规程》（JGJ1-2014）的相关规定，结合国内成熟的产业化设计施工经验，将预制装配式剪力墙结构体系应用于该项目，同时采用预制楼梯、楼板、阳台等构件，预制混凝土内隔墙板采用轻质混凝土条板，预制率达到 50% 左右，装配率在 70% 左右。预制承重外墙的采用，与外爬架结合加快施工速度。现浇部分，采用铝模施工，施工精度高，墙面质量好。按照铝模板施工、免抹灰预制混凝土内隔墙板、装配式楼梯间、装配式管井等几大优化原则，本工程在不改变方案及初步设计建筑功能的前提下，尽可能维持原结构布置体系，通过对部分剪力墙进行适当增减、变化，减少了主次梁搭接、实现了大开间大跨度板，同时部分位置外墙实现了标准化设计。

3. 预制构件深化设计

本工程预制构件深化设计主要体现在节点设计方面，本工程预制构件节点设计依据国家标准规程（《装配式混凝土结构连接节点构造》），在保证结构连接安全的前提下，遵循建筑的耐久性、保温节能、防水、美观相统一的原则。本工程预制构件节点包括预制剪力墙水平全灌浆套筒节点设计、预制剪力墙竖向现浇节点设计、叠合梁节点设计、预制楼梯节点设计等，其各节点设计遵循与现浇混凝土结构等同的延性、承载力和耐久性能，达到与现浇混凝土结构性能基本等同的效果。

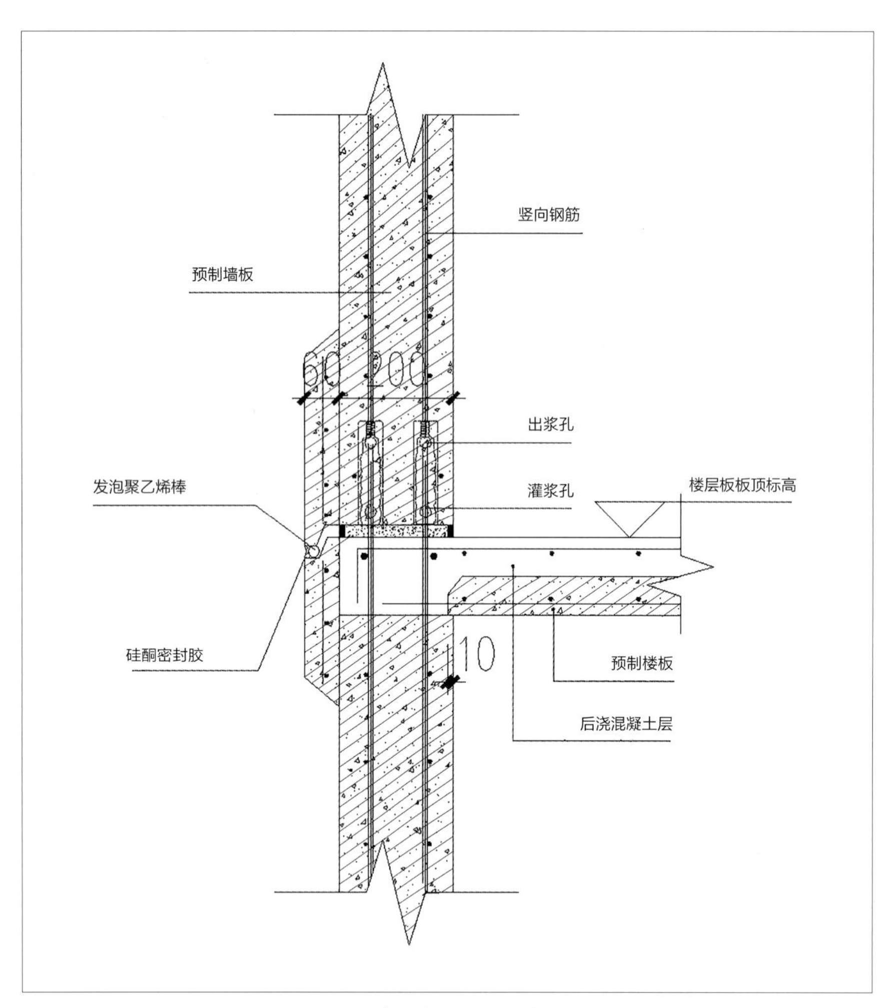

预制剪力墙水平连接节点

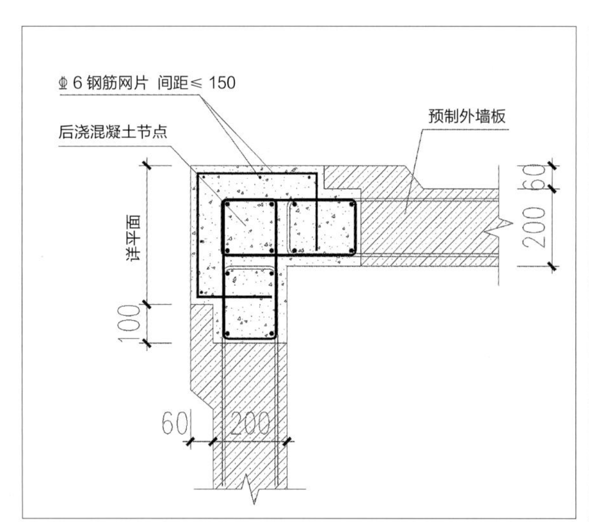

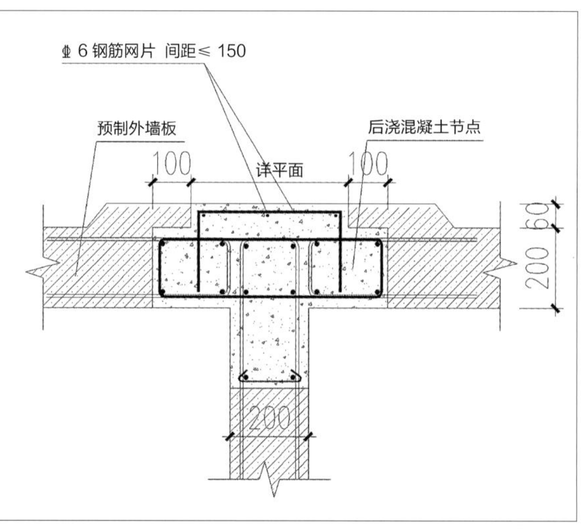

全预制剪力墙竖向连接节点

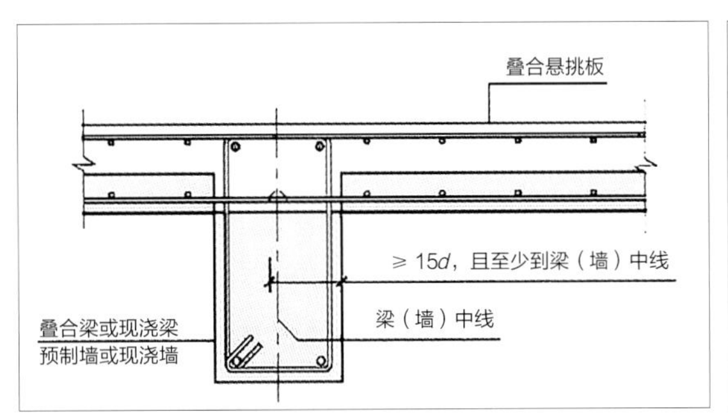

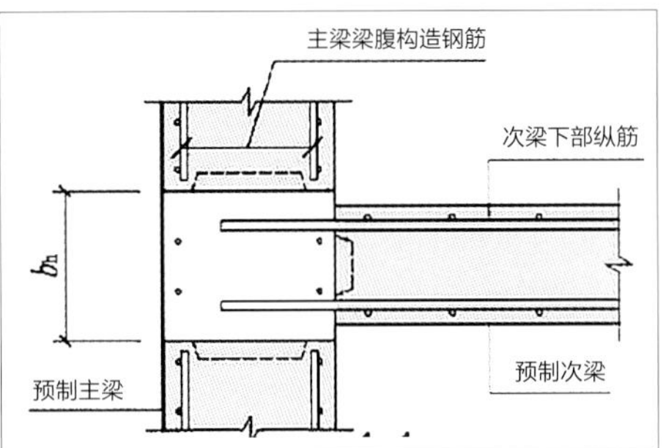

预制叠合梁连接节点

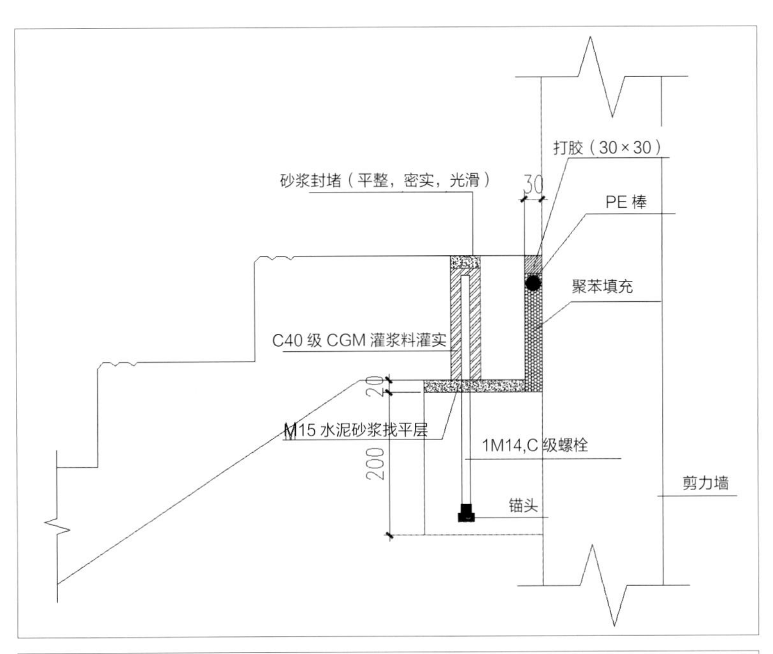

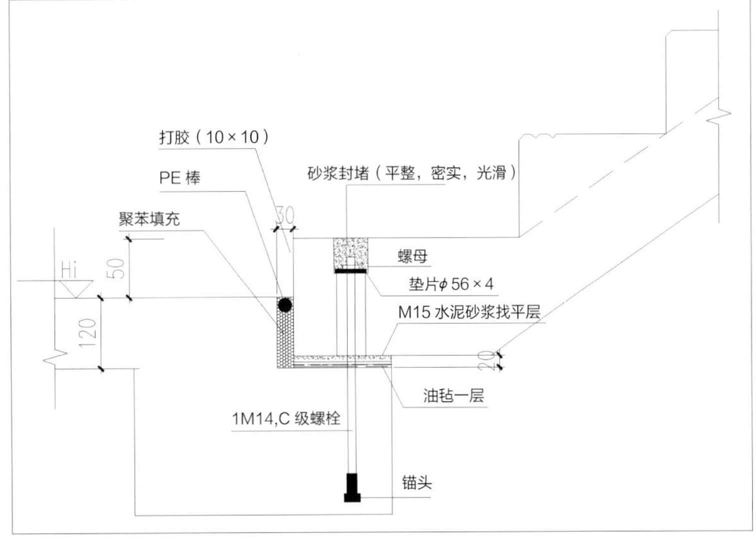

预制楼梯连接节点

4. 保温设计及做法

本工程位于深圳市，属于夏热冬暖地区，为高层住宅，节能设计执行《夏热冬暖地区居住建筑节能设计标准》（JGJ 75-2012）《深圳市居住建筑节能设计标准实施细则》（SJG 15-2005）。采暖节能率为65%；本设计屋面保温材料为挤塑聚苯板，其物理性能如下：导热系数0.030（W/m•K），燃烧性能为B1级；外墙保温材料为建筑节能保温砂浆，其物理性能如下：导热系数0.060（W/m•K），燃烧性能为A级；住宅外窗采用普通铝合金窗+Low-E无色中空玻璃（6mm+6mm空气+6mm），传热系数$K \leqslant 4.16$（$W/m^2 \cdot K$）；公建外窗采用普通铝合金窗+Low-E双银无色中空玻璃（6mm+6mm空气+6mm），气密性为6级，传热系数$K \leqslant 4.00$（$W/m^2 \cdot K$），外窗气密性能均不低于6级水平。

5. 防水节点及做法

（1）预制剪力墙防水节点

预制剪力墙水平连接节点通过企口、坐浆料、耐候密封胶等，实现预制构件之间的构造防水、结构防水及材料防水，很好地解决外墙渗水漏水现象。

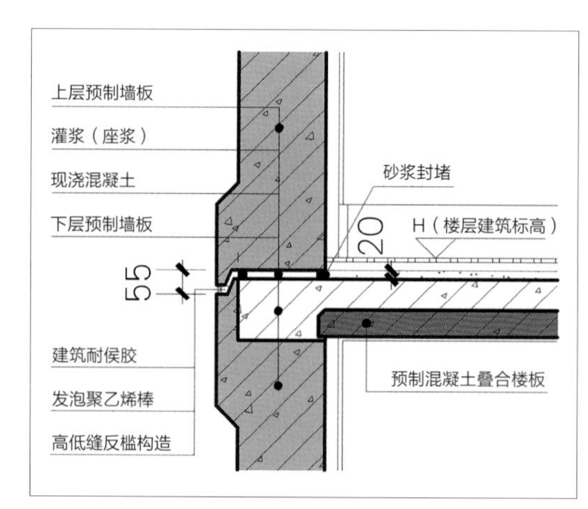

预制剪力墙防水节点

（2）外窗防水节点

本工程外窗（铝合金窗、防火窗）采用在构件厂内进行预留预埋，其窗副框各边预埋至剪力墙内10mm，同时在窗的内外侧设置高低企口，在窗的外侧设置鹰嘴或滴水线，从根部解决外墙漏水渗水的通病。

6. 信息化技术

本工程信息化技术应用主要体现在远程视频监控系统、大型设备工况监测、人员实名制管理、人员定位、二维码信息全过程追溯系统、BIM技术应用等方面。

（1）远程视频监控系统

远程视频监控系统用于施工现场管控，是网络技术和视频监控技术等多种技术在工程建设领域应用的提升，它打破了时间、地域的限制，在被授权的前提下，可按需监控，实现了随时随地查看视频信息的功能。

远程视频监控系统

（2）大型设备工况监测

机械设备对于工程项目的正常运行起到了至关重要的作用。除传统作业外，对于工地装配式施工，预制构件的卸、装等过程对设备依赖程度高，对于设备的正常运行工况显得尤为重要，同时，通过信息化的设备管理机制对施工工程项目进行全面监测，避免机械设备缺乏宏观管理、机械设备利用率低下，施工设备混乱等问题，做到设备资产管理部门、设备使用部门的统一配合，实现信息资源共享，实时动态反映设备使用情况。

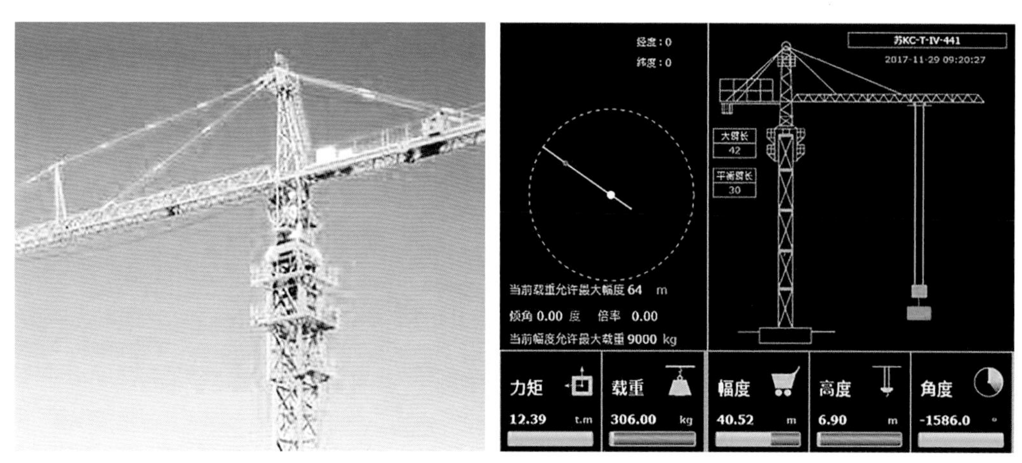

大型设备工况监测

（3）人员实名制管理

人员实名制管理是劳务管理的一项基础工作。实行人员实名制管理，使总包对劳务分包人数清、情况明、人员对号、调配有序，从而促进劳务企业合法用工、切实维护农民工权益、调动农民工积极性、实施劳务精细化管理。

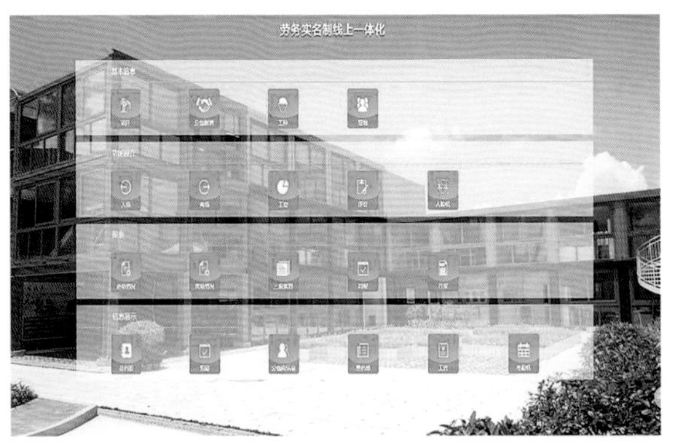

人员实名制管理

（4）人员定位

如何随时了解工人的出勤情况、工作效率、工作地点、工作中行踪轨迹是过去传统门禁考勤技术无法解决的，针对施工过程安全管理落后、人员出勤状况模糊的管理状况，根据目前工地的管理现状，结合施工工地实际，本工程研发出适合工地管理应用的工地人员定位管理系统。可以实时跟踪工地现场人员的位置，可对工地施工人员实时定位，可以实时查询工人的历史轨迹，工作时间不在工地区域内的人员可以实时报警。

人员定位系统

（5）二维码信息全过程追溯系统

预制构件的信息涉及构件加工厂、构件运输、构件吊装现场等不同场景和不同环节，各场景和环节的责任主体不同，需要预制构件在各个环节的信息记录和信息对接，确保预制构件在信息对接过程中的完整性、准确性和及时性。管理人员使用手机通过二维码信息全过程追溯系统解决了纸质版信息记录在过程中丢失，电脑记录信息不及时，工作效率低，信息查询不方便，不能及时有效沟通、相关责任人信息及材料信息因时间问题无法查询的一系列问题，实现了信息资源及时追溯，增强了现场决策能力，提升了现场管理水平，保障了装配式施工的进度。

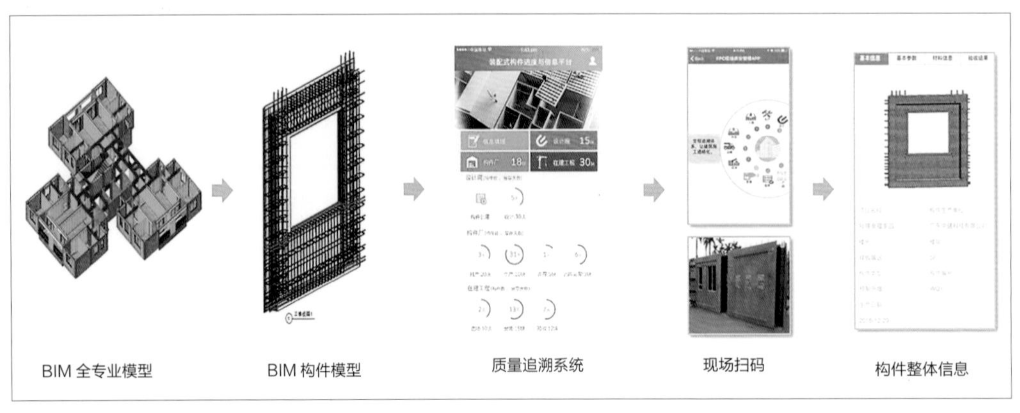

二维码全过程信息追溯

（二）装配式施工

1. 施工总说明

（1）装配式施工概况

采用工厂化生产的建筑预制构件，运输至项目现场采用装配式施工方式，装配构件包括预制外挂墙板、内墙、楼梯、叠合梁、预制叠合楼板等，住宅塔楼中现浇结构部分采用铝模装配式施工方式，实现较高的装配率。由于预制内墙与叠合梁的复合，本类构件可计入标准层预制率的计算。减少了叠合梁的支撑，体现复合墙体“集成”的特性，有利于装配化施工，且减少了砌筑填充墙的工序，提高本工程的施工进度，保证施工质量，结合外墙的预制，以及铝模现浇工艺，全面实现室外室内免抹灰。本项目于 2016 年 8 月 19 日开工，2018 年 10 月 31 日竣工。

（2）构件运输

预制构件出厂前应完成相关的质量验收，验收合格的预制构件才可运输。构件运输前，与施工方沟通，施工现场的吊装计划，制定构件运输方案，包括：配送构件的结构特点及重量、构件装卸索引图、选定装卸机械及运输车辆、确定搁置方法。

①运输路线

通过网络地图和实际运输道路实地查勘，对预制构件经生产基地运往项目地路线准备三种方案。

序号	路线	路程	时间
1	从东莞企石镇，经东部快速干线、东深路进入潮莞高速、长深高速	84 公里	1 小时 40 分钟
2	从东莞企石镇，经东部快速干线、东深路进入潮莞高速、仁深高速	86 公里	1 小时 50 分钟
3	从东莞企石镇，经东部快速干线、东深路、樟深路进入 S255、深海高速	86 公里	2 小时

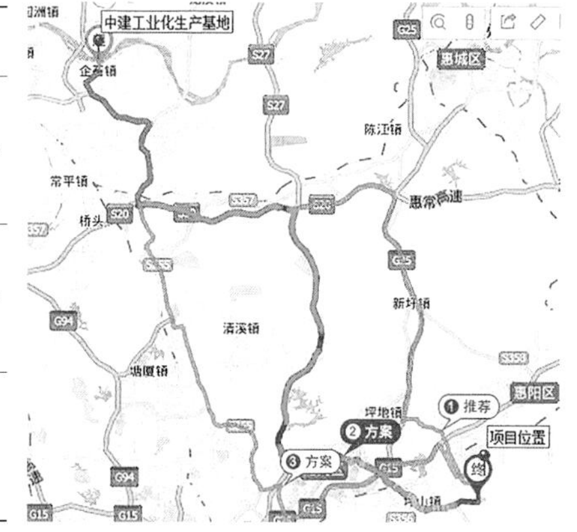

构件运输路线图

②运输车辆

采用平板拖车进行构件运输，载重 30t, 长宽 12.3m × 2.5m。

（3）塔吊

为满足现场施工材料吊装的需要，根据施工组织计划，本项目拟使用 2 台抚顺永茂固定式塔机，其中 1# 塔机臂长 64m，2# 塔机臂长为 60m。各塔机对材料垂直及水平运输作调配，保证满足现场吊装要求。

（4）总平面布置图

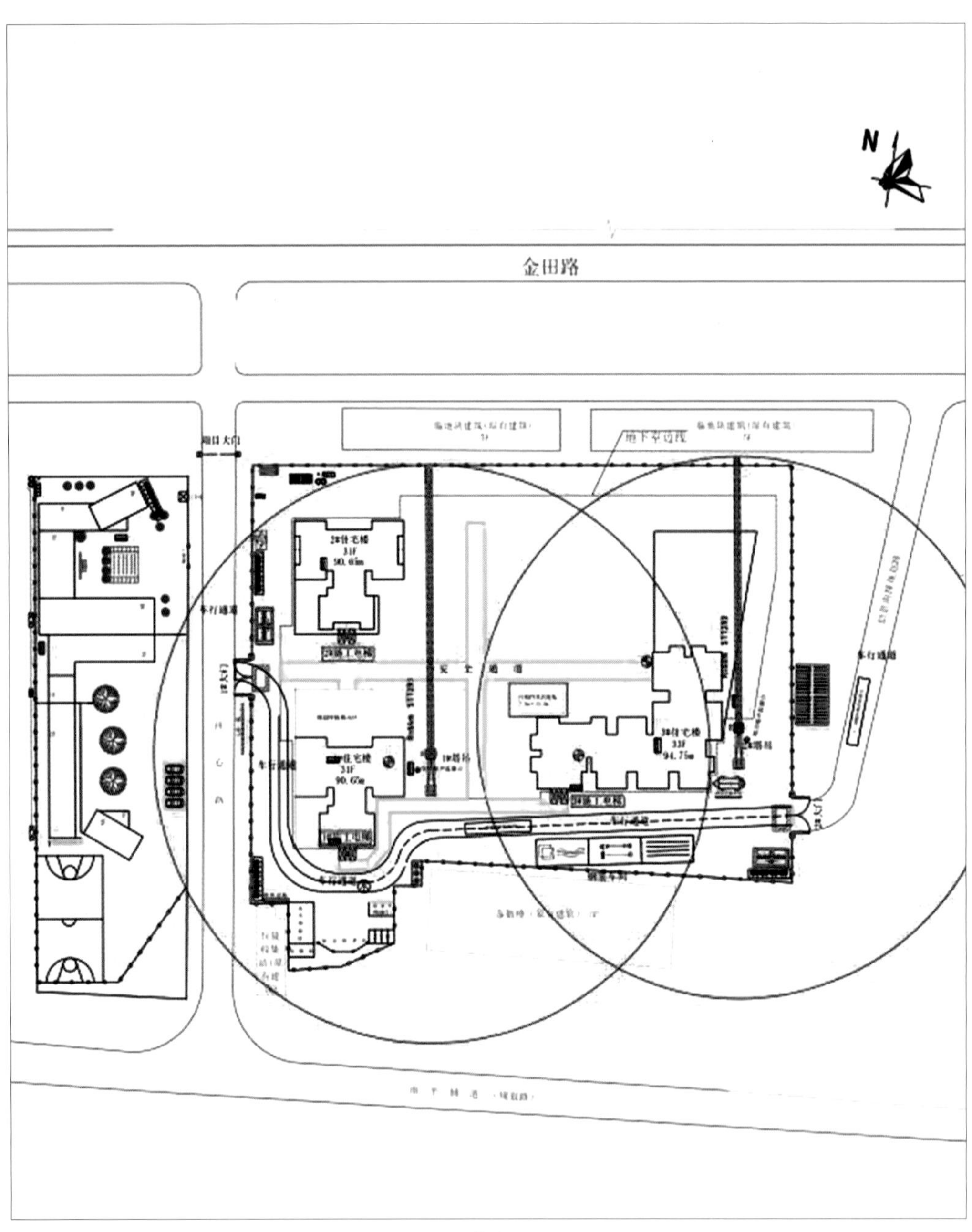

施工总平面图

2. 工艺流程

本工程预制构件安装包括预制剪力墙、预制叠合梁、预制叠合楼板、预制阳台板、预制楼梯，各预制构件安装工艺如下：

（1）预制剪力墙安装

1 预制墙板测量放线

2 坐浆料及钢垫片铺设

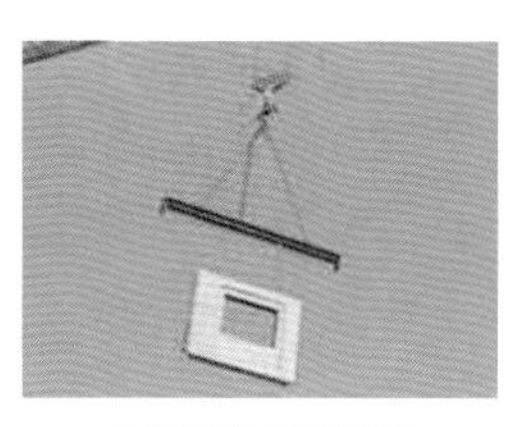
3 预制剪力墙吊装

4 预制剪力墙安装

5 临时支撑及七字码安装

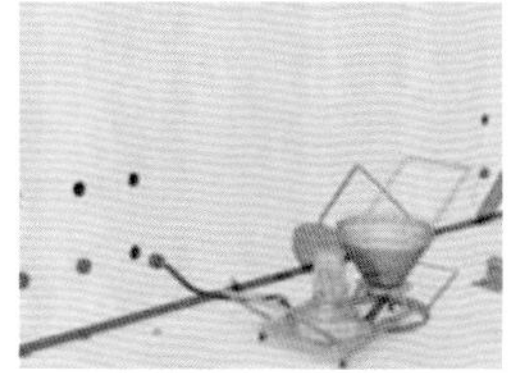
6 套筒灌浆施工

7 现浇节点钢筋绑扎施工

8 铝模搭设施工

预制剪力墙安装流程图

（2）预制叠合楼板安装

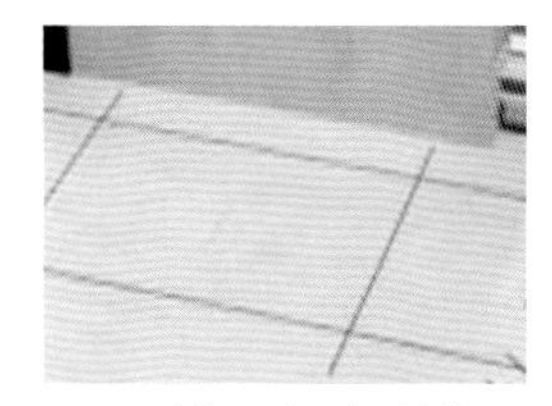
1 预制梁、板测量放线

2 预制梁、板支撑安装

3 预制叠合梁安装

4 预制叠合楼板安装

5 预制叠合梁钢筋绑扎

6 机电管线预留预埋

7 预制叠合楼板钢筋绑扎

8 混凝土浇筑施工

预制叠合楼板安装流程图

（3）预制楼梯安装

1 预制楼梯放线

2 预制楼梯坐浆料铺设

3 预制楼梯吊装

4 预制楼梯安装就位

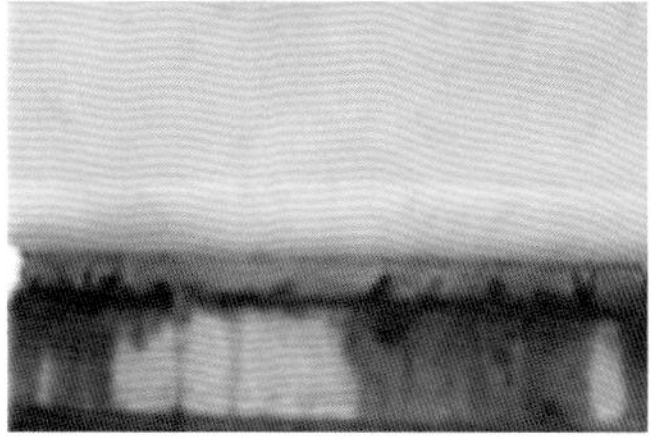
5 预制楼梯塞缝

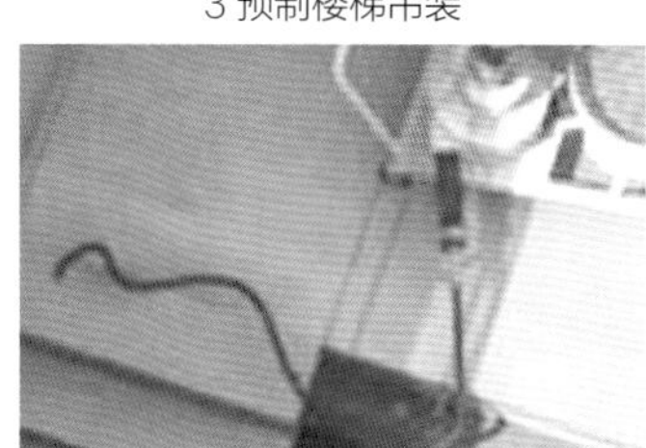
6 预制楼梯灌浆封堵

预制楼梯安装流程图

（4）预制混凝土内隔墙板安装工艺流程

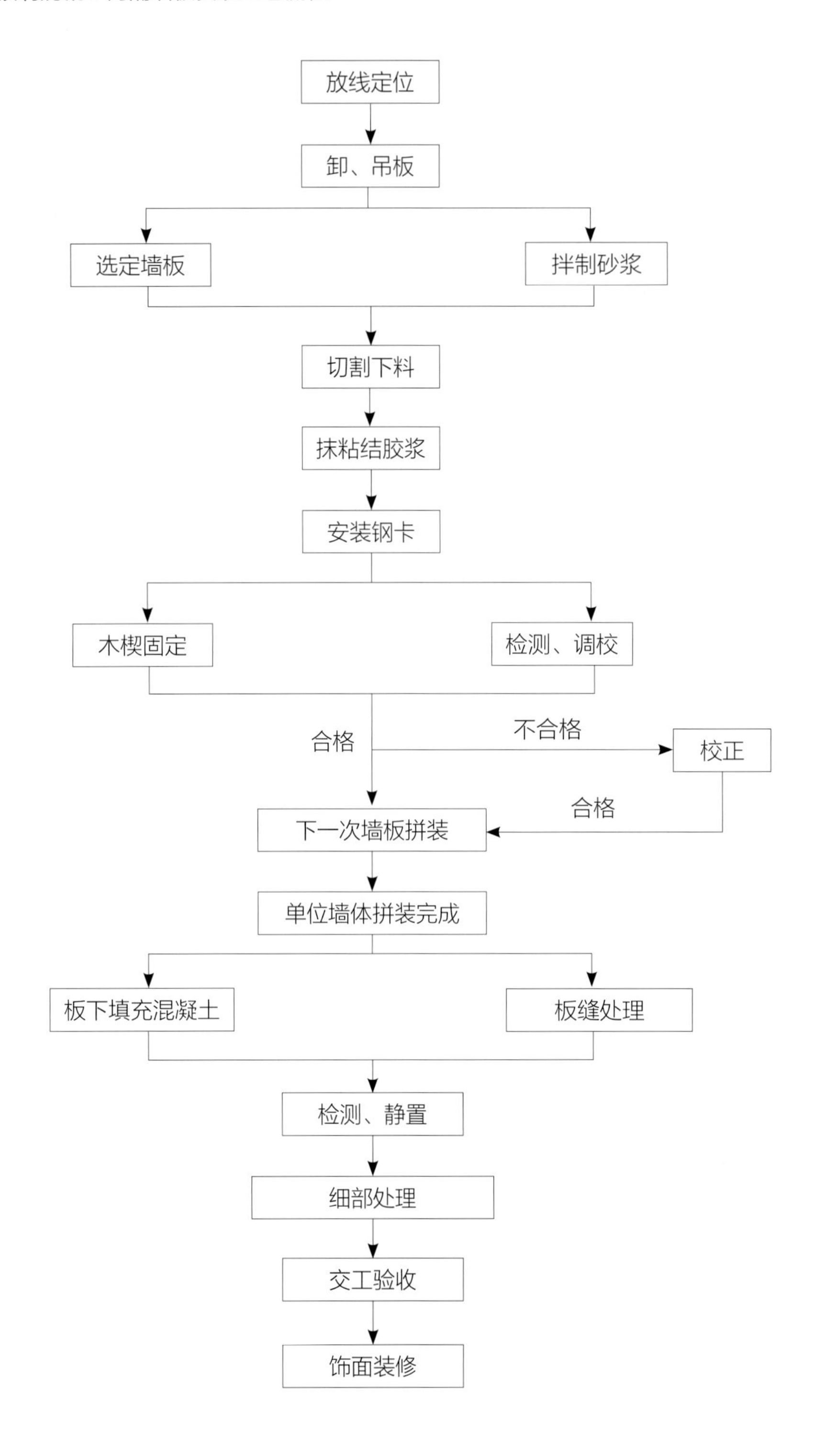

3. 装配式模板安装工艺流程

本项目装配式模板包括墙模系统、梁模系统、楼面系统。墙模系统结构主要包括主墙板、横身板（墙头板）、预制混凝土内隔墙板角铝（R 角）、对拉螺杆、钢背楞及导墙板（K 板）。梁模系统主要包括梁底阴角、梁底模板、EC 转角连接阳角模板、梁底早拆头及独立钢支撑。在梁底模板设置梁底早拆模板，在梁底早拆模板下安装独立钢支撑，支撑间距最大不超过 1.3m。楼面系统主要包括楼面板、楼面龙骨、早拆头及独立钢支撑。

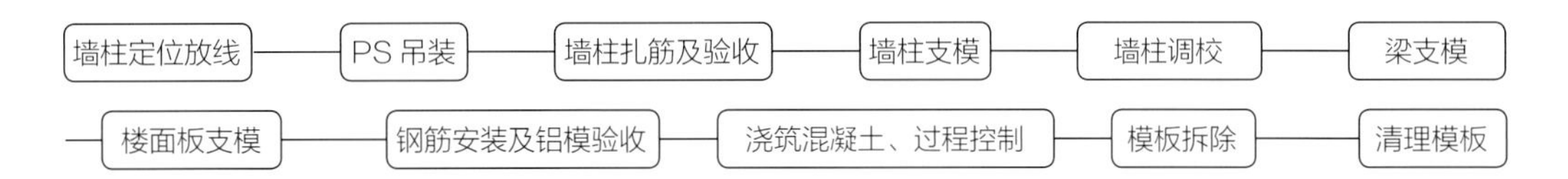

墙叠合梁板的支撑为专业定制斜撑，主要是为了竖向支撑预制叠合楼板，并对现浇部分浇筑时提供支撑。支撑体系为：板底纵横向间距不大于 2000mm，梁底加密为 1000mm。支撑体系平面布置图及梁底里面图如下：

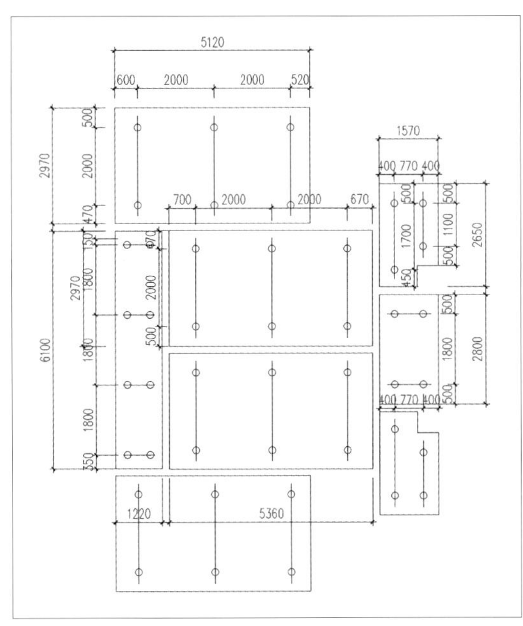

1#、2# 楼预制叠合楼板支撑定位尺寸

板支撑体系现场实例

（三）BIM 技术应用

首先建立了本项目 BIM 全过程协同的 BIM 管理体系，通过 BIM 信息化技术对各 EPC 参与单位的工作内容进行辅助协调。BIM 应用分为设计、生产、施工三个阶段，在设计阶段，各专业在公司自主研发的一体化平台中建立模型并进行拼装协同工作，通过平台对 BIM 模型进行分析，构件拆分，工程量提取等工作并输出 BIM 成果，此外，设计阶段将生产和施工的信息需求和要求进行前置设计，保障了后续工作的高效性。在生产阶段，通过 BIM 模型信息指导工厂进行构件模板设计，材料分析，构件预留预埋等工作，提高了工厂构件生产的效率，在现场施工装配阶段，通过 BIM 模型进行施工场地三维平面布置，构件吊装路线优化，施工工况分析，构件吊装方案分析，施工工期管理，管线碰撞分析，施工设备模拟，孔洞预留预埋复核等工作，合理有效地安排了人、材、机等资源的利用，保障了各工序在施工现场实施的高效性，施工项目完成后通过对模型信息的完善建立竣工模型并传递到运维方，并配合运维阶段实现 BIM 模型的交付应用。

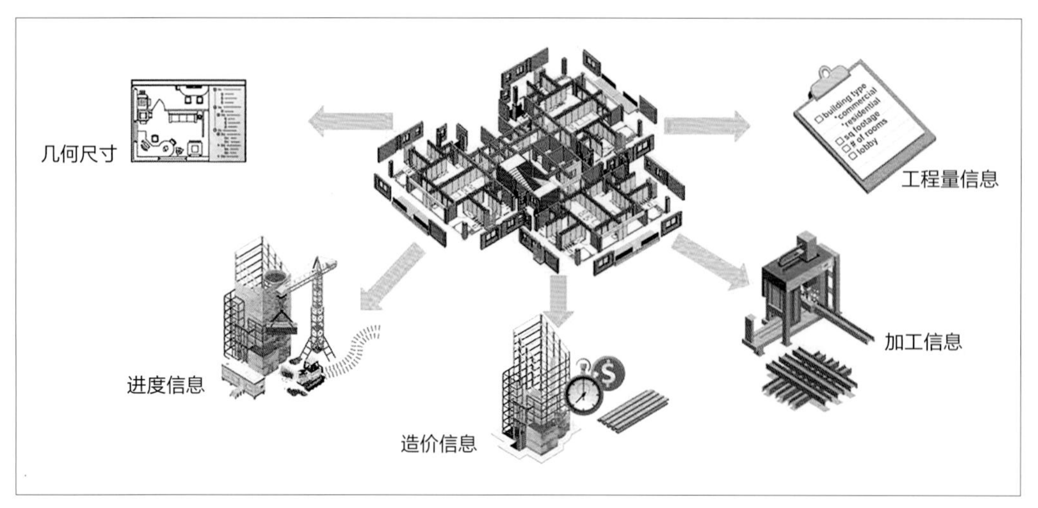

BIM 技术应用

四、小结

本工程采用装配式施工过程中主要体会为“好、省、快”，具体表现如下：

（一）综合效益分析——局部成本“省”（整体成本略高）

1. 采购成本省。在 EPC 管理模式下，设计、采购、制造、装配几个环节合理交叉、深度融合，在设计阶段明确建造全过程中物料、部品件、分供商，精准确定不同阶段的采购内容、数量等等，将传统分批、分次、临时性、无序性的采购转变为精准化，规模化的集中采购，减少应急性集中生产成本、物料库存成本以及相关的间接成本，从而降低工程项目整体物料资源的采购成本。

2. 材料及运输费省。在 EPC 管理模式下，在设计阶段，材料选择时考虑因地制宜，优先使用当地材料，可进一步节省材料费用及运输费用。

3. 劳动力成本省。本项目产业化工人偏中年化，平均年龄约 35 岁，与传统项目农民工相比，产业化工人技能全面提升，工人数量减少，节省劳动力，降低劳务成本。

4. 资源投入省。在 EPC 管理模式下，通过协调、管控，将各参建方的目标统一到项目整体目标中，以整体成本最低为目标，优化各方配置资源，突破以往传统管理模式下，设计方、制造方、装配方各自利益诉求，实现设计、制造、装配资源的有效整合和节省，从而降低成本。

（二）建筑结构——质量“好”

1. 高精度。预制构件在加工、制作过程采用专业产业工人，在构件质量方面严格管控，有效地减少误差，将常规厘米级误差控制到毫米级误差，能够实现精益求精。

2. 免抹灰。预制构件在工厂内采用标准化定型钢模板进行生产，其预制构件平整度能够控制在3mm以内，配合预制构件现浇部分定型铝模工艺，内、外墙体能够实现免抹灰，杜绝常规剪力墙抹灰空鼓开裂问题。

3. 防渗漏。门窗提前预埋在预制构件内，有效地解决窗框渗漏问题。

4. 免剔凿。给排水、电气、暖通等各专业机电管线在工厂内进行精准预留预埋，避免常规机电管线安装开凿墙体的现象，同时所有生产、施工措施需要的洞口、埋件都提前在工厂预留预埋，有效保证了主体结构的质量。

5. 高质量。所有预制构件在工厂浇筑制作，恒温恒湿养护，混凝土成型质量得到提高，避免蜂窝麻面等质量通病。

（三）整体工程建设——工期“快”

1. 工作融合交叉，工期快。在EPC管理模式下，设计阶段就开始制定采购方案、生产方案、装配方案，使得后续工作前置交融，将由传统设计确定后才开始启动采购方案、制造方案、装配方案的线性工作顺序转变为叠加型、融合性工作，大幅节约工期。

2.EPC集中管控，工期快。在EPC管理模式下，设计、制造、装配、采购各方工作均在统一的管控体系内开展，资源共享，信息共享，规避了沟通不流畅、推诿扯皮等问题，减少了沟通协调工作量和时间，从而节约工期。

3. 现场湿作业少，工期快。本项目结构主体达免抹灰标准，工程质量提高，减少现场湿作业施工，从而节约工期。

4. 结构精装一体化，工期快。本工程结构工期不快，但在EPC管理模式下，结构、机电、装饰装修等各道工序提前介入、合理穿插，使项目整体工期加快。

5. 装配式精装施工，工期快。本工程采用装配式精装，使装配式装修与装配式结构深度融合，加快装饰装修施工进度，从而加快整体施工进度。

资料来源：深圳市住宅工程管理站、深圳市华阳国际工程设计股份有限公司

哈尔滨工业大学深圳校区扩建（学生宿舍）

施工单位	中国建筑第四工程局有限公司
设计单位	哈尔滨工业大学建筑设计研究院
监理单位	深圳市邦迪工程顾问有限公司
装配式咨询单位	中建科技有限公司深圳分公司
构件生产单位	广东中建新型建筑构件有限公司
开竣工时间	开工时间：2016.10，目前施工阶段
建筑规模	总建筑面积 10 万 m^2, 建筑高度 97.75m
结构类型	剪力墙结构
实施装配式建筑面积	8 万 m^2
装配式技术	预制外挂墙板、预制内墙、预制楼梯、预制栏板、预制混凝土内隔墙板 预制率达 32.34%，装配率达 62.78%
项目特点	深圳首个采用装配式建筑的学生公寓

一、项目概况

总平面图

本工程位于深圳市南山区西丽哈尔滨工业大学研究生院（现址）南侧地块，为高层学生宿舍楼和食堂，采用框架剪力墙结构，总占地面积 2.4428 万 m^2，总建筑面积约 10.1 万 m^2，由 5 栋高层建筑和一栋三层食堂组成，地下 1 层，地上 29/28/3 层，层高 3.3m，建筑高度最高为 103.4m，项目总造价 38050.70 万元，2016 年 10 月 1 日开工。

哈尔滨工业大学深圳校区扩建工程项目施工总承包 II 标段项目为深圳市工业化试点项目，本项目于 2017 年 5 月获得“深圳市安全生产文明施工优良工地”，广东省房屋市政工程安全生产文明施工示范工地、全国建筑业绿色施工示范工程、全国装配式示范工程均已通过初审。

该工程结构类型为剪力墙结构，抗震设防烈度为 7 度。

实景图

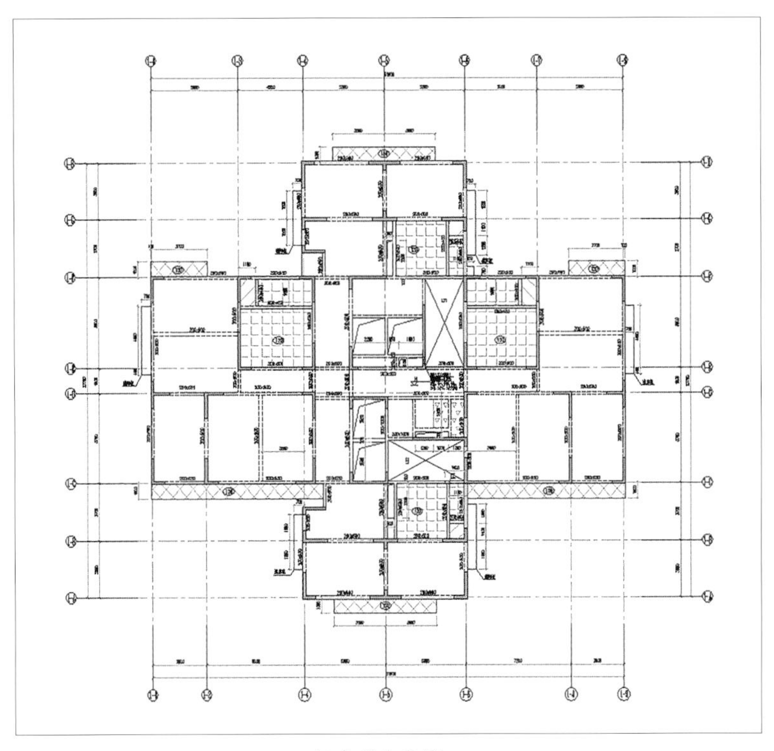

标准层平面图

二、装配式建筑技术应用情况

（一）预制率指标

哈尔滨工业大学深圳校区扩建工程项目						
1~4 栋（3~29 层）						
楼层	预制混凝土体积（m^3）	非承重预制混凝土内隔墙板		现浇混凝土体积（m^3）	标准层预制率	楼栋总预制率
		体积（m^3）	是否大于 7.5%			
3~7	58.93	30.14	否	167.93	28.8%	32.34%
8~29	63.31	30.14	否	143.02	33.15%	

（二）装配率指标

哈尔滨工业大学深圳校区扩建工程项目										
1~4 栋（3~29 层）										
楼层	预制构件免除传统模板表面积		非承重预制混凝土内隔墙板预制混凝土构件免除传统墙面抹灰的表面积		定型装配式模板与混凝土接触面的表面积		传统模板与混凝土接触面的表面积（m^2）	非混凝土构件（集成式厨房、集成式卫生间）装配率	标准层装配率	平均装配率
	表面积（m^2）	系数 a	表面积（m^2）	系数 b	表面积（m^2）	系数 c				
3~7	608.468	1	379.04	0.5	1607.77	0.5	—	—	61.7%	62.78%
8~29	667.4	1	379.04	0.5	1516.36	0.5	—	—	63.02%	

（三）技术应用措施

构件类型	施工方法		构件位置	构件设计说明	最大重量（或体积）
	预制	现浇			
预制外挂墙板	√		建筑外墙	本项目采用上部带叠合梁的预制复合外墙，施工图设计时已经考虑其荷载及其对现浇梁刚度的影响，并在结构主体计算中考虑	5.9t
预制混凝土内隔墙板	√		建筑户内隔墙板	本项目采用上部带叠合梁的预制复合内墙	4.1t
预制楼梯	√		楼梯间	本项目采用预制楼梯上端支座固定，下端支座铰接；预制楼梯吊装就位后，用预埋螺栓固定，预留孔灌浆，即完成整个安装过程	2.63t
预制栏板	√		阳台	本项目阳台栏板采用全预制构件，通过灌浆套筒连接，构件小，安装简单	0.75t
预制混凝土内隔墙板	√		建筑户内隔墙板	本项目部分非承重预制混凝土内隔墙板采用工厂加工、现场拼装、干式工法的装配式预制混凝土内隔墙板体系，免除传统现场砌筑、抹灰等湿作业工序	
其他技术	1. 精装修穿插施工 2. 自升式爬架 3. 灌浆套筒技术 4. 门窗框先装法施工技术 5. 铝合金模板施工技术 6. 预制混凝土内隔墙板施工技术 7. 外立面穿插施工技术 8. BIM 全专业深化设计技术 9. 预制构件生产与安装技术 10. BIM 与施工一体化管理技术 11. 二次构件一体化施工技术				

标准层预制构件平面布置图

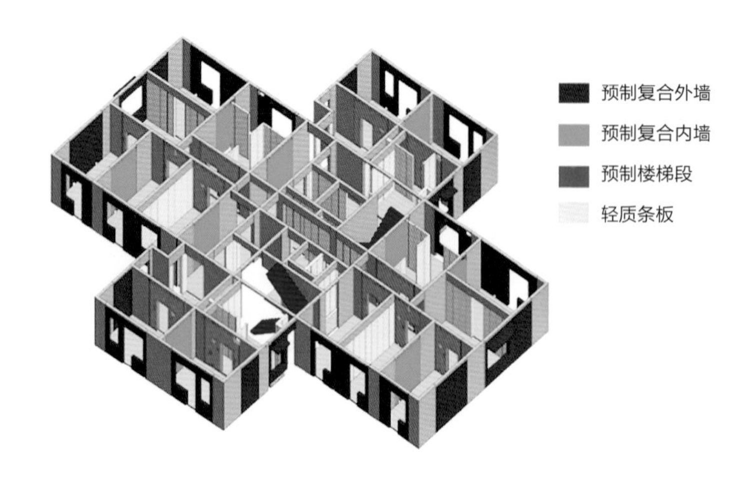

标准层预制构件平面布置图

三、装配式设计、施工技术介绍

（一）装配式设计

1. 建筑设计

本项目 1# ～ 4# 共 5 栋学生宿舍楼共计 1582 间四人间宿舍，由四种标准化户型模块组成。通过对户型的标准化、模数化的设计研究，结合室内精装修一体化设计，各栋组合建筑平面方正实用、结构简洁，满足工业化住宅设计体系的原则。

2. 结构设计

本项目 1# ～ 4# 共 5 栋学生宿舍楼均为高层建筑，采用现浇混凝土剪力墙结构，裙房地下室采用框架结构；结构设计基本概况详下表：

楼编号	层数	高度（m）	结构类型	结构抗震等级			抗震设防类别
				底部加强区剪力墙	非底部加强区剪力墙	框架	
1、3、4 号楼	29	97.8	剪力墙结构	二级	二级	/	丙类
2 号楼	28	95.7	剪力墙结构	二级	二级	/	丙类
2 号楼裙房	2	5.4/5.4	框架结构	/	/	三级	丙类
2 号楼地下室	2	2.05/4.5	框架结构	/	/	二级	丙类
3、4 号楼地下室	2	2.05/5.35	框架结构	/	/	二级	丙类
设防烈度	7 度（0.1g）		基础形式	1、3、4 号楼	预应力混凝土管桩		
混凝土等级	C50~C30			2 号楼	冲孔桩		

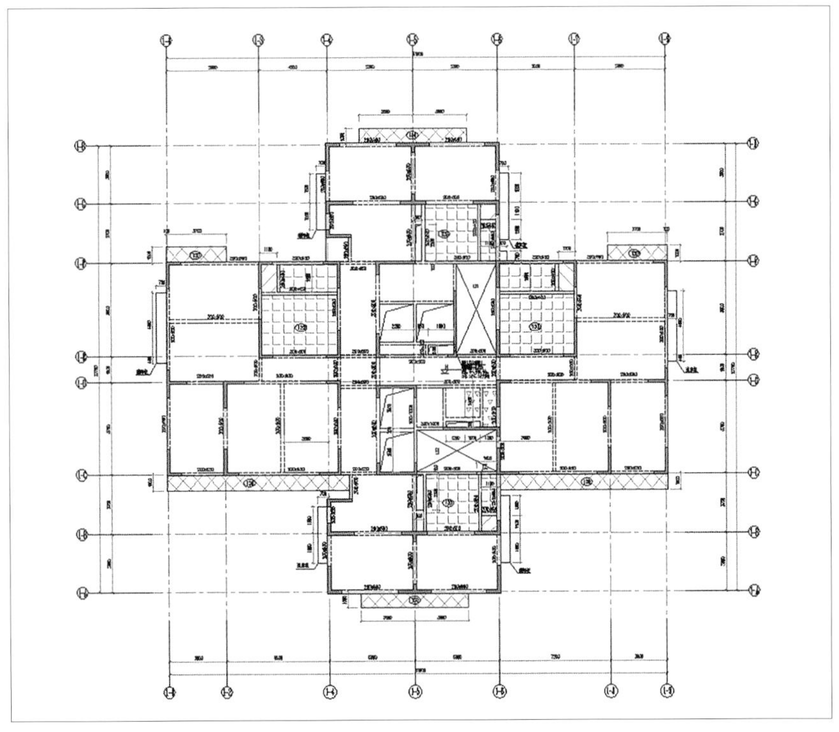

标准层结构平面布置图

3. 预制构件深化设计

本项目根据所采用构件种类的不同，分别采用不同的方法减弱构件对结构整体刚度的影响：

（1）预制外、内墙及预制混凝土内隔墙板与结构构件采取弱连接，通过周期折减系数考虑其填充作用对结构整体刚度的影响。

（2）预制栏板作为荷载考虑，不影响结构整体计算。

（3）预制楼梯采用上端固定铰接，下端滑动铰接，在剪力墙筒体中布置，可不考虑对结构整体刚度的影响。

（4）预制构件深化设计

根据建筑及结构设计的要求，对构件进行深化，涵盖建筑、结构、机电、暖通、水电安装及精装修，在预制构件施工时，一次成型。

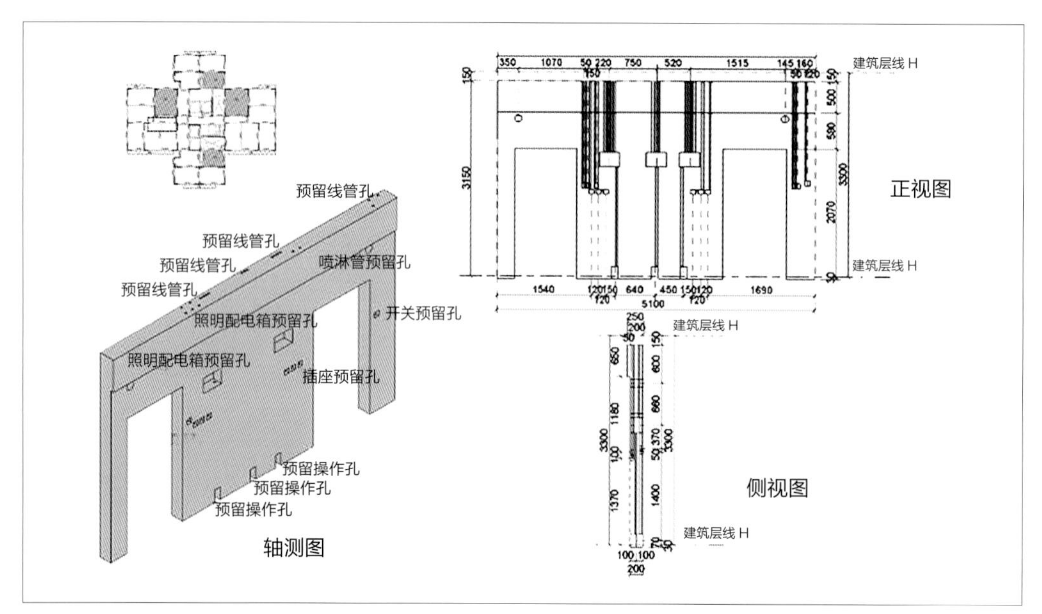

预制构件深化图纸

4. 保温设计及做法

本项目针对深圳的天气条件，我们只在热传导 / 热辐射的主要接收方向——东西向墙增设 10mm 厚保温砂浆，而南北向除了预制复合墙板外不做任何保温措施。外墙保温做法如下页图所示。

5. 防水节点及做法

根据建筑设计的要求，对预制构件与现浇构件连接处进行深化设计，本板与现浇构件水平缝采用企口 +JS 防水涂料 + 耐候性密封胶 + 膨胀止水胶条进行外墙的整体防水。

预制构件与现浇构件垂直缝采用在预制构件处设置 Z 形口，设置冲洗混凝土面，进行连接。具体节点做法如图所示。

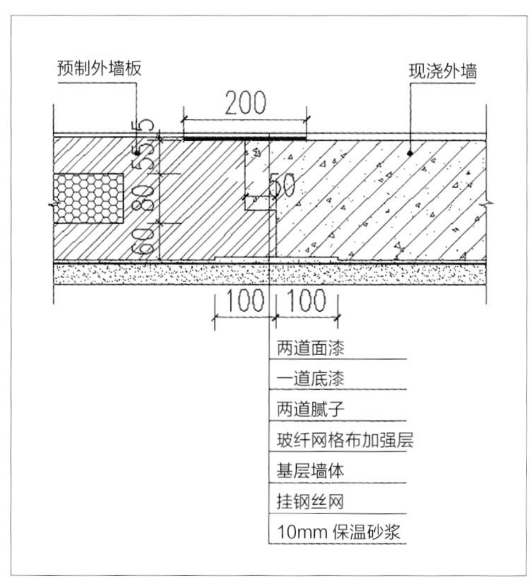

保温设计图

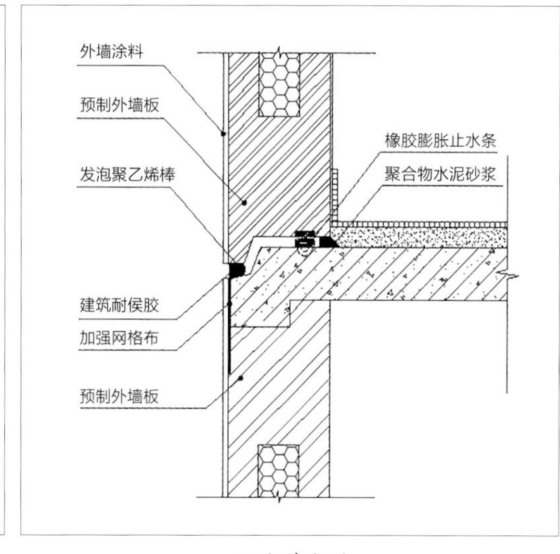

防水节点图

6. 预制混凝土内隔墙板深化设计

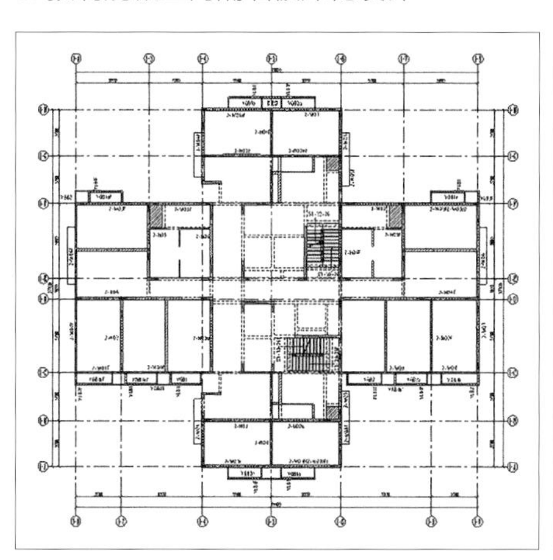

预制混凝土内隔墙板排板图

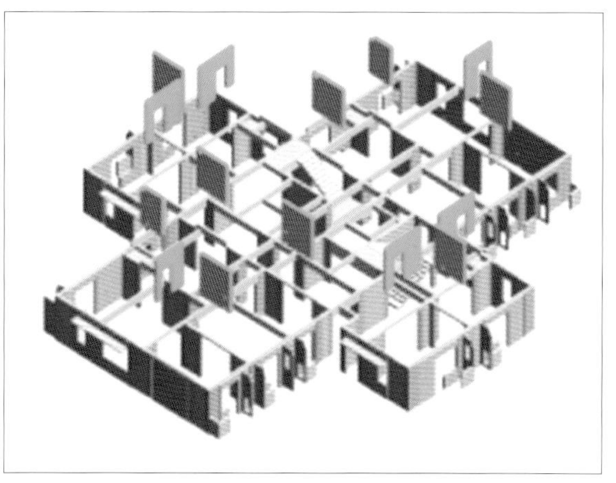

预制混凝土内隔墙板平面布置图

7. 装饰装修设计

预制构件预留精装修施工位置，对精装修几何精度进行精确定位，如线盒、灯具的精确定位，暖通、消防的预留预埋精确定位。

对于门窗等位置，采用先装法在预制构件施工时先行施工，避免二次收口等工作，现场只进行门窗扇及玻璃安装。

预制构件深化

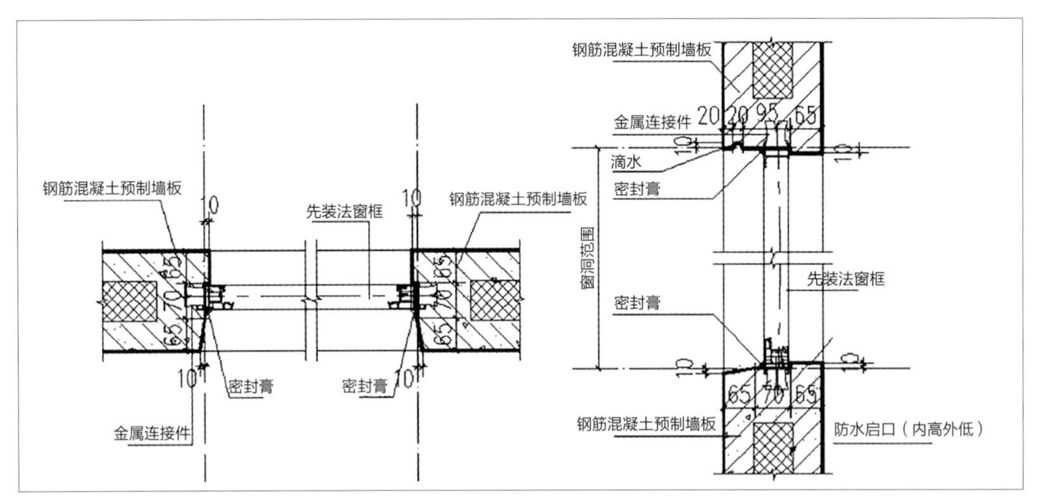

预制构件深化图

8. 信息化技术

采用新型 RFID 协同平台进行实名制管理，协助现场管理。在不改变劳务工人的习惯前提下，通过在安全帽中安置 RFID 标签、施工现场大门及楼栋主要通道装置 RFID 阅读器，实现整个施工现场总人数（可详细显示班组、工种）以及楼栋（人员的区域定位）人数的统计，便于分析工效。

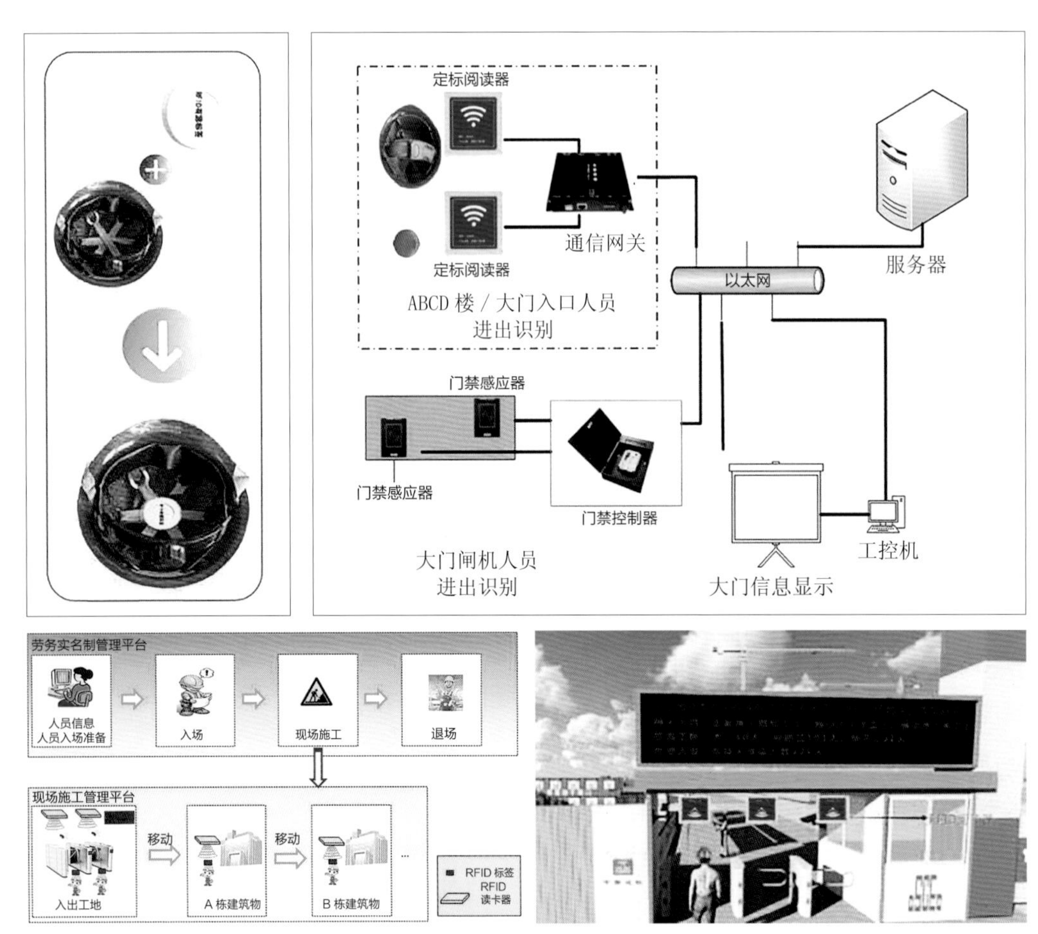

RFID 协同平台工作流程图

协同化、参数化的 BIM 模型将建筑物实体与之相关联，对整个建筑物进行有效管理，RFID 技术作为一种非接触的自动识别技术，有利于收集建筑构件相关信息，对建筑构件进行有效跟踪，诸如生产信息、验收信息、出厂信息、进场信息、吊装信息、构件质量信息等，并与 BIM 数据库相联系，控制工程进度，并反馈信息对构件的生产作相关指导。

生产车间植入 RFID 芯片

成品入库验收

出厂校核

入场验收

吊装管理

RFID 协同平台协助构件生产

（二）装配式施工

1. 施工总平面布置

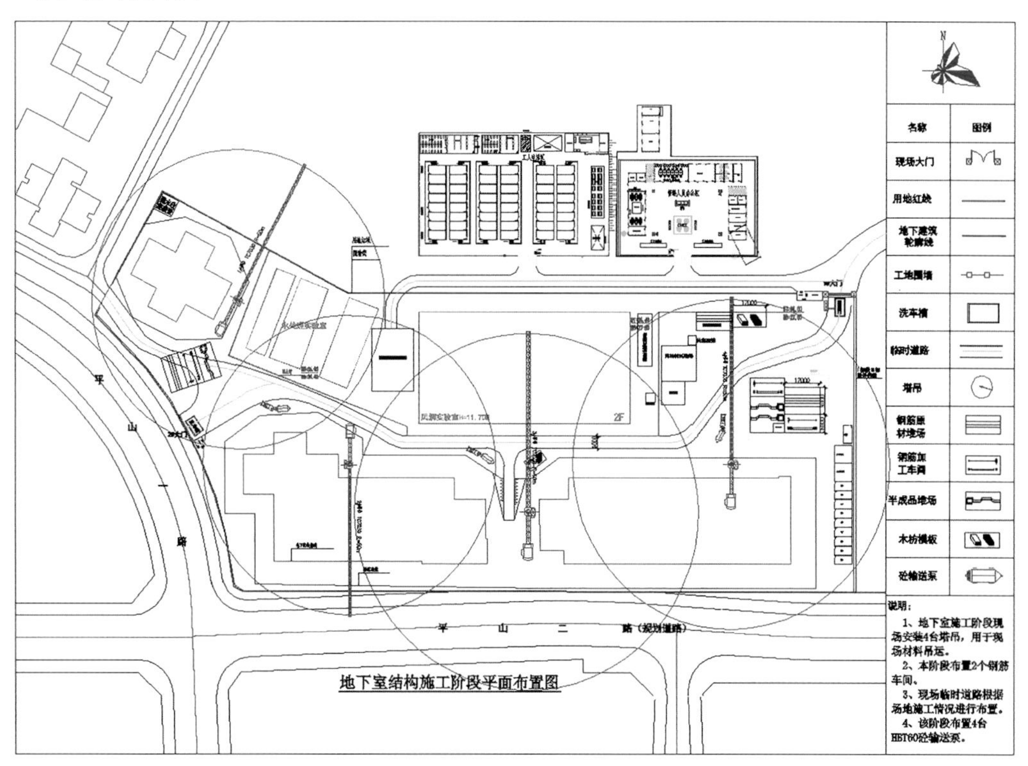

施工总平面布置图

2. 工艺流程

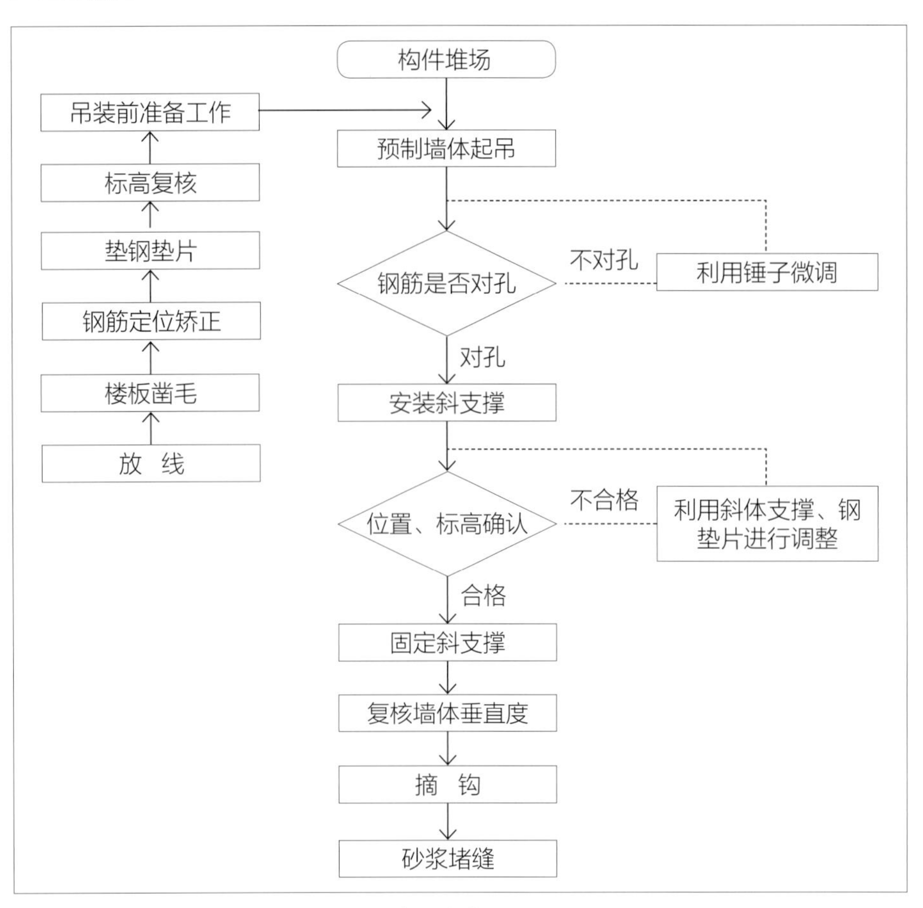

预制墙体吊装工艺流程

施工流程演示图①

施工流程演示图②

流程顺序：1. 构件进场；2. 外墙板起吊（挂钩）；3. 外墙板起吊至板面 1m 高度时，人工缓慢下落；4. 依据板面构件控制线、边线，缓慢下落精确调整就位；5. 安装斜支撑；6. 安装七字码；7. 外墙板定位及垂直度校正；8. 摘钩，吊装完毕。

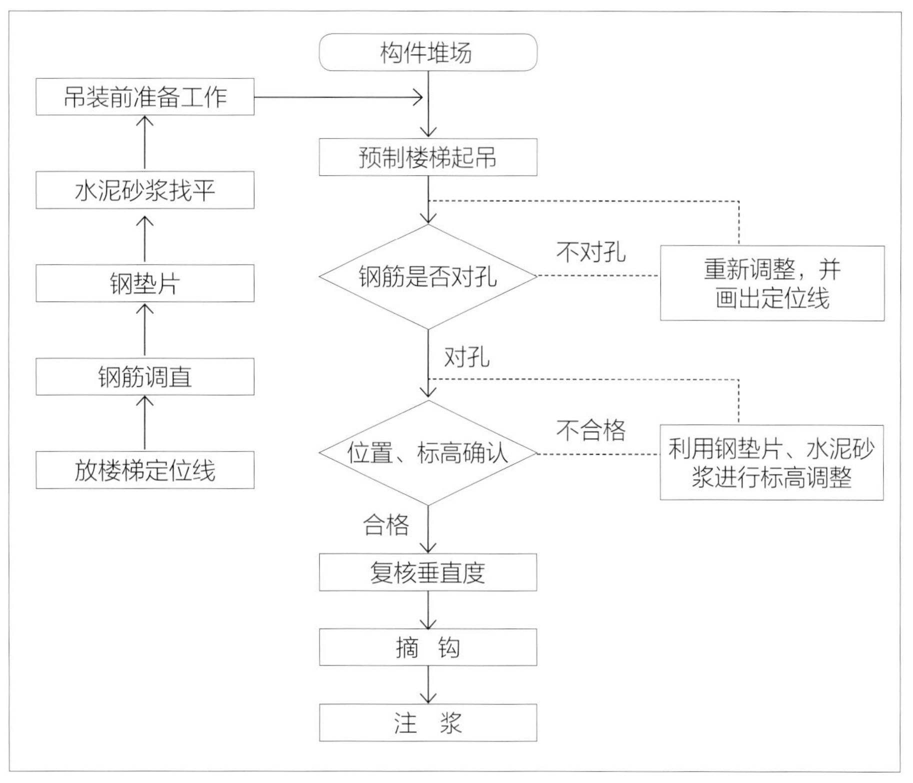

预制楼梯吊装工艺流程

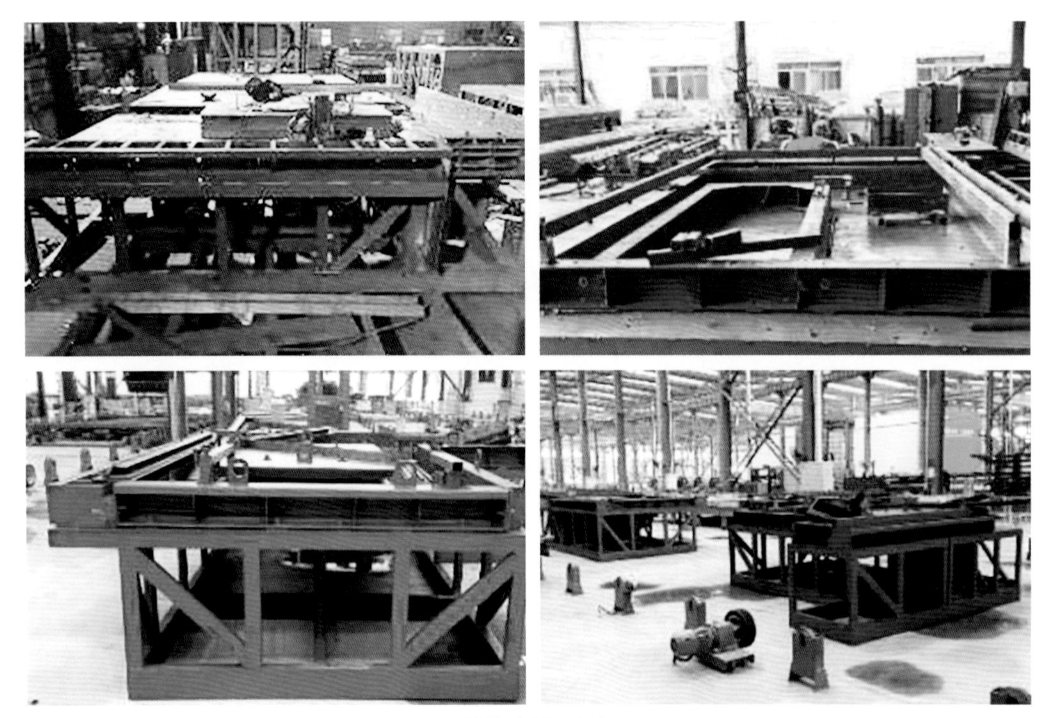

预制构件模具生产

预制构件生产

3. 装配式模板安装工艺流程

（1）铝合金模板体系效果图　　（2）标准层铝模三维图

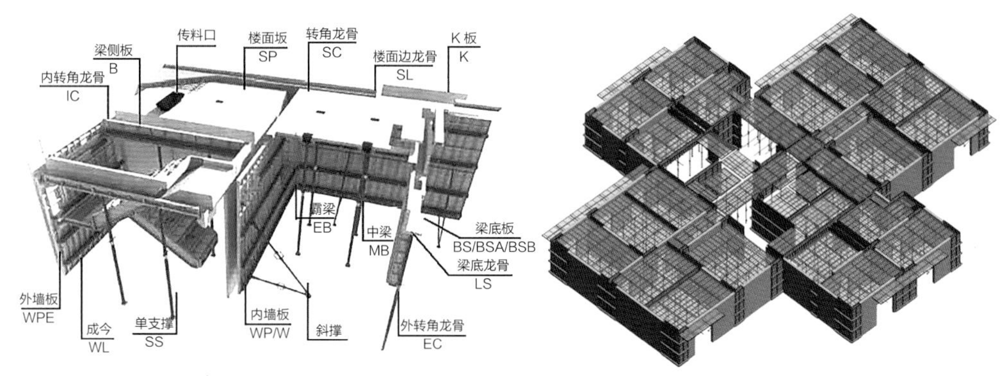

铝合金模板体系效果图　　标准层铝模三维图

（3）铝合金模板施工工艺流程

1. 测量放线

2. 节点钢筋绑扎

3. 铝模清理及涂油

4. 设置定位钢筋

5. 节点铝模安装及校正

6. 现浇段铝模安装及加固

7. 模板验收

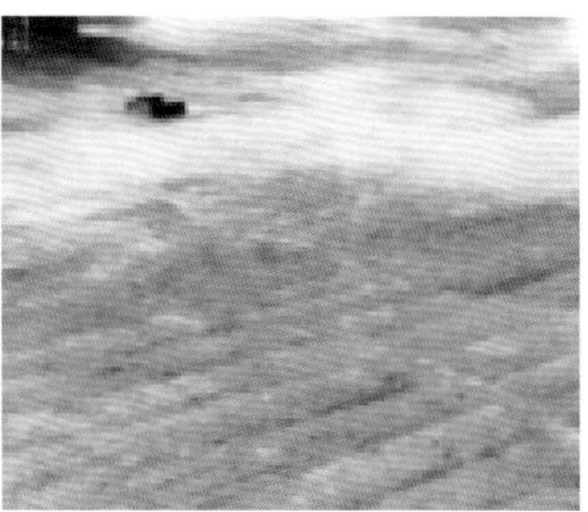

8. 混凝土浇筑

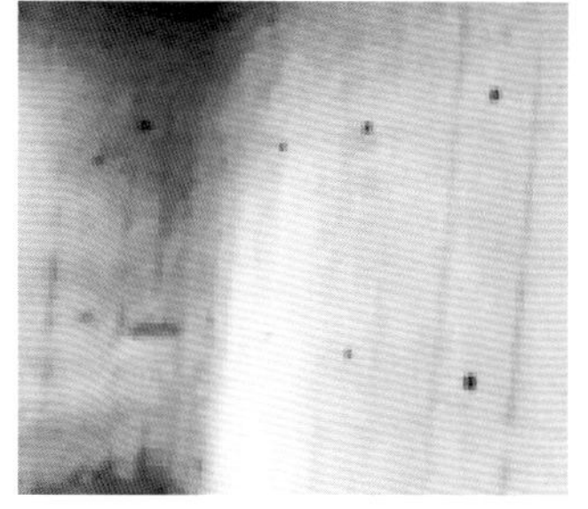

9. 混凝土成型面量放线

铝合金模板施工工艺流程图

（三）BIM 技术应用

本项目预制构件深化设计运用 Revit 软件作为 BIM 软件平台，在此平台上进行全专业协同工作，各专业集成 BIM 模型如下图所示。

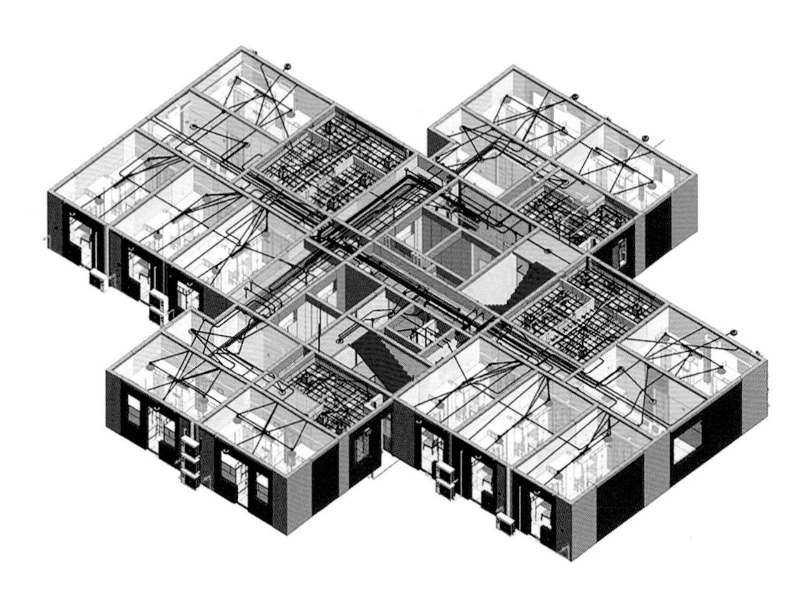

各专业集成 BIM 模型图

根据施工组织设计及专项方案进行方案模拟；根据工程进度进行主要工艺交底模拟；精细化建模为三算对比提供基础数据，对工程进度计划进行模拟具体工作流程图如下：

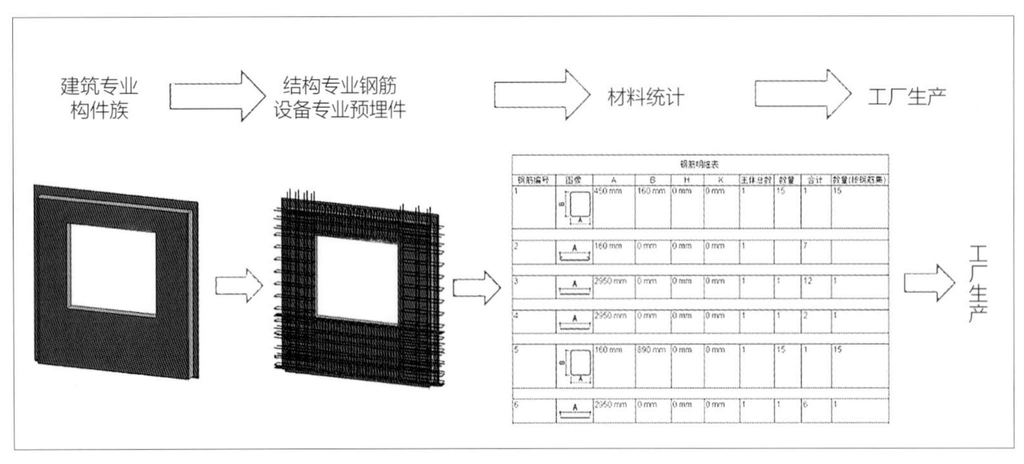

钢筋编号	图像	A	B	H	K	主体总数	数量	合计	数量(按钢筋集)
1		450 mm	160 mm	0 mm	0 mm	1	15	1	15
2		160 mm	0 mm	0 mm	0 mm	1		7	
3		2950 mm	0 mm	0 mm	0 mm	1	1	12	1
4		2950 mm	0 mm	0 mm	0 mm	1	1	2	1
5		160 mm	890 mm	0 mm	0 mm	1	15	1	15
6		2950 mm	0 mm	0 mm	0 mm	1	1	6	1

BIM 工作流程图

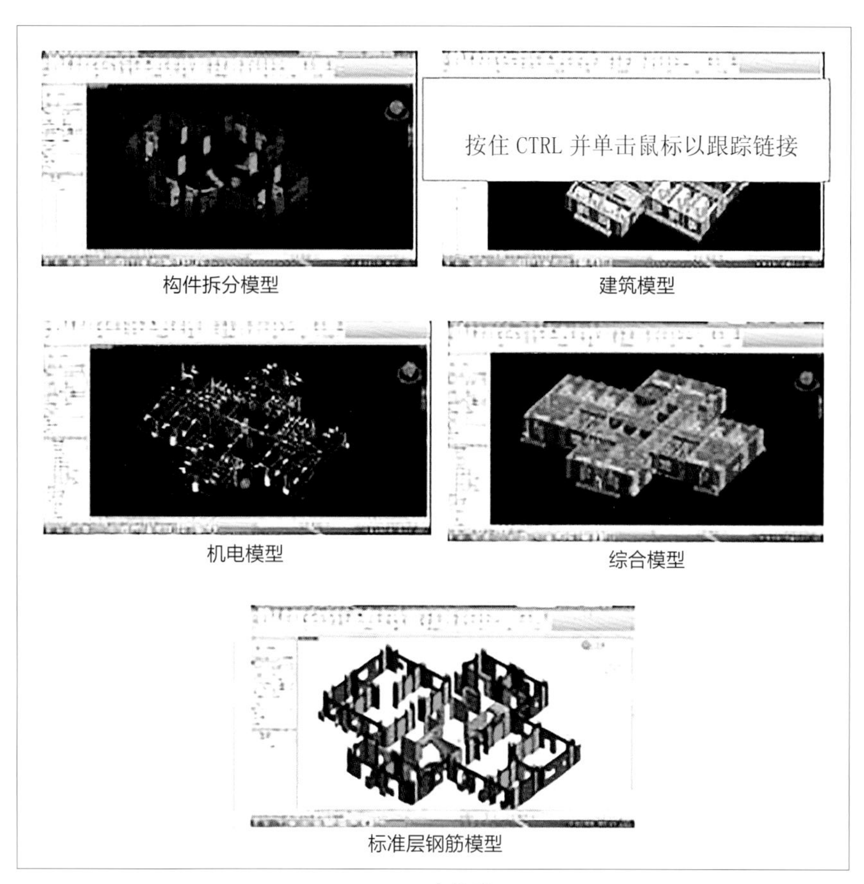

BIM 建模图

四、小结

（一）综合效益分析

项目通过采用装配式施工方式，采用从厂家提前生产的预制外挂墙板、预制混凝土内隔墙板、预制楼梯、预制栏板、预制混凝土内隔墙板等构件，减少现场湿作业及建筑垃圾，加快项目实施进度；采用铝合金模板，极大提升建筑质量;通过 BIM 技术应用，提前检测图纸问题，减少后期二次变更。

（二）结语

整体施工过程中，要求精度高，施工难度较大，重点在于前期的深化设计、方案的优化以及现场工人的技术交底，装配式建筑的整体优势在于减少砌体抹灰，取消湿作业，前期工作任务繁重，但精装修可提前穿插，缩短整体工期，另外现场安全文明施工得以保证，在绿色施工指标上有显著提升，响应国家节能减排的号召。

资料来源：深圳市住宅工程管理站

深圳华润城润府三期

建设单位	华润置地（深圳）有限公司
设计单位	深圳市华阳国际工程设计股份有限公司
监理单位	北京远达国际工程管理咨询有限公司
施工单位	华润建筑有限公司
构件生产单位	深圳市鹏建混凝土预制构件有限公司 泉州市高时新型建材有限公司东莞分公司
开竣工时间	2016.11.20，2020.03.28
建筑规模（面积、高度）	总面积 303209.34m^2，由六栋住宅、一栋公寓共七栋塔楼及沿街商铺组成。七栋塔楼高度分别为：118.10m/118.50m/115.25m/178.85m/172.05m/171.40m/169.85m
结构类型	剪力墙
实施装配式建筑面积	157273.06m^2
装配式技术（构件类型及两率）	预制外挂墙板（预制凸窗、预制非承重外墙板）、预制阳台、预制楼梯、叠合楼板、铝合金模板、预制非承重内隔墙、预制率 17%、装配率 59%
项目特点	目前国内已建成最高的装配式住宅项目

一、项目概况

项目位于深圳市南山区高新技术产业园区中部。北为玉泉路，南为科发路，东侧为规划道路大冲二路，西临铜鼓路。周边道路建设较好，地块交通可达性高，交通条件较为优越。总用地面积为 34954.61m^2，总建筑面积为 303209.34m^2，容积率 6.34。

本项目在自有土地上实施装配式建筑。采用的预制构件种类包括预制外挂墙板、预制楼梯、预制阳台、预制叠合楼板；内隔墙采用预制内隔墙条板；标准层采用铝模板施工。

本项目于 2016 年 11 月 20 日开工，目前已有 1A 栋主体封顶，其他楼栋都在主体结构施工阶段，二次结构（轻质墙板）、幕墙、精装等工作相继开始穿插施工。

本项目于 2017 年 9 月份先后承办深圳建筑业协会“科技智造，建设创新”的质量月观摩交流活动和深圳市住房建设局“创新驱动发展，质量成就未来”的装配式项目现场交流活动，参观规模超过 1000 人；于 2017 年 10 月获得深圳市安全生产文明施工优良工地奖。

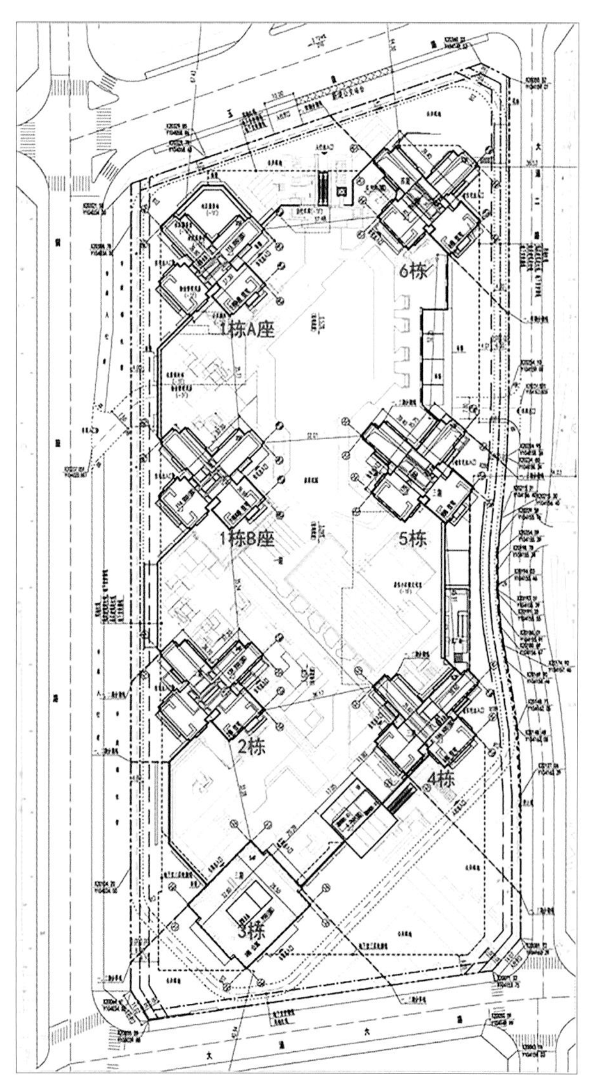

华润城润府三期总平面图

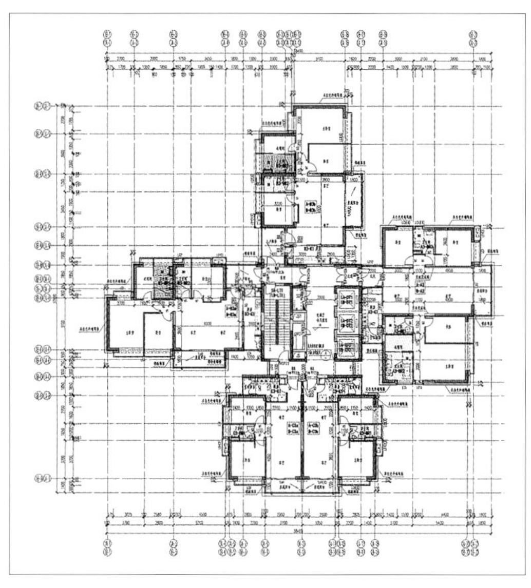

1 栋 A 座、B 座标准层平面图

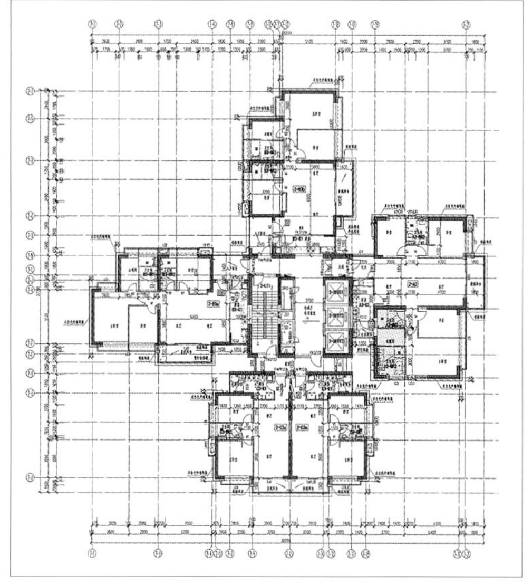

2 栋标准层平面图

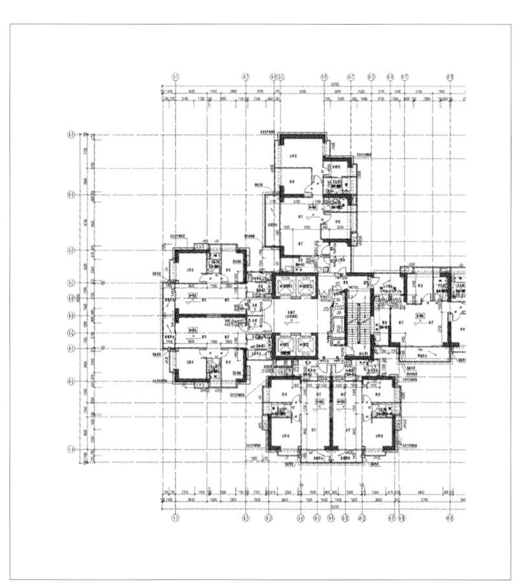

4 栋标准层平面图

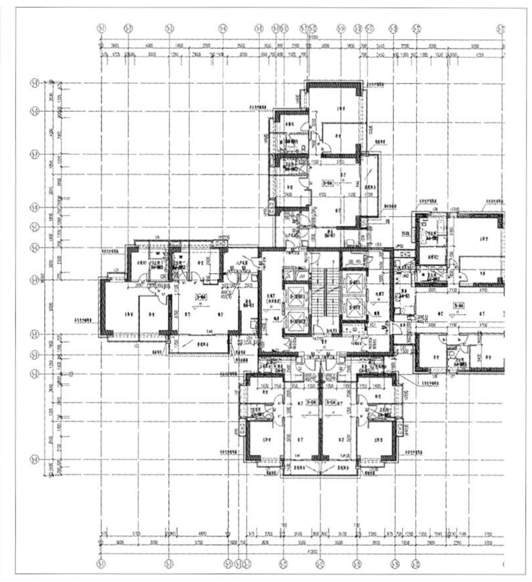

5 栋、6 栋标准层平面图

项目实景图

<table>
<tr><td>工程名称</td><td colspan="6">大冲村改造专项规划 02-02 地块（华润城润府三期）</td></tr>
<tr><td>用地单位</td><td colspan="6">华润置地（深圳）有限公司</td></tr>
<tr><td>用地位置</td><td colspan="6">南山区铜鼓路东侧</td></tr>
<tr><td rowspan="9">楼栋情况</td><td colspan="6">本项目由六栋住宅、一栋公寓共七栋塔楼及沿街商铺组成。</td></tr>
<tr><td>建筑名称</td><td>建筑类别</td><td>层数
地上 / 地下</td><td>建筑高度</td><td>结构类型</td><td>是否
装配式建筑</td></tr>
<tr><td>1 栋 A 座</td><td>超高层建筑</td><td>35/3</td><td>118.10m</td><td>剪力墙</td><td>是</td></tr>
<tr><td>1 栋 B 座</td><td>超高层建筑</td><td>35/4</td><td>118.50m</td><td>剪力墙</td><td>是</td></tr>
<tr><td>2 栋</td><td>超高层建筑</td><td>34/4</td><td>115.25m</td><td>剪力墙</td><td>是</td></tr>
<tr><td>3 栋</td><td>超高层公寓</td><td>54/4</td><td>178.85m</td><td>剪力墙</td><td>否</td></tr>
<tr><td>4 栋</td><td>超高层建筑</td><td>52/4</td><td>172.05m</td><td>剪力墙</td><td>是</td></tr>
<tr><td>5 栋</td><td>超高层建筑</td><td>53/4</td><td>171.40m</td><td>剪力墙</td><td>是</td></tr>
<tr><td>6 栋</td><td>超高层建筑</td><td>53/3</td><td>169.85m</td><td>剪力墙</td><td>是</td></tr>
</table>

二、装配式建筑技术应用情况

（一）预制率指标

<table>
<tr><td colspan="7">项目名称</td></tr>
<tr><td colspan="7">1 栋 A 座 /1 栋 B 座（2~33 层）</td></tr>
<tr><td rowspan="2">楼层</td><td rowspan="2">预制混凝土
体积（m³）</td><td colspan="2">预制非承重内隔墙</td><td rowspan="2">现浇混凝土
体积（m³）</td><td rowspan="2">标准层
预制率</td><td rowspan="2">楼栋
总预制率</td></tr>
<tr><td>体积（m³）</td><td>是否大于 7.5%</td></tr>
<tr><td>2-9</td><td>33.01</td><td>38.17</td><td>否</td><td>248.05</td><td>16.32%</td><td rowspan="3">17.18%</td></tr>
<tr><td>10-17</td><td>32.93</td><td>37.20</td><td>否</td><td>230.89</td><td>17.12%</td></tr>
<tr><td>18-33</td><td>32.85</td><td>36.58</td><td>否</td><td>212.98</td><td>18.11%</td></tr>
</table>

<table>
<tr><td colspan="7">项目名称</td></tr>
<tr><td colspan="7">2 栋（2~33 层）</td></tr>
<tr><td rowspan="2">楼层</td><td rowspan="2">预制混凝土
体积（m³）</td><td colspan="2">预制非承重内隔墙</td><td rowspan="2">现浇混凝土
体积（m³）</td><td rowspan="2">标准层
预制率</td><td rowspan="2">楼栋
总预制率</td></tr>
<tr><td>体积（m³）</td><td>是否大于 7.5%</td></tr>
<tr><td>2-14</td><td>39.73</td><td>34.13</td><td>否</td><td>258.99</td><td>17.06%</td><td rowspan="3">16.70%</td></tr>
<tr><td>15-29</td><td>36.55</td><td>33.45</td><td>否</td><td>248.84</td><td>16.71%</td></tr>
<tr><td>30-33</td><td>32.85</td><td>32.85</td><td>否</td><td>236.17</td><td>16.32%</td></tr>
</table>

项目名称						
4 栋（2~51 层）						
楼层	预制混凝土体积（m^3）	预制非承重内隔墙		现浇混凝土体积（m^3）	标准层预制率	楼栋总预制率
		体积（m^3）	是否大于 7.5%			
2-16	43.44	35.63	否	294.06	16.42%	16.44%
17-27、30、31	42.34	35.63	否	288.49	16.42%	
32-43	37.40	34.61	否	258.61	16.55%	
44-51	32.36	32.36	否	233.87	16.39%	

项目名称						
5 栋 /6 栋（2~52 层）						
楼层	预制混凝土体积（m^3）	预制非承重内隔墙		现浇混凝土体积（m^3）	标准层预制率	楼栋总预制率
		体积（m^3）	是否大于 7.5%			
2-16	45.89	31.00	否	308.25	15.94%	16.15%
17-27、30、31	46.05	31.00	否	302.51	16.22%	
32-43	39.39	30.05	否	274.29	15.83%	
44-52	36.32	30.58	否	243.58	16.62%	

（二）装配率指标

项目名称										
1 栋 A 座 /1 栋 B 座（2~33 层）										
楼层	预制构件免除传统模板表面积		非承重内隔墙预制混凝土构件免除传统墙面抹灰的表面积		定型装配式模板与混凝土接触面的表面积		传统模板与混凝土接触面的表面积（m^2）	非混凝土构件（集成式厨房、集成式卫生间）装配率	标准层装配率	平均装配率
	表面积（m^2）	系数 a	表面积（m^2）	系数 b	表面积（m^2）	系数 c				
2-9	290.84	1	0	0.5	1876.56	0.5	0	0	56.71%	56.67%
10-17	290.84	1	0	0.5	1889.64	0.5	0	0	56.67%	
18-33	290.84	1	0	0.5	1900.05	0.5	0	0	56.64%	

项目名称										
2 栋（2~33 层）										
楼层	预制构件免除传统模板表面积		非承重内隔墙预制混凝土构件免除传统墙面抹灰的表面积		定型装配式模板与混凝土接触面的表面积		传统模板与混凝土接触面的表面积（m^2）	非混凝土构件（集成式厨房、集成式卫生间）装配率	标准层装配率	平均装配率
	表面积（m^2）	系数 a	表面积（m^2）	系数 b	表面积（m^2）	系数 c				
2-14	397.22	1	0	0.5	1896.19	0.5	0	0	58.66%	57.59%
15-29	345.11	1	0	0.5	1910.59	0.5	0	0	57.65%	
30-33	286.25	1	0	0.5	1931.21	0.5	0	0	56.45%	

<table>
<tr><th colspan="11">项目名称</th></tr>
<tr><th colspan="11">5 栋 /6 栋（2~52 层）</th></tr>
<tr><th rowspan="2">楼层</th><th colspan="2">预制构件免除传统模板表面积</th><th colspan="2">非承重内隔墙预制混凝土构件免除传统墙面抹灰的表面积</th><th colspan="2">定型装配式模板与混凝土接触面的表面积</th><th rowspan="2">传统模板与混凝土接触面的表面积（m²）</th><th rowspan="2">非混凝土构件（集成式厨房、集成式卫生间）装配率</th><th rowspan="2">标准层装配率</th><th rowspan="2">平均装配率</th></tr>
<tr><th>表面积（m²）</th><th>系数 a</th><th>表面积（m²）</th><th>系数 b</th><th>表面积（m²）</th><th>系数 c</th></tr>
<tr><td>2-16</td><td>499.52</td><td>1</td><td>0</td><td>0.5</td><td>1928.36</td><td>0.5</td><td>0</td><td>0</td><td>60.29%</td><td rowspan="3">59.11%</td></tr>
<tr><td>17-27、30、31</td><td>501.95</td><td>1</td><td>0</td><td>0.5</td><td>1933.95</td><td>0.5</td><td>0</td><td>0</td><td>60.30%</td></tr>
<tr><td>32-43</td><td>394.51</td><td>1</td><td>0</td><td>0.5</td><td>1954.37</td><td>0.5</td><td>0</td><td>0</td><td>58.40%</td></tr>
<tr><td>44-52</td><td>345.97</td><td>1</td><td>0</td><td>0.5</td><td>1973.42</td><td>0.5</td><td>0</td><td>0</td><td>57.46%</td><td></td></tr>
</table>

<table>
<tr><th rowspan="2">构件类型</th><th colspan="2">施工方法</th><th rowspan="2">构件位置</th><th rowspan="2">构件设计说明</th><th rowspan="2">总体积</th></tr>
<tr><th>预制</th><th>现浇</th></tr>
<tr><td>预制外墙</td><td>√</td><td></td><td>外墙凸窗</td><td>预制外墙采用外保温，保温材料为 46mm 厚保温岩棉，预制外墙的接缝满足防水、防火、保温、隔声的要求</td><td>321.28</td></tr>
<tr><td>预制阳台</td><td>√</td><td>√</td><td>各户型客厅阳台</td><td>预制反坎 + 部分楼板叠合</td><td>93.46</td></tr>
<tr><td>预制楼梯</td><td>√</td><td></td><td>标准层核心筒</td><td>上下梯段采用同一预制构件，休息平台现浇</td><td>44.24</td></tr>
<tr><td>叠合楼板</td><td>√</td><td>√</td><td>2、4、5、6 栋部分楼板</td><td>140mm 厚叠合板，预制板厚 60mm，现浇厚 80mm</td><td>72.13</td></tr>
<tr><td>非承重预制内隔墙</td><td>√</td><td></td><td>非承重内隔墙</td><td>钢筋陶粒混凝土墙板</td><td>474.45</td></tr>
<tr><td>其他技术</td><td colspan="5">1. 精装修穿插施工
2. 自升式爬架
3. 铝膜板
....</td></tr>
</table>

附：标准层构件布置图

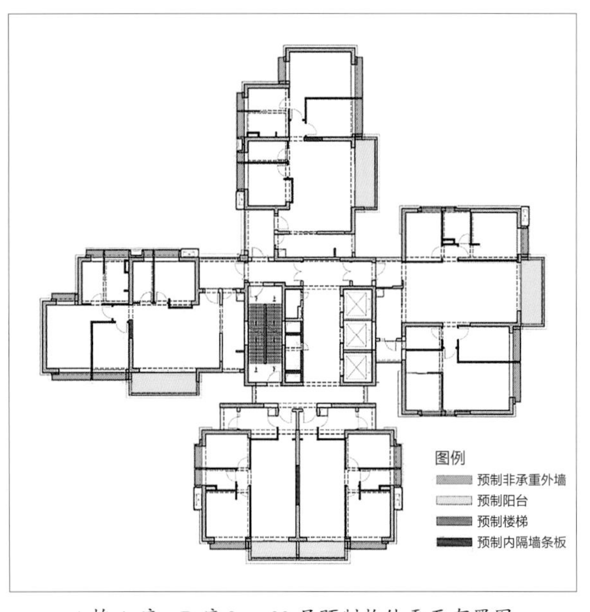

1 栋 A 座、B 座 2 ~ 33 层预制构件平面布置图

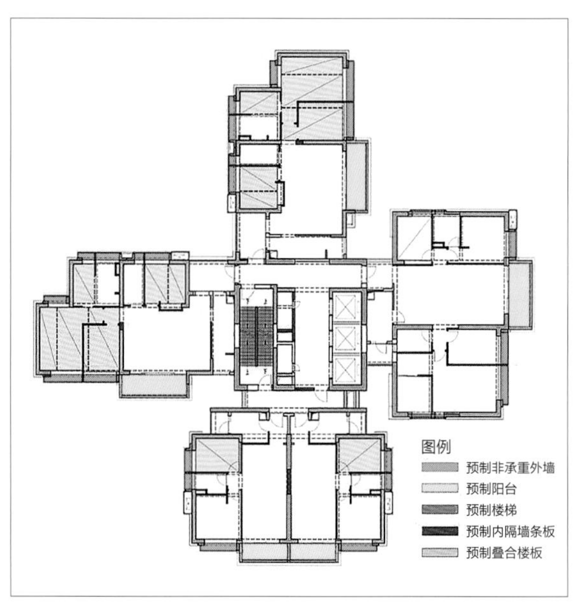

2 栋 2 ~ 14 层预制构件平面布置图

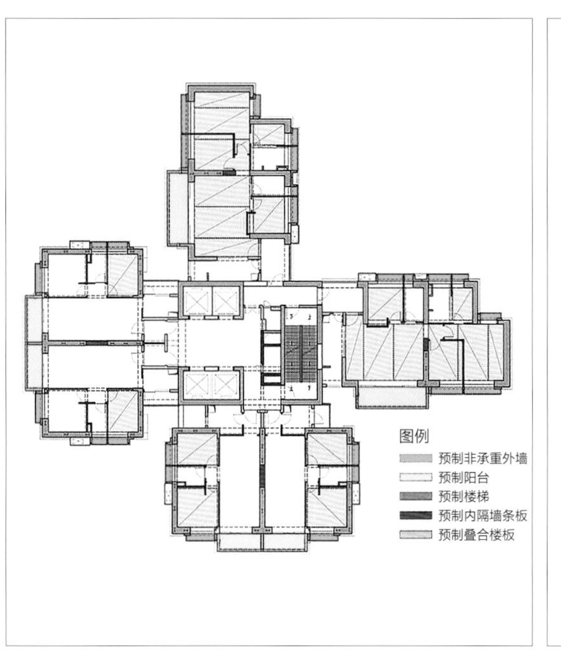

4 栋 2 ~ 16 层预制构件平面布置图

5 栋、6 栋 2 ~ 16 层预制构件平面布置图

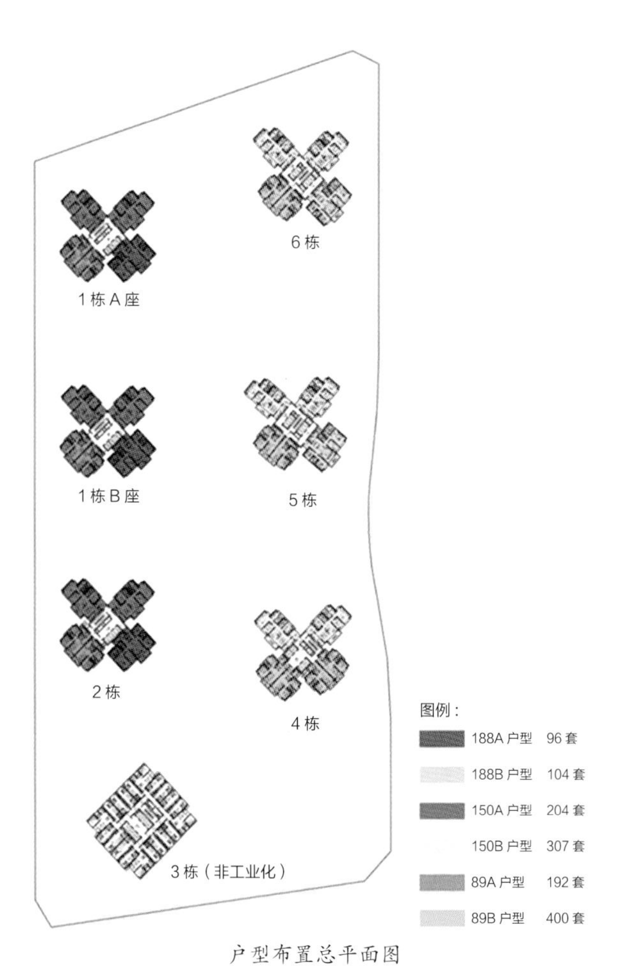

户型布置总平面图

三、装配式设计、施工技术介绍

（一）装配式设计

1. 建筑设计

（1）户型模块标准化

1 栋 A 座、1 栋 B 座、2 栋，4 栋、5 栋、6 栋住宅采用装配式设计和施工。为发挥工业化优势，通过减少楼栋类型，减少户型种类，增加楼栋高度，尽可能使标准单元楼层数量增加。其中 1 栋 A 座与 1 栋 B 座标准层平面相同，1 栋和 2 栋标准层仅有部分差别，5 栋和 6 栋标准层平面相同，4 栋和 5、6 栋标准层基本相同。共计三种标准层平面。

户型平面设计采用六种标准户型，分别为 188A 户型、188B 户型、150A 户型、150B 户型、89A 户型、89B 户型。户型平面规整，采用统一模数协调尺寸，基本单元采用 3M 模数设计，符合现行国家标准《建筑模数协调标准》GB/T 50002—2013 的要求；结构主要墙体保证规整对齐，使结构更加合理，同时减少 PC 构件转折。

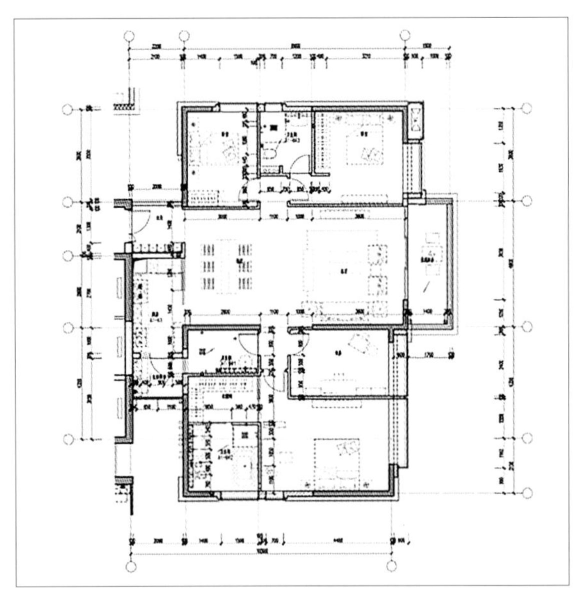

188A 户型平面图

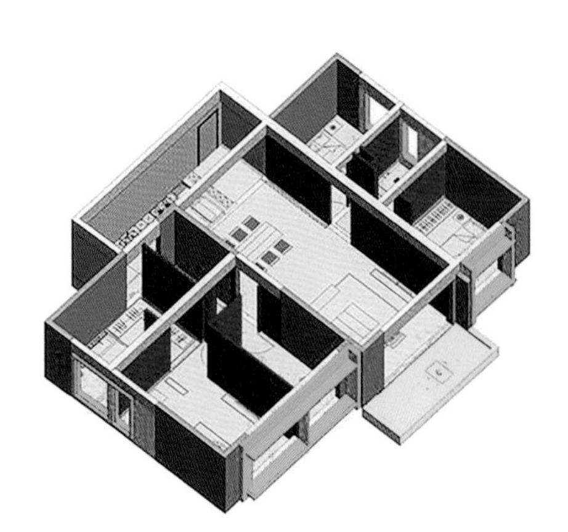

188A 户型 BIM 模型

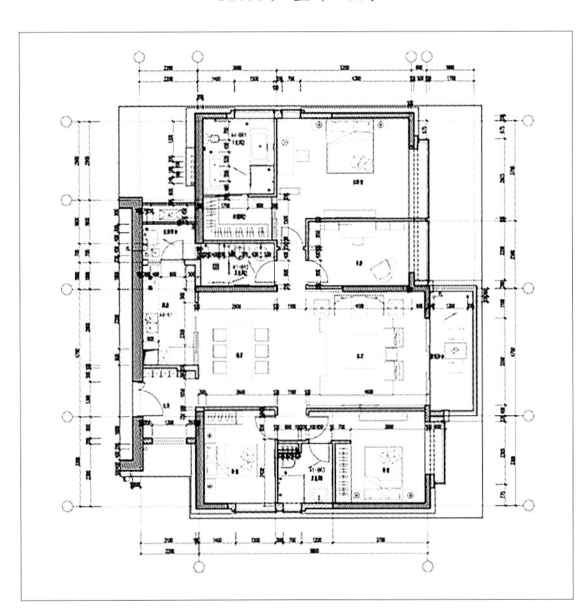

188B 户型平面图

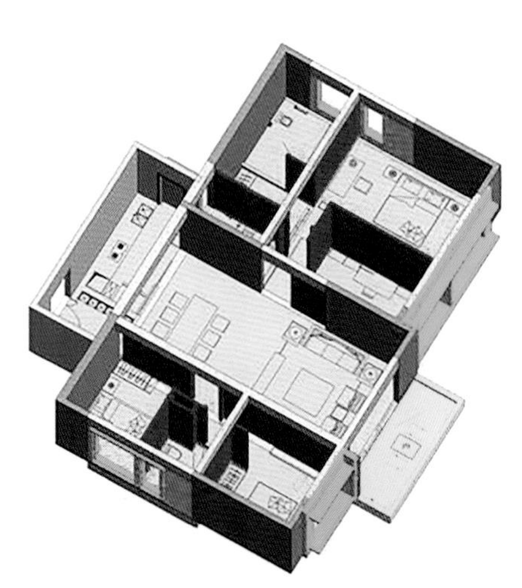

188B 户型 BIM 模型

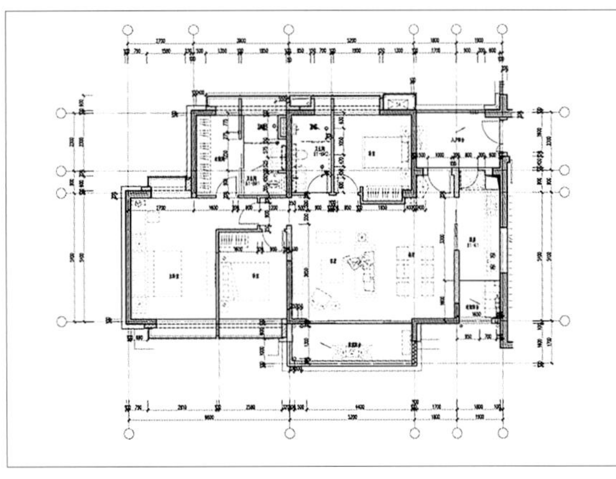

150A 户型平面图

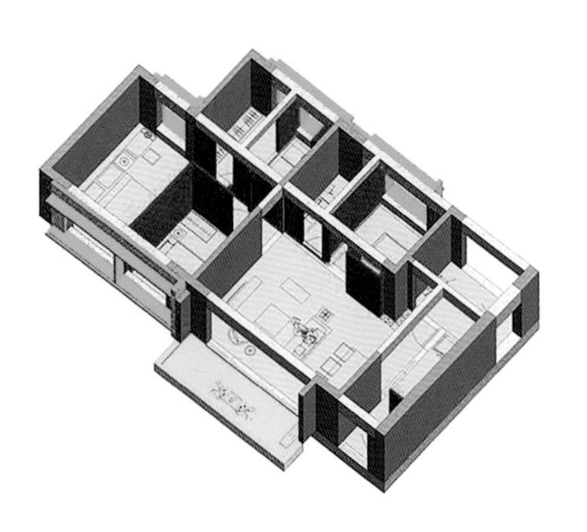

150A 户型 BIM 模型

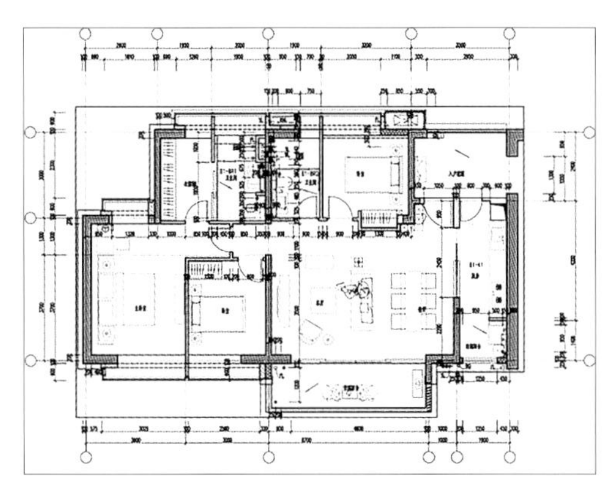

150B 户型平面图

150B 户型 BIM 模型

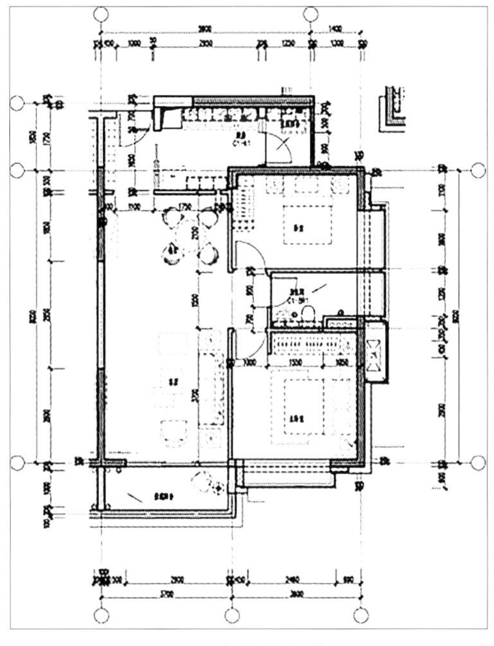

89A 户型平面图

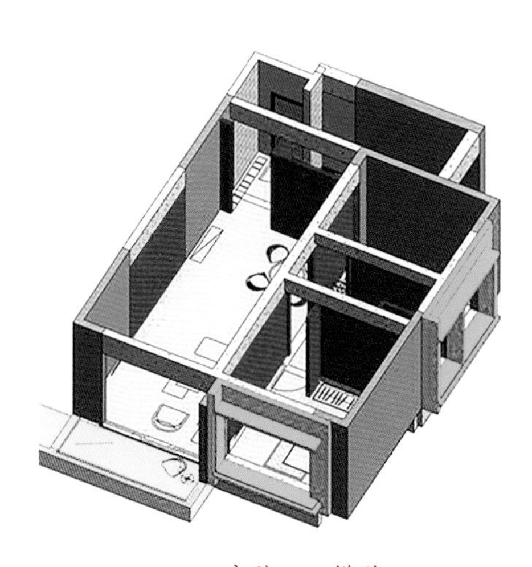

89A 户型 BIM 模型

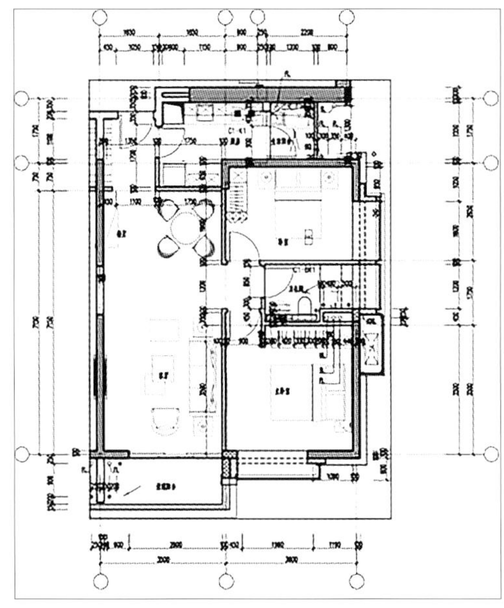

89B 户型平面图

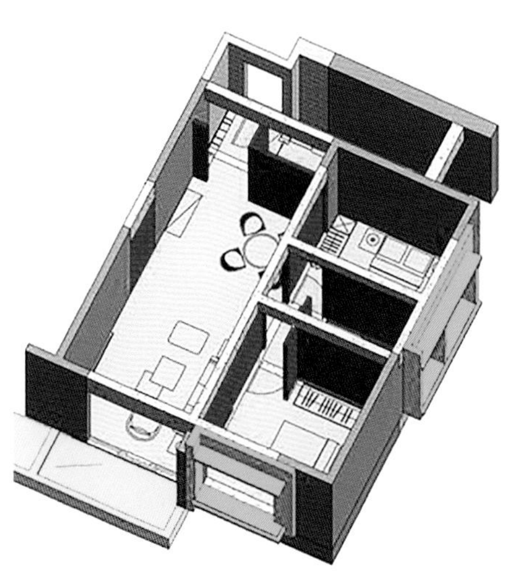

89B 户型 BIM 模型

（2）装配式建筑平面、立面设计

为发挥工业化优势，本项目通过 6 种标准户型的组合，形成 3 个标准层平面，布置了 6 栋超高层住宅。通过减少楼栋类型，减少户型种类，增加楼栋高度，尽可能增加标准单元楼层数量以增加构件的重复率。

本项目预制构件在立面上并未外露，整个立面由铝合金窗、陶板幕墙和铝板幕墙包裹，预制构件预留埋件为幕墙提供连接点位。

（3）预制构件标准化

预制构件设计必须做到标准化、系统化、简单及易于施工操作。预制楼板、预制阳台和预制楼梯的拆分符合模数化标准化设计原则，做到尽量统一。

本项目共使用 38 种外墙构件（12 对镜像），9 种阳台构件（2 对镜像），分别对应 6 种标准户型。使用 1 种楼梯构件，对应 2 种标准核心筒。

根据构件的造型和数量，共用模具的情况如下：

QA-1、QA-1R 共用 1 套模具；

QA-2、QA-2R、QA-6、QA-6R 共用 1 套模具；

QA-3、QA-7、QA-8 共用 1 套模具；

QA-3R、QA-7R、QA-4 共用 1 套模具；

QA-5、QA-5R 共用 1 套模具；

QB-1、QB-1R、QB-5、QB-5R 共用 1 套模具；

QB-2 为 1 套模具；

QB-3、QB-3R、QB-4、QB-4R 共用 1 套模具；

QC1a、QC1aR、QC1b、QC1c、QC1cR、QC1d、QC1e、QC1eR、QC2a、QC2b、QC2c、QC2d、QC3a、QC3b、QC3c 共用 1 套模具；

YT1、YT2 共用 1 套模具；

YLT1 为 1 套模具；

YT-1、YT-1R、YT-2、YT-5、YT-5R、YT-7 共用 1 套模具。

共计 12 套模具。

在为户型设计和施工周期服务的前提下，将模具的周转次数做到了最大。

构件信息如下表所示（后缀“R”表示镜像构件）：

户型	使用的预制构件	数量（个）	重量（t）
89A	QA-5（QA-5R）	96（96）	3.58
	QB-3（QB-3R）	96（96）	3.10
	YT-3	96	4.55
89B	QA-5（QA-5R）	203（203）	3.58
	QB-4（QB-4R）	203（203）	2.78
	YT-4	49	4.45
	YT-6	151	4.38
150A	QA-1（QA-1R）	102（102）	3.60
	QA-2（QA-2R）	102（102）	3.55
	QA-3（QA-3R）	102（102）	5.33
	QB-1（QB-1R）	102（102）	2.38
	YT-1（YT-1R）	102（102）	3.60
150B	QA-1（QA-1R）	155（152）	3.60
	QA-6（QA-6R）	155（152）	3.75
	QA-7（QA-7R）	152（155）	5.33
	QB-5（QB-5R）	155（152）	2.30
	YT-5（YT-5R）	152（155）	3.88
188A	QA-4	96	5.10
	QB-2	96	2.65
	QC-1a	36	3.23
	QC-1b	16	3.30
	QC-1c	31	3.40
	QC-1d	13	3.40
	QC-2a	36	3.23
	QC-2b	16	3.30
	QC-2c	31	3.40
	QC-2d	13	3.40
	YT-2	96	3.78
188B	QA-8	104	4.93
	QB-4R	104	2.78
	QC-1aR	20	3.23
	QC-1cR	24	3.40
	QC-1eR	60	3.60
	QC-3a	20	3.23
	QC-3b	24	3.40
	QC-3c	60	3.60
	YT-7	104	3.58
核心筒	YLT	514	3.97

2. 结构设计

（1）装配式建筑结构体系

本项目的六栋住宅采用剪力墙结构体系。本项目按 7 度抗震设防，设计地震分组为第一组，设计基本地震加速度值为 0.10g，特征周期为 0.35。根据《装配式混凝土结构技术规程》(JGJ 1-2014) 相关要求，7 度地区剪力墙结构高度限值 110m，而本项目塔楼高度均超过此限值，所以竖向受力构件未采用预制构件，因此本项塔楼的结构体系为剪力墙结构体系。

1 栋结构平面布置图

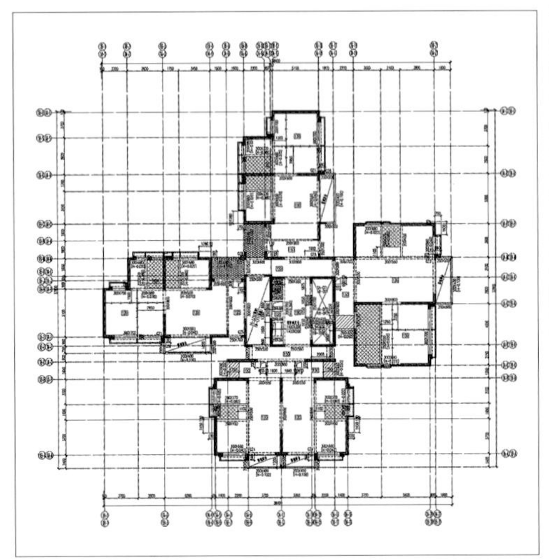

3~9 层结构平面布置图

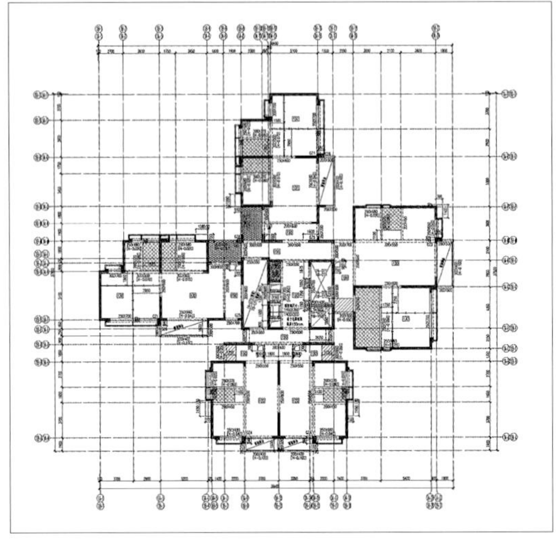

11~17 层结构平面布置图

（2）关键节点设计

非承重预制外墙板设计

预制外墙按顶部悬挂于主体结构现浇梁的外侧，两侧构造锚固于窗边剪力墙，底部设置平面外限位连接件。结构主体计算时同时考虑楼板与外挂墙板对梁刚度及主体刚度的影响

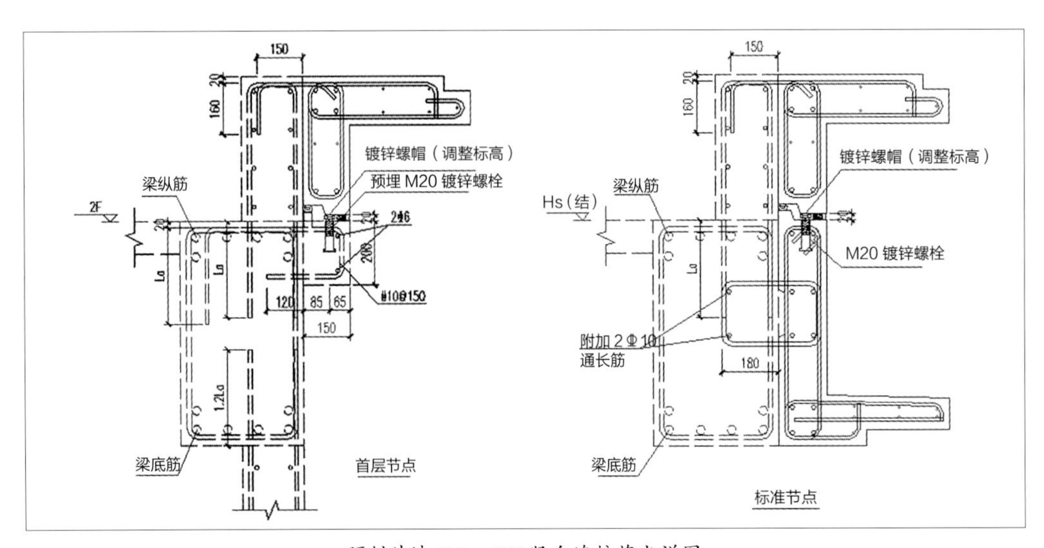

预制外墙 QA、QB 竖向连接节点详图

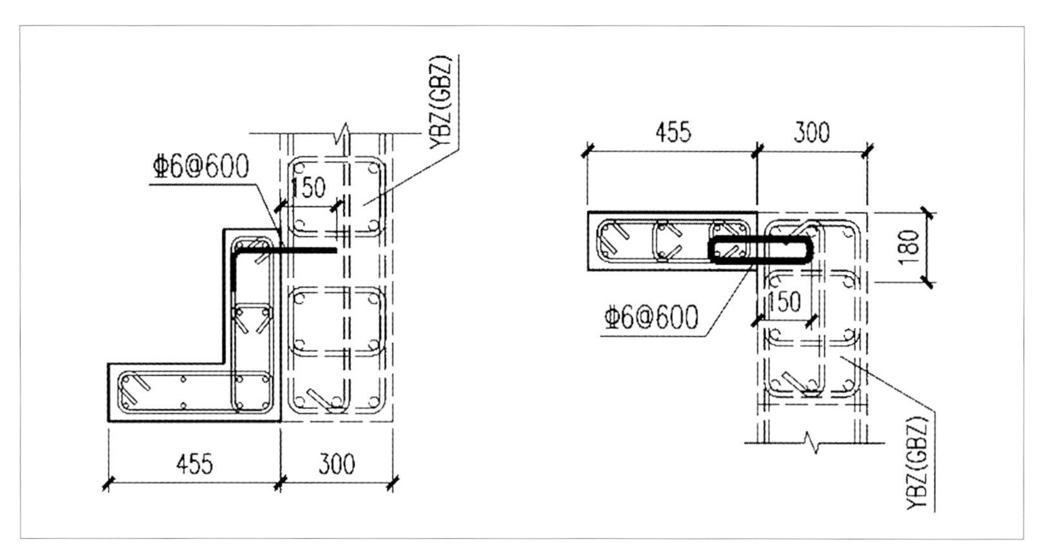

预制外墙 QA、QB 水平连接节点示意详图

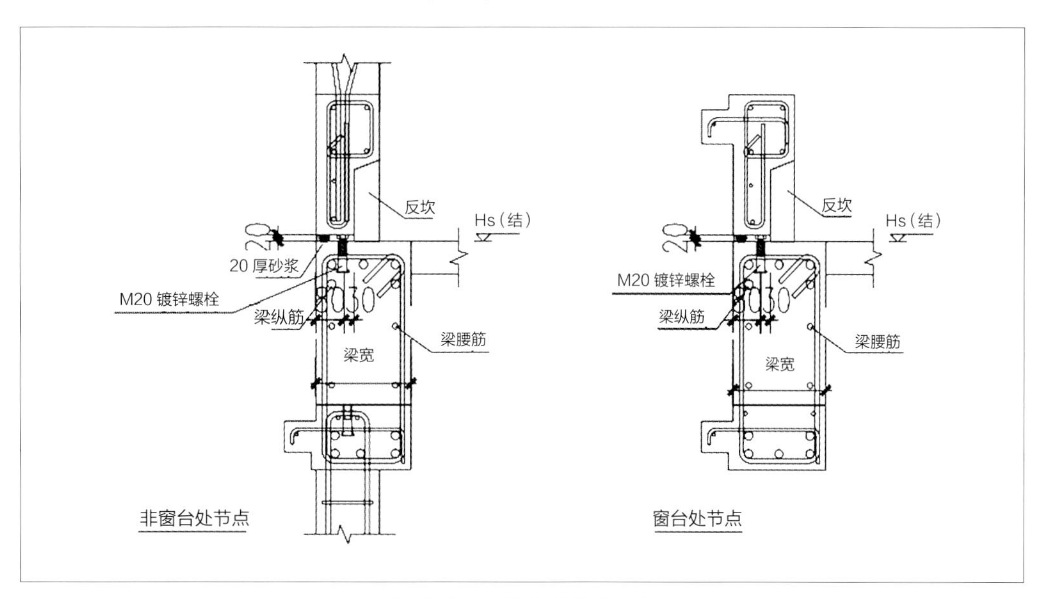

预制外墙 QC 竖向连接节点详图

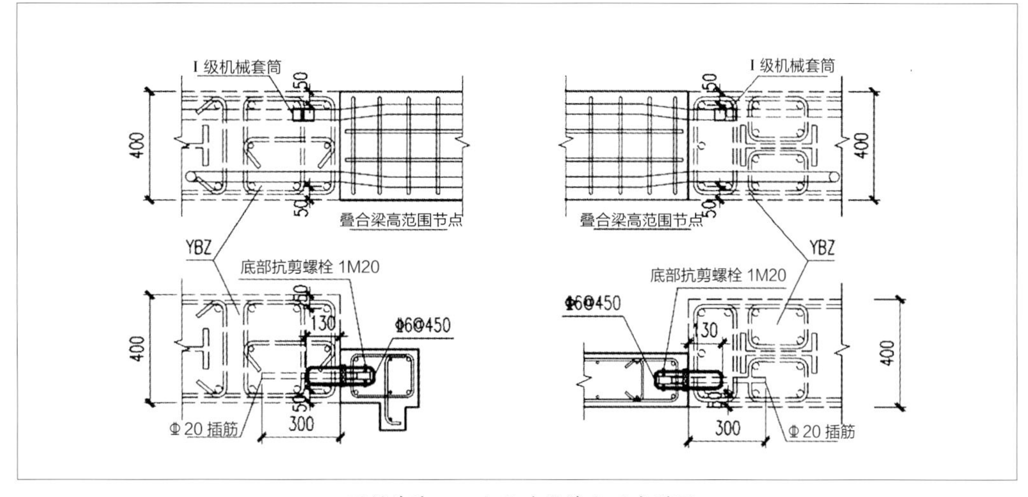

预制外墙 QC 水平连接节点示意详图

3. 预制构件深化设计

预制楼梯设计

• 1 栋 ~3 栋、4 栋 ~6 栋住宅均采用剪刀楼梯，标准层楼梯采用预制楼梯梯段，楼梯休息平台、结构梁以及牛腿为现浇混凝土。

• 预制楼梯上端采用固定铰支座，下端采用滑动铰支座，结构抗震可不考虑其斜撑作用，考虑罕遇地震作用下结构的层间弹塑性位移，梯段下端与主体结构预留 30mm 变形缝。

• 预制楼梯踏面转角处应有倒角设计，防滑构造在工厂一次成型。

• 预制楼梯采用清水混凝土饰面，采取措施加强成品保护。

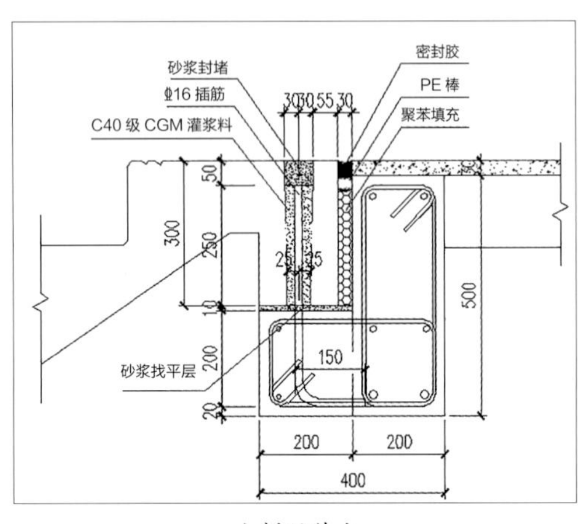

上梯段节点

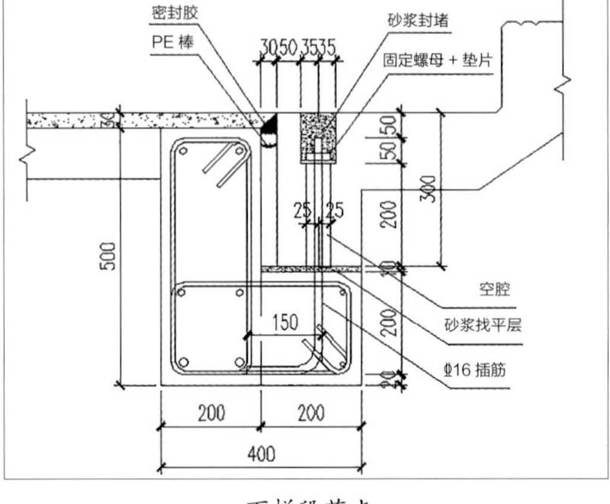

下梯段节点

预制阳台设计

• 1 栋 ~3 栋、4 栋 ~6 栋住宅标准层采用了预制阳台。

• 预制阳台的厚度为 100mm。

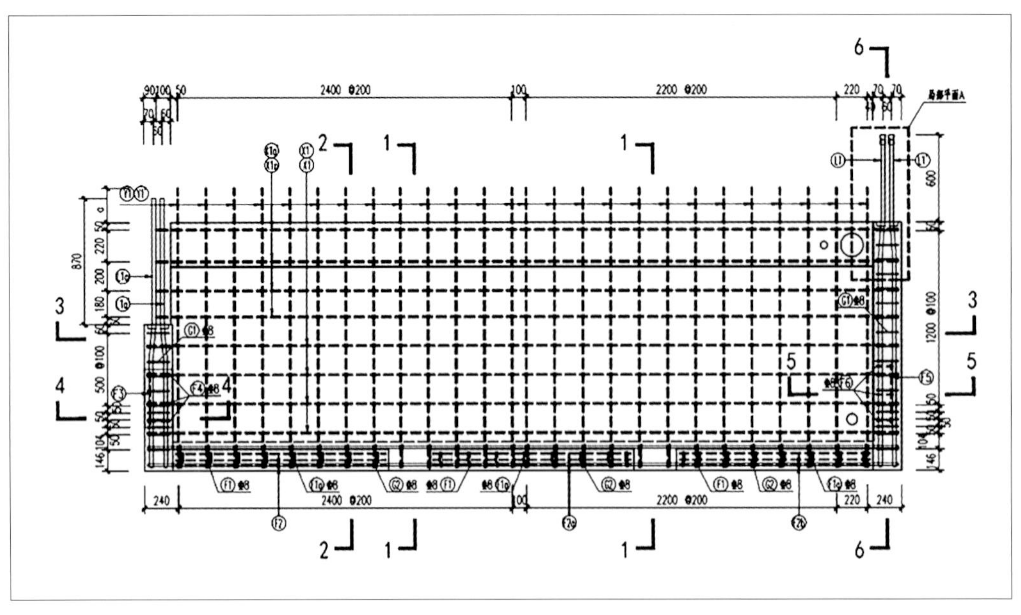

阳台平面透视图

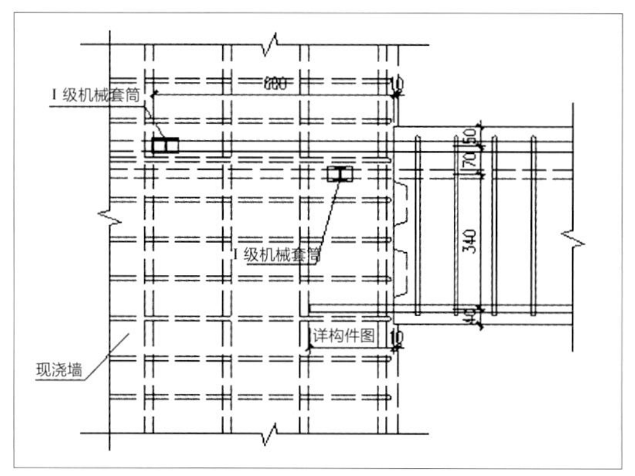

阳台悬挑梁与现浇墙连接节点图

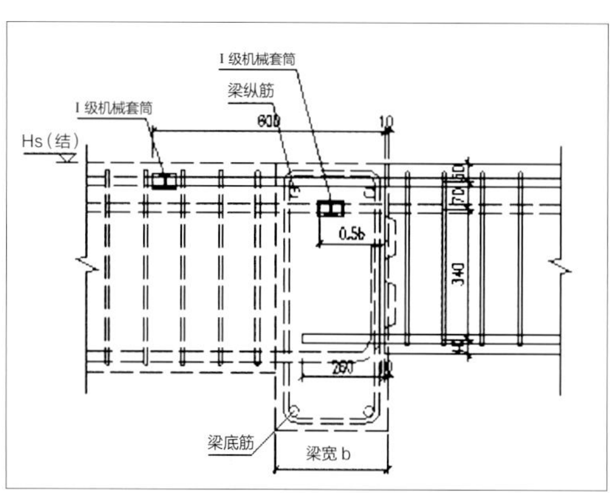

阳台悬挑梁与现浇梁连接节点图

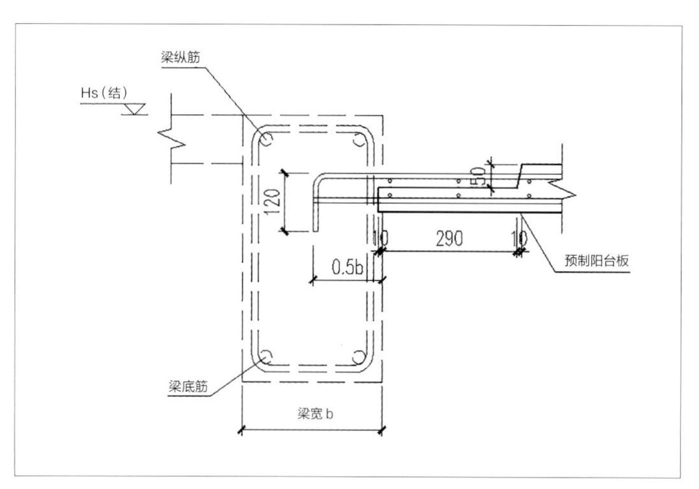

阳台板与现浇梁连接节点图

预制叠合板设计

- 2、4、5、6 栋住宅在标准层采用了预制叠合楼板。
- 预制叠合楼板预制层厚度 60mm，现浇层 80mm。
- 叠合楼板按双向板设计。设计时，有以下计算：

  使用阶段：抗弯配筋计算、水平叠合面抗剪计算、裂缝验算、挠度验算；

  施工阶段：吊装起吊点验算、格构筋起吊验算、浇筑施工验算。
- 绘图时参考了国家标准图集 15G366-1。

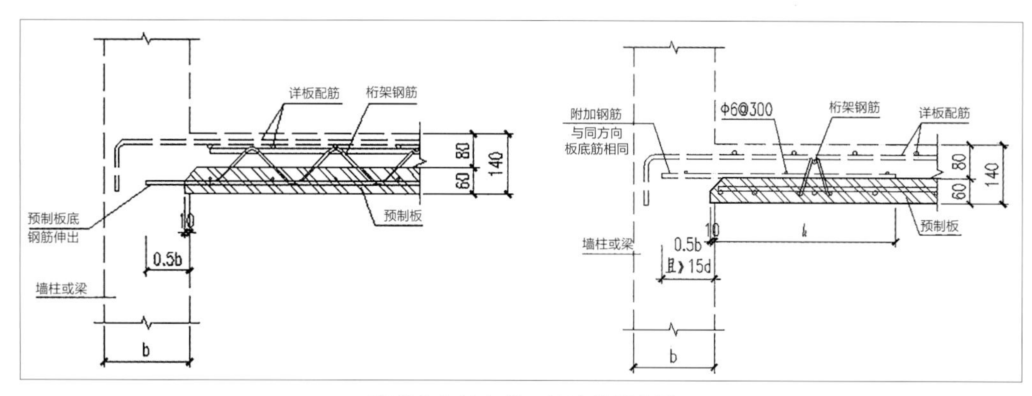

预制叠合板与梁、墙连接节点图

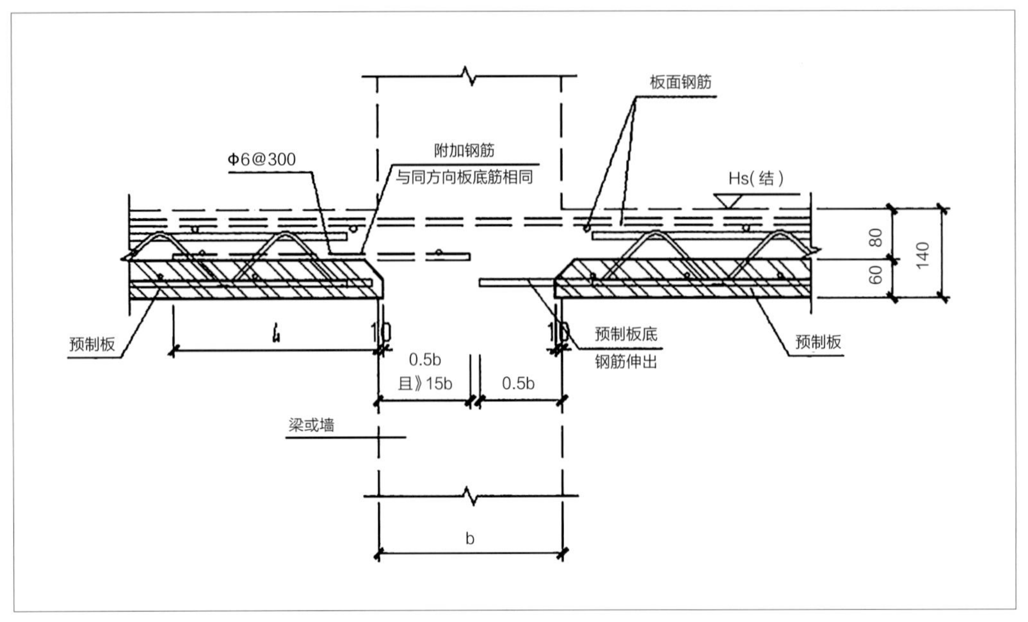

预制叠合板与梁、墙连接节点图

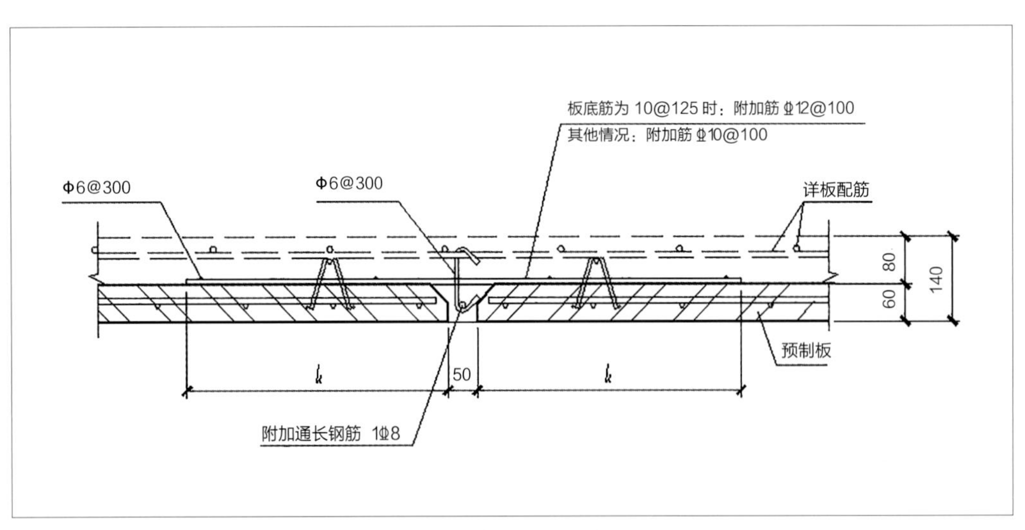

预制叠合板间拼接节点图

4. 保温设计及做法

本项目依据《深圳市居住建筑节能设计标准实施细则》SJG 15—2005 设计，经计算，预制外墙采用外保温，保温材料为 46mm 厚保温岩棉，导热系数 λ ≤ 0.050W/(m · K)。

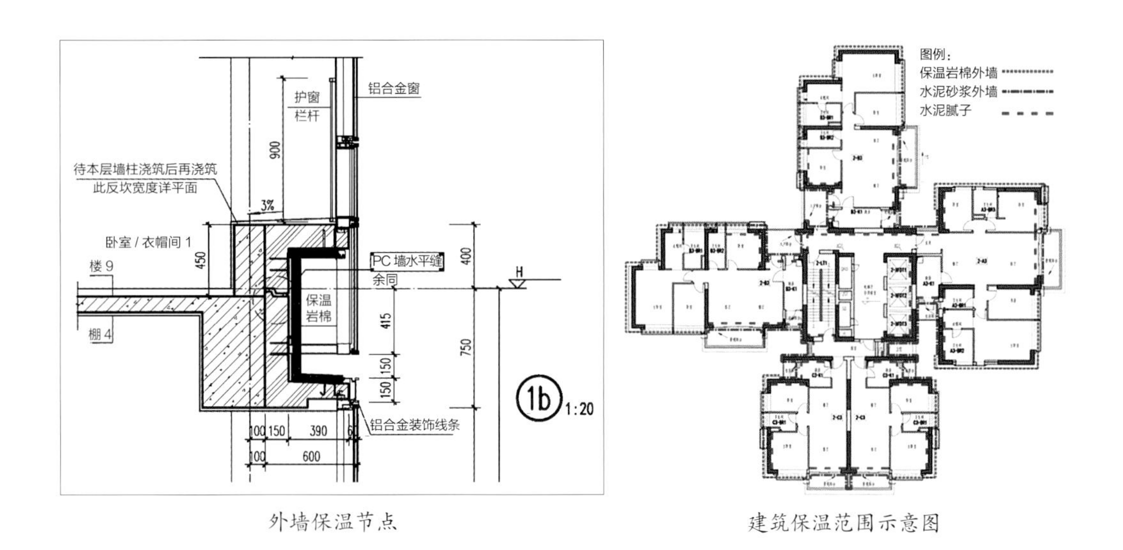

外墙保温节点　　　　建筑保温范围示意图

5. 防水节点及做法

本项目预制外挂墙板的接缝采用材料、构造、结构 3 道防水相结合设计方式：最外侧采用被上下层 PC 压紧的 PE 棒和建筑密封胶（采用 MS 改性硅酮密封胶），中间部分为企口型物理空腔形成的减压空间，内侧现浇混凝土反坎起到防水作用。因本项目外窗构造的特殊性，窗洞口部位外侧多一道幕墙防水。

密封胶与混凝土的相容性、低温柔性、最大伸缩变形量、剪切变形性、防霉性及耐水性等均满足规范和设计要求。预制外挂墙板接缝防水工程应由专业人员进行施工，以保证其防水质量。

预制外墙与装饰构件、配件的连接（如门、窗、百叶、遮阳板等）应牢固可靠。

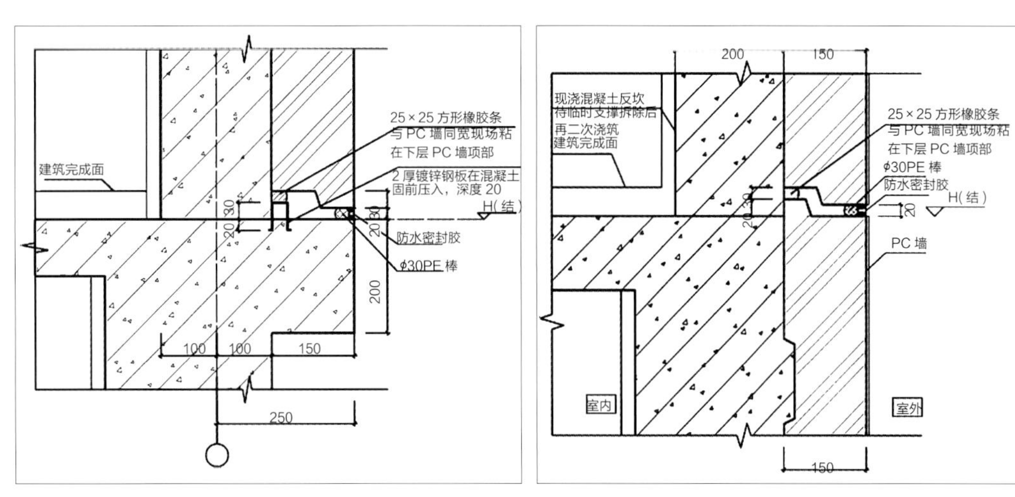

PC 墙底层收口节点　　　　PC 墙水平缝节点一

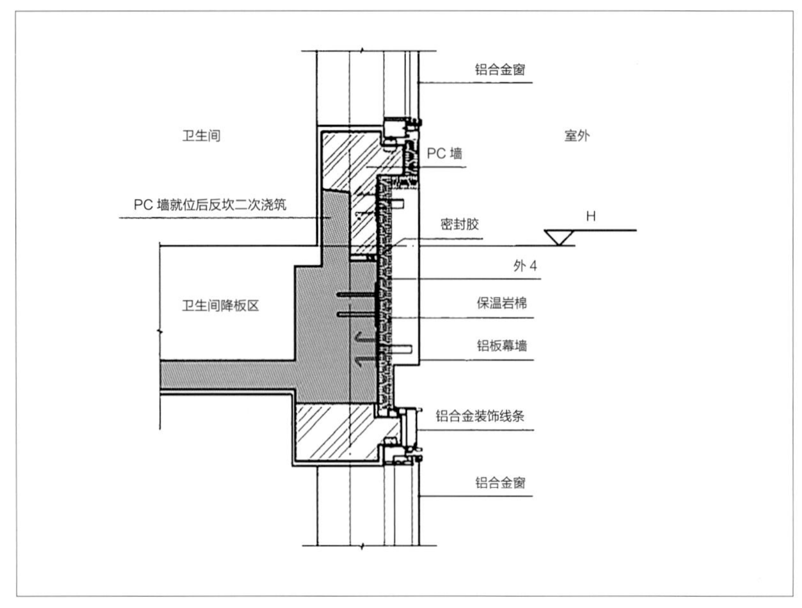

PC 墙水平缝节点二

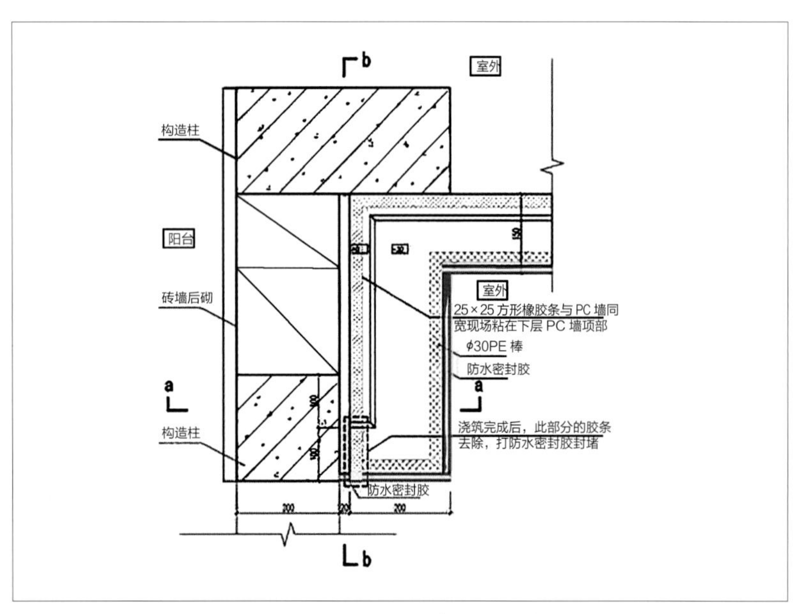

PC 墙转角处与现浇混凝土相接节点详图

6. 预制混凝土内隔墙深化设计

本项目从内墙免抹灰、减少开槽修补工程量、提升安装效率等方面考虑，内隔墙全部采用预制内墙条板，完工后的内墙墙面可以免抹灰直接进行装修干法施工工艺。预制内墙条板板施工前经过整层排版，所有预制内墙板运至现场后不允许切割，将内墙施工阶段的材料浪费几乎降为零，利于节约社会资源，保护环境。

墙厚采用100mm轻质隔墙条板用于分室墙，条板尺寸为100mm×595mm，90mm墙板双拼用于替代200mm的墙板，条板尺寸为90mm×595mm（用于双墙），另设200mm×300mmL形转角条板，按《内隔墙－轻质条板》10J113-1图集及《建筑隔墙用轻质条板技术规程》157-2014规定要求。墙体拼接构造节点如下：

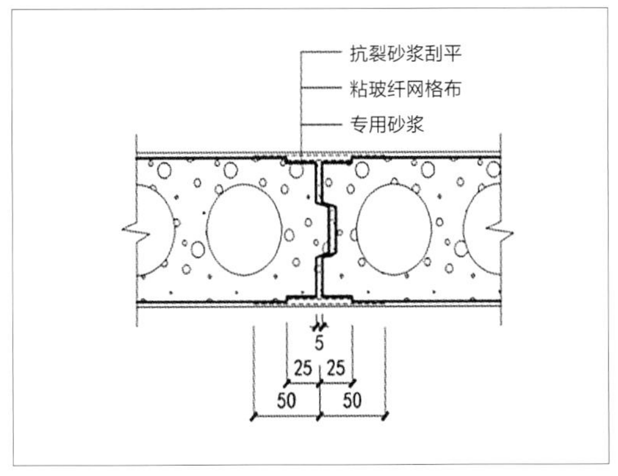

标准板“一字型”连接节点

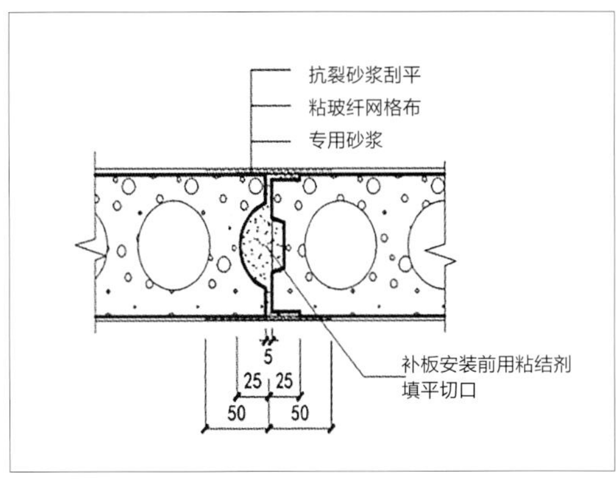

标准板与补板“一字型”连接节

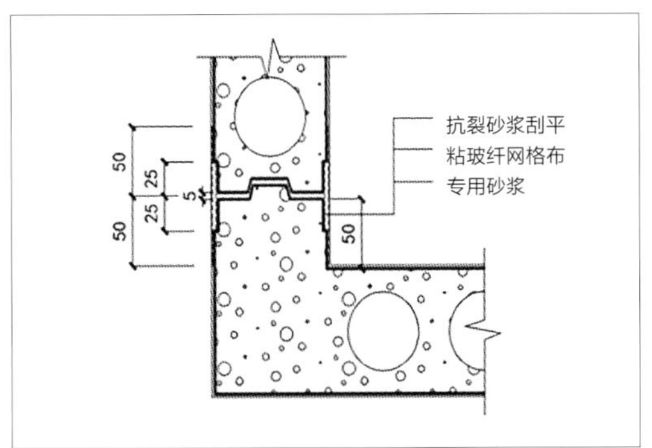

专用L型转角板连接节点

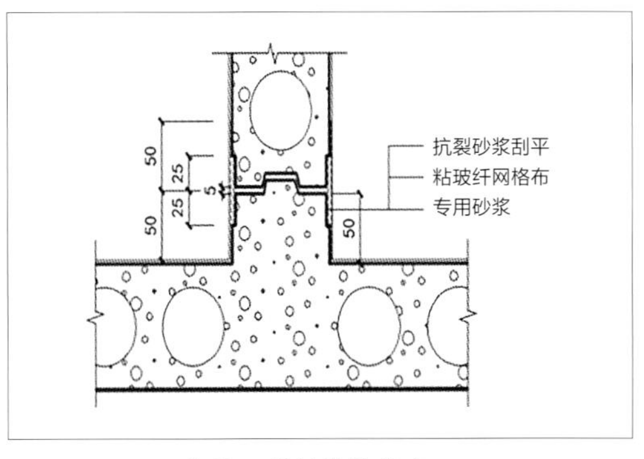

专用T型板连接节点

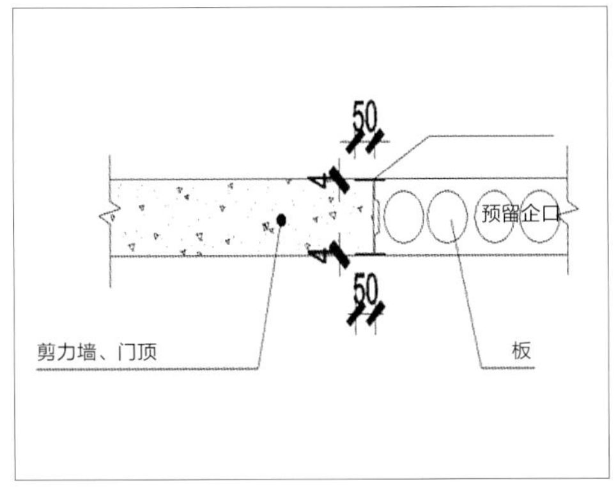

预制内墙板与剪力墙、门顶预留企口连接节点

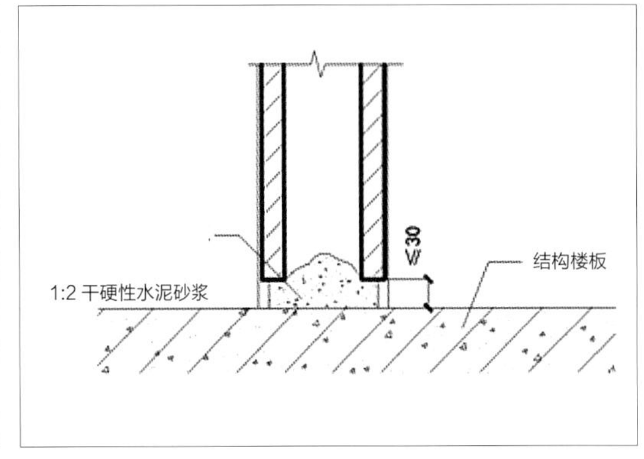

预制内墙板与结构楼板连接节点

7. 装饰装修设计

本项目外围部分均采用现浇剪力墙 + 预制填充外墙 + 内保温，外墙饰面为单元式幕墙或涂料，实现外围护墙、外饰面、防水、保温一体化设计。

门窗系统采用性能更高的成品系统，采用工厂生产、现场干法安装的施工方式。门窗设计均符合模数化要求，门窗尺寸尽可能统一，减少种类，实现外墙与门窗的完美统一。

预制楼梯预留预埋栏杆扶手配套埋件、预制防滑条建筑功能；预制阳台预留预埋栏杆扶手配套埋件、预埋板底线盒、预留防水套管、立管、地漏等内容。

（1）各户型采用相同的装修方式、材料、部件，协调好建筑、结构、强弱电、供排水、燃气及室内装饰装修设计，实现各专业之间的有序、合理同步进行，减少后期返工，从而达到节约成本，节省工期，保护环境的目的。

（2）全面家居解决方案设计，最大化利用室内面积，提高空间效率，实现造型与户型的完美统一，提升家居舒适度。厨房设计精细化，实现空间利用最大化。

（3）机电设备管线系统采用集中布置，管线及点位预留、预埋到位。

a. 预制外墙预留预埋线盒和空调留洞；

b. 预制楼梯预留防滑凹槽；

c. 预制阳台预留预埋栏杆扶手安装埋件、立管留洞和地漏；

d. 吊顶内暗藏给水管和空调管线。

卫生间效果图

客厅、餐厅效果图一

客厅、餐厅效果图二

卧室效果图

（二）装配式施工

1. 施工总平面布置

根据现场需要，工地共设置 5 个工地大门，6 个 15m × 30m 的 PC 构件堆场。

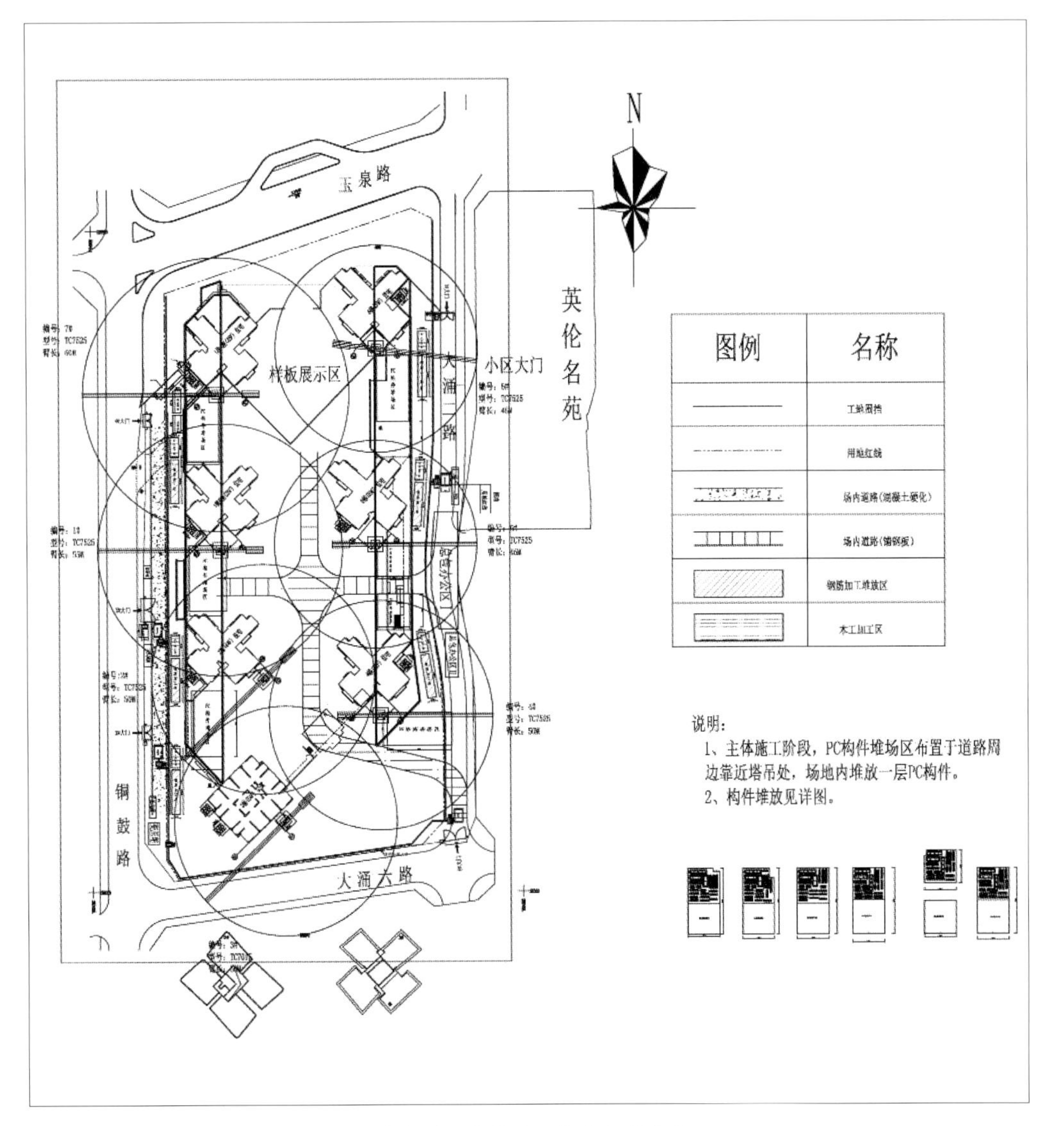

主体施工阶段施工总平面布置图

施工现场为了配合 PC 结构施工和 PC 结构单块构件的最大重量的施工需求，确保满足每栋房子 PC 结构的吊装距离，以及按照施工进度以及现场的场布要求，本项目每幢有 PC 结构的楼配备一台 TC7525 型号的塔吊，合理布置在每栋房子的附近，确保平均吊装每 6 天一层的节点。由于 6 栋塔楼存在同时施工，造成现场塔吊的平面布置交叉重叠，塔吊布置密集，塔身与塔臂旋转半径彼此影响极大，为防止塔吊的交叉碰撞，塔吊配备在满足施工进度的前提下，塔吊平面布置允许重叠，将道路与吊装区域区用拼装式成品围挡划分开，同时编制群塔防碰撞专项方案。

2. 预制构件安装工艺流程

标准层 6 天工期分解

工期		工作内容
第 1 天	8：00-16：00	爬架爬升，外墙 PC 吊装准备、楼梯 PC 吊装
	16：00-22：00	墙柱钢筋绑扎、预留预埋
第 2 天	8：00-22：00	PC 吊装、墙柱铝模拼装
第 3 天	8：00-22：00	梁、板铝模拼装
第 4 天	8：00-18：00	阳台、叠合板 PC 吊装
	18：00-22：00	梁、板钢筋绑扎
第 5 天	8：00-22：00	梁、板钢筋绑扎、预留预埋
第 6 天	6：00-10：00	板面钢筋绑扎、验收
	12：00-21：00	混凝土浇筑

（1）预制外墙板安装工艺

预制外墙安装工序：放线定位→墙板两侧的钢筋绑扎→预制外墙板起吊→外墙板就位→预制外墙板固定调节→预制外墙板钢筋和主体钢筋连接绑扎→支模加固→混凝土浇筑。

放线定位

墙板两侧的钢筋绑扎

预制外墙板起吊

外墙板就位

预制外墙板固定调节

预制外墙板钢筋和主体钢筋连接绑扎

支模加固

混凝土浇筑

（2）预制阳台安装工艺

预制阳台安装工序：预制阳台支撑安装→预制阳台吊运→预制阳台就位安装→预制阳台位置调整→预制阳台和主体钢筋连接绑扎→混凝土浇筑。

预制阳台支撑安装

预制阳台就位

预制阳台就位安装

预制阳台位置调整

预制阳台和主体钢筋连接绑扎

混凝土浇筑

（3）预制楼梯安装工艺

预制楼梯安装工序：预制阳台定位准备→预制楼梯起吊→预制楼梯台就位安装→预制楼梯位置调整。

预制阳台定位准备

预制楼梯起吊

预制楼梯台就位安装

预制楼梯位置调整

（4）预制叠合板安装工艺

项目预制叠合板采用 6mm 预制 +8mm 现浇叠合而成。

预制叠合板安装工序：独立支撑及铝模梁安装→叠合板吊运→叠合板就位→叠合板位置调整→下部钢筋绑扎→机电线管穿设→上部钢筋绑扎→混凝土浇筑。

独立支撑及铝模梁安装

叠合板吊运

叠合板就位

叠合板位置调整

下部钢筋绑扎

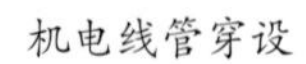

机电线管穿设

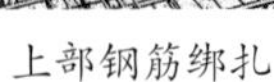

上部钢筋绑扎

混凝土浇筑

3. 装配式模板安装工艺流程

本项目采用铝合金拉片式模板，铝模安装分墙柱和梁板不同的安装工艺。

（1）墙柱铝模安装工艺：定位放线、墙柱钢筋绑扎→安装一侧铝模→安装拉片、侧边模板→安装背楞、斜撑→标高、垂直度、平整度调整→验收

定位放线、墙柱钢筋绑扎

安装一侧铝模

安装拉片、侧边模板

安装背楞、斜撑

标高、垂直度、平整度调整

验收

（2）梁板铝模安装工艺：梁底组装→安装梁底、单顶支撑→安装梁侧模板→安装梁板→安装楼面C槽→安装楼面底笼、单顶支撑→安装楼面模板→标高校验、验收。

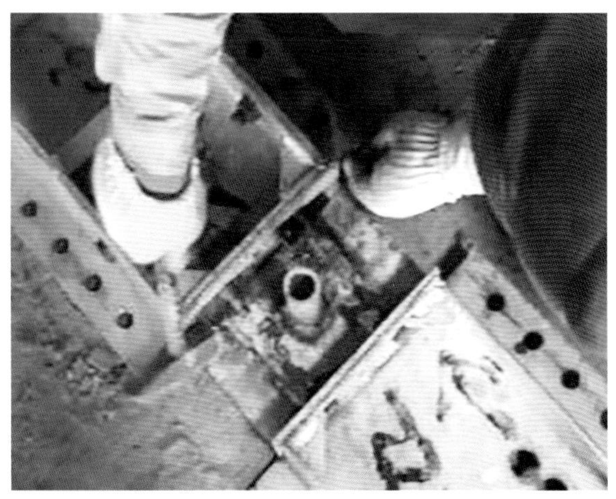
梁底组装

安装梁底、单顶支撑

安装梁侧模板

安装梁板

安装楼面C槽

安装楼面底笼、单顶支撑

安装楼面模板

标高校验、验收

4. 预制内墙板安装工艺流程

预制内墙板安装工艺：复线、复核主体→弹线切割墙板→塞 PE 棒、装抗震胶→批砂浆→立墙板→调整就位→垂平调整→安装 L 形角码→地缝堵塞→退木楔补缝→水电开槽→挂网补竖缝。

复线、复核主体　弹线切割墙板　塞 PE 棒、装抗震胶

批砂浆　立墙板　调整就位

垂平调整　安装 L 形角码　地缝堵塞

退木楔补缝　水电开槽　挂网补竖缝

（三）BIM 技术应用

1. BIM 组织框架及职责

（1）项目组织架构

为能使 BIM 技术在项目实施过程中起到辅助有效管控作用，BIM 应用应以服务项目现场为导向从实际工程角度考虑，项目架构中设置独立的 BIM 部门，由项目经理及项目总工直接管控，带动其他部门根据实际需求共同参与落地应用，推动技术能力提升和项目管理模式的创新，整体组织架构如下：

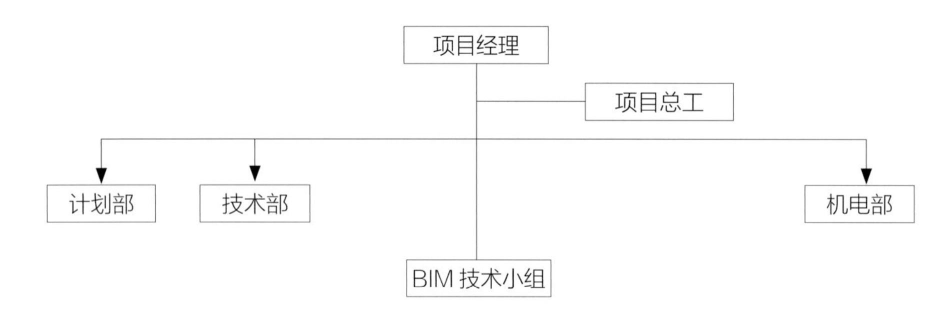

（2）BIM 项目组织架构

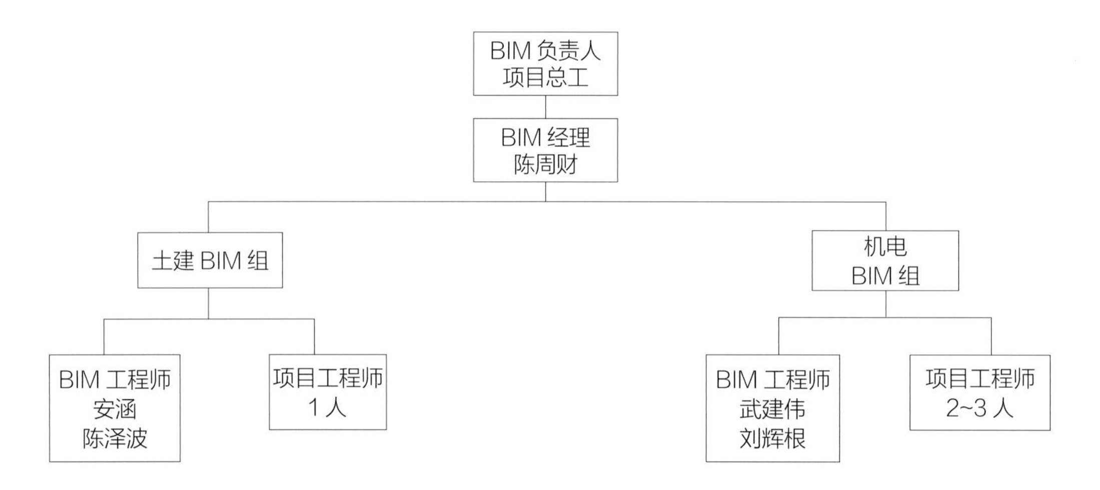

（3）BIM 各岗位工作职责

职务	人数	职责描述
项目经理	1	负责人员调配及 BIM 技术价值应用的确定审核，推动、督促、监督 BIM 有序执行。
BIM 负责人 项目总工	1	负责 BIM 技术价值点与工程结合应用的制定，推动项目各部门全员积极参与，督促、审查 BIM 价值应用。
BIM 经理	1	负责统筹整个 BIM 系统，包括系统的建立和实施管理，团队的组建、管理和调配，负责组织 BIM 相关培训，解决 BIM 实施过程中的技术问题，负责对接业主、公司各部门沟通协调等工作，落实 BIM 有序执行。
土建专业 BIM 工程师	2	负责土建模型的创建及维护，并基于模型根据项目需求完成各项 BIM 价值的应用。
机电专业 BIM 工程师	2	负责机电模型的创建及维护，并基于模型根据项目需求完成各项 BIM 价值的应用。
项目工程师	4	负责与 BIM 团队共同创建 BIM 模型，并结合项目的实际情况完成 BIM 技术应用。
BIM 技术团队	4	负责项目 BIM 技术问题的支持和项目前期整体应用策划，引导 BIM 团队和项目人员有序开展 BIM 工作，并在实施过程中给予技术指导、监督、督促、审核。

（4）实施分工说明

路线序号	BIM 组	各部门	阶段
①	根据经验编制项目初步 BIM 价值应用清单	-	前期规划
②	根据以往经验编制项目策划文件和建模标准	-	
③	组织会议向项目管理人员交底	结合部门工作提出应用建议和应用价值	
④	BIM 团队按照要求创建 BIM 价值	提供图纸信息和方案资料，进行专业技术指导	施工应用
⑤	组织会议进行 BIM 成果交底	对 BIM 成果进行审查确认	
⑥	配合部门指导施工	利用 BIM 成果辅助现场施工	
⑦	对过程应用进行跟踪管理		
⑧	更新维护模型	提供项目相关变更资料信息	竣工维护

（5）设备投入计划

名称	详细配置	数量
图形工作站	• Windows 7 专业版 x64 位	4
	•Intel Xeon E31225@3.10GHz	
	• 16GB 内存	
	• Quadro600 图形显卡，支持 OpenGL	
	• 硬盘 500G	
	• 1920 × 1080 分辨率显示器，以及支持 64 位色的显卡	4
	• 项目公共硬盘 1TB	1

（6）BIM 软件使用清单

序号	类别	软件名称	功能
1	建模软件	AutoCAD 2014/2012	应用广泛的工程设计软件
		Autodesk Revit 2016	参数化三维建筑设备设计软件，建筑、结构、暖通、给排水、电气可实现协同作业，通过管线综合碰撞检查专业设计成果。
2	进度管理软件	Navisworks Manage 2016	三维设计数据集成，软硬空间碰撞检测，项目施工进度模拟展示专业设计应用软件。
3	动画制作软件	Autodesk 3ds Max 2016	三维效果图及动画专业设计应用软件，模拟施工工艺及方案。
4	辅助软件	Autodesk Inventor Professional 2016	三维可视化实体模拟软件，本工程用于辅助零配件装配设计，为工厂化预制提供装配图。

2. BIM 应用过程管控

（1）BIM 整体实施流程

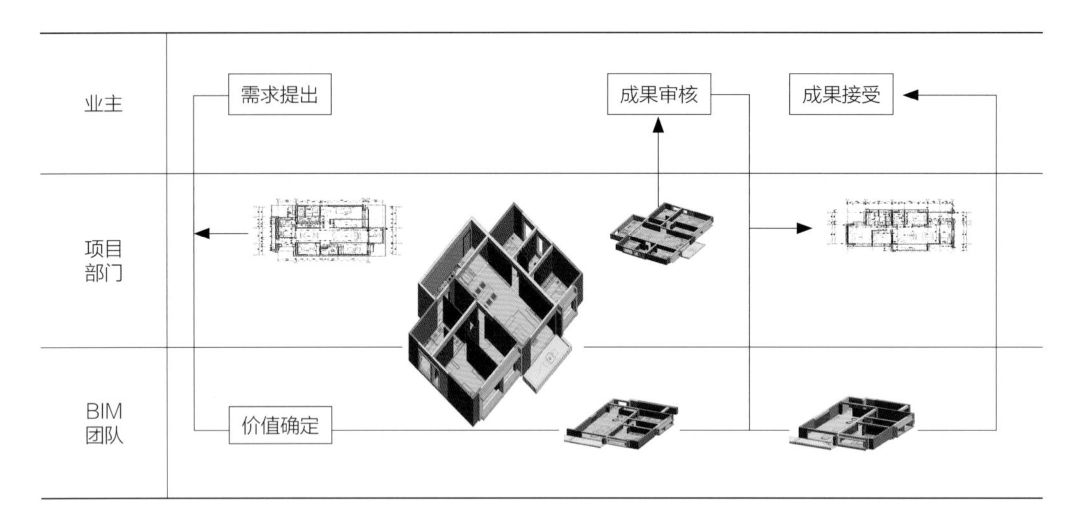

（2）职责分工描述

部门	职责描述
业主	基于项目情况对 BIM 技术应用提出需求，监督、督促 BIM 的执行，并对实施过程的成果进行审查提供指导意见，接受最终成果文件。
项目部门	根据项目实际工作情况提出 BIM 需求，并共同与 BIM 团队创建 BIM 应用，通过 BIM 技术的应用对施工质量、进度、成本有效分析管控。
BIM 团队	BIM 应用整体策划，基于各方的需求制定项目 BIM 应用目标， 基于确定的目标引领各方开展 BIM 技术。

3. 设计阶段 BIM 应用

（1）PC 构件族库建立

PC 构件预制库的建立，根据 PC 构件施工图纸建立三维 PC 构件模型库，为后续模型建立、方案分析等应用做准备，截至目前已完成项目所有的 PC 构件模型，共 123 种。

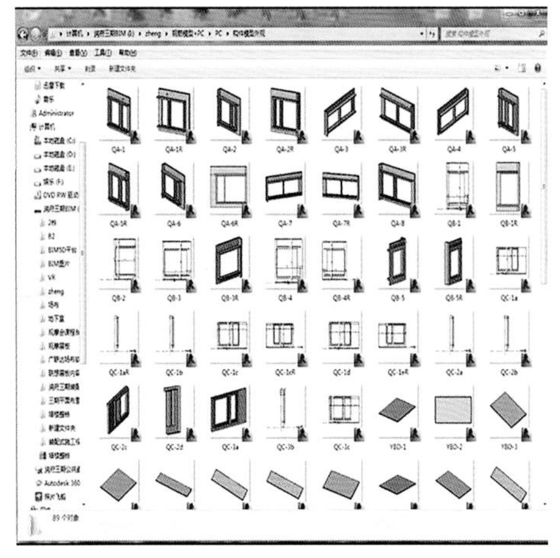

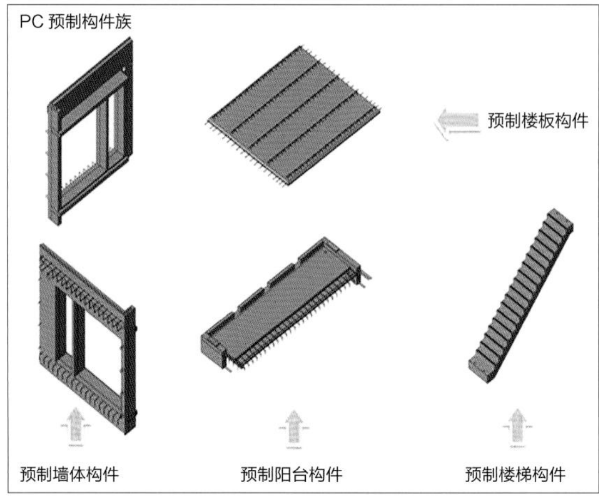

（2）图纸审查、模型更新

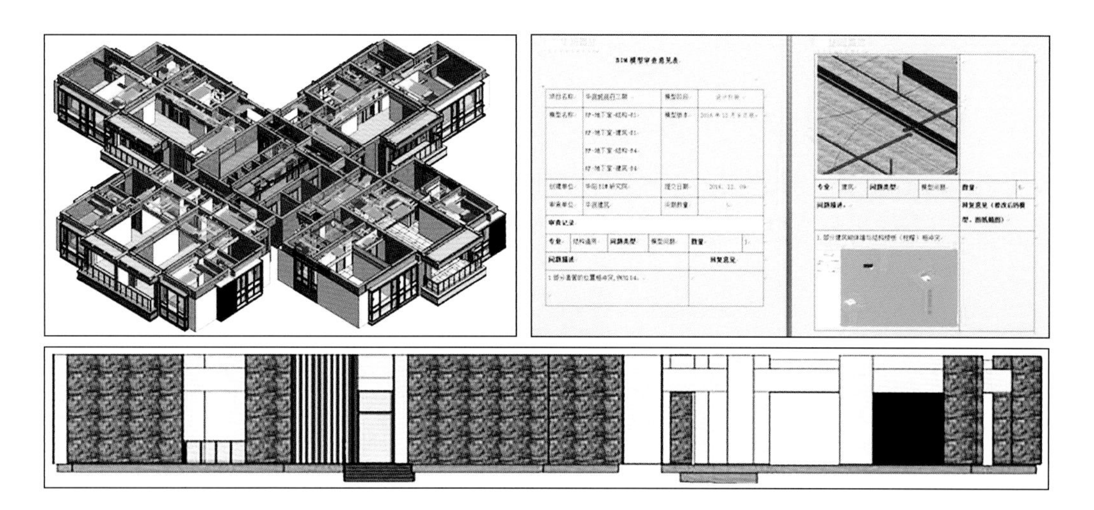

a. 接收各专业变更图纸。

b. 设计模型审查，对设计院 BIM 模型进行审查，检测是否满足施工 BIM 要求。

c. 更新土建机电专业 BIM 模型，调整管线。

（3）碰撞检测

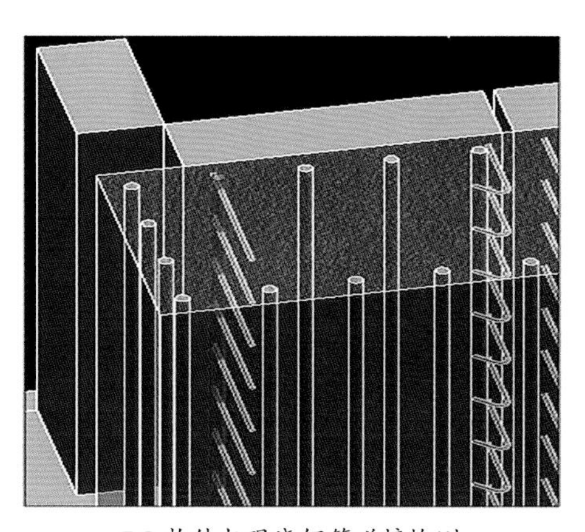

PC 构件与现浇钢筋碰撞检测

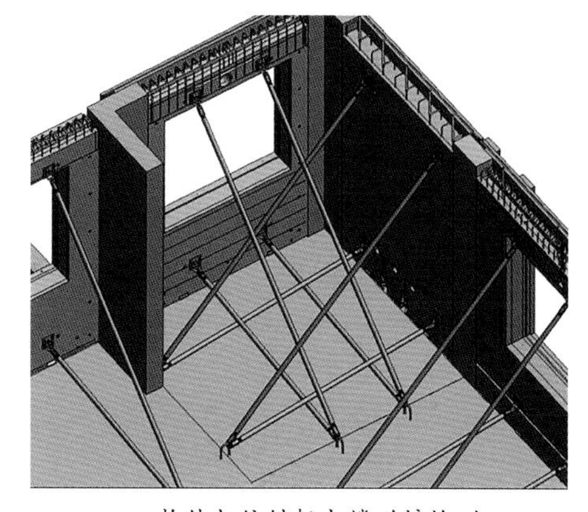

PC 构件与信斜架支撑碰撞检测

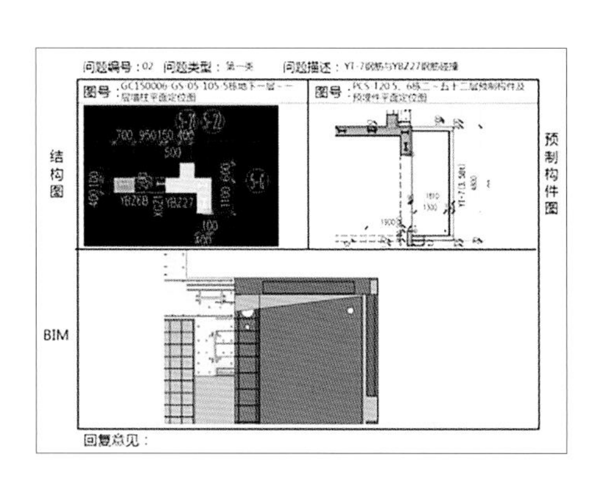

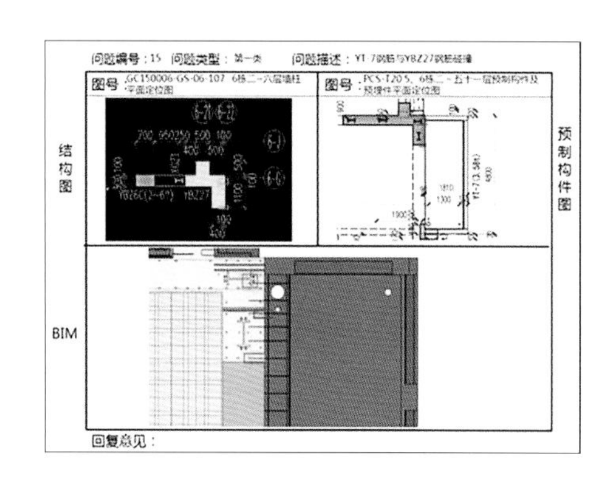

PC 构件与现浇混凝土钢筋碰撞分析，基于施工图纸建立三维 PC 构件及钢筋模型和现浇土建和钢筋模型进行碰撞分析，BIM 反馈生成问题报告，提交相应负责人协调处理解决。

（4）一次结构预留洞检测及深化

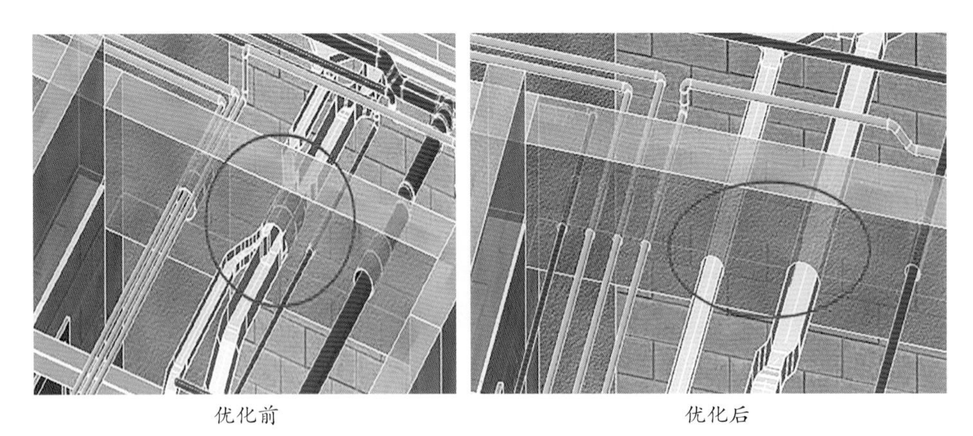

优化前　　　　优化后

BIM 土建和机电综合整合模型，对一次结构预留洞进行审查分析，对管线穿梁较密集区域进行套管二次深化，在保证结构稳定合理情况下合理疏散管线间距，使管线在满足功能的基础上经济且美观。

（5）区域净空检测

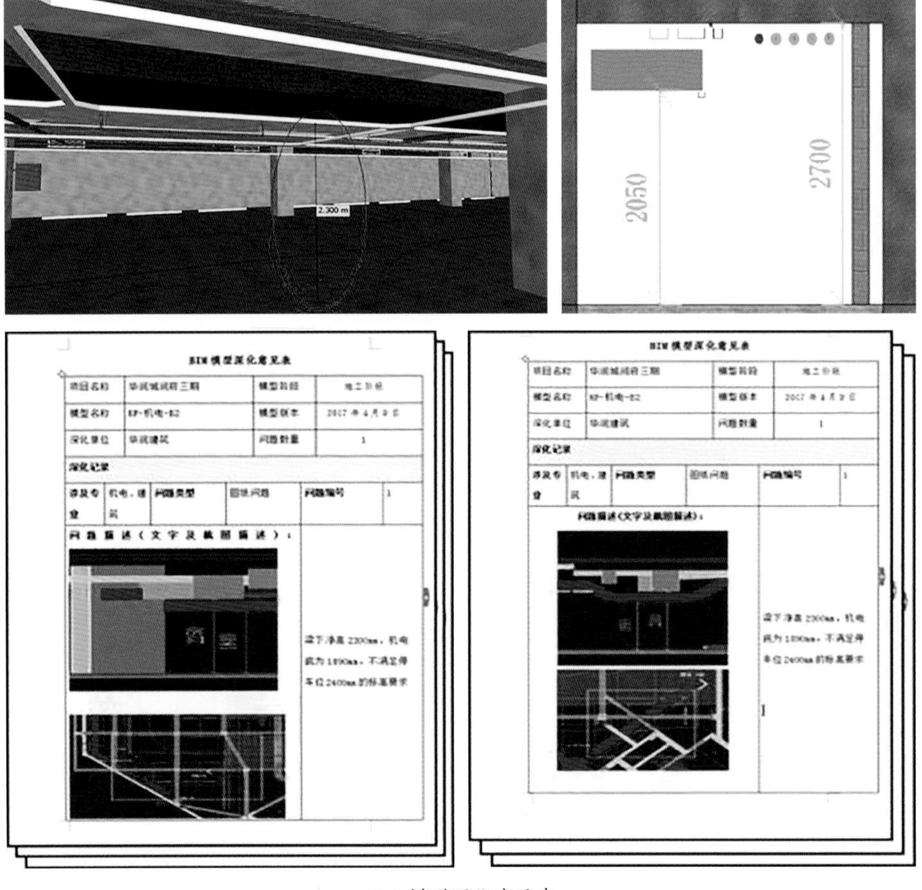

BIM 模型深化意见表

项目名称	华润城润府三期	模型阶段	施工阶段
模型名称	KP-机电-B2	模型版本	2017 年 4 月 9 日
深化单位	华润建筑	问题数量	1

深化记录

涉及专业	机电、建筑	问题类型	图纸问题	问题编号	1

问题描述（文字及截图描述）：

梁下净高 2300mm，机电底为 1890mm，不满足停车位 2400mm 的标高要求

BIM 模型深化意见表

利用 BIM 模型检测区域净高，生成模型深化意见表将对重点区域进行方案分析是否满足施工与管线排布后的净高要求。

（6）工程量输出

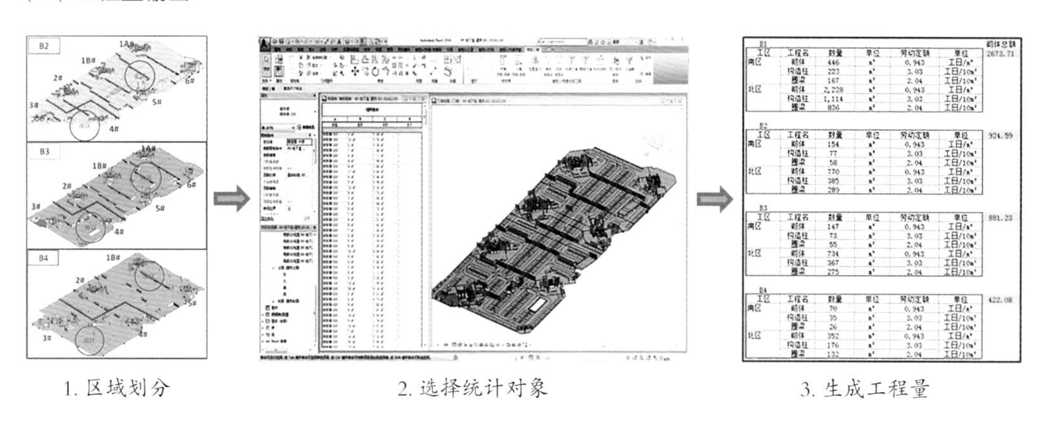

B1

工区	工程名	数量	单位	劳动定额	单位	砌体总额
南区	砌体	446	m³	0.943	工日/m³	2673.71
	构造柱	223	m³	3.03	工日/10m³	
	圈梁	167	m³	2.04	工日/10m³	
北区	砌体	2,228	m³	0.943	工日/m³	
	构造柱	1,114	m³	3.03	工日/10m³	
	圈梁	836	m³	2.04	工日/10m³	

B2

工区	工程名	数量	单位	劳动定额	单位	
南区	砌体	154	m³	0.943	工日/m³	924.59
	构造柱	77	m³	3.03	工日/10m³	
	圈梁	58	m³	2.94	工日/10m³	
北区	砌体	770	m³	0.943	工日/m³	
	构造柱	385	m³	3.03	工日/10m³	
	圈梁	289	m³	2.04	工日/10m³	

B3

工区	工程名	数量	单位	劳动定额	单位	
南区	砌体	147	m³	0.943	工日/m³	881.23
	构造柱	73	m³	3.03	工日/10m³	
	圈梁	55	m³	2.04	工日/10m³	
北区	砌体	734	m³	0.943	工日/m³	
	构造柱	367	m³	3.03	工日/10m³	
	圈梁	275	m³	2.04	工日/10m³	

B4

工区	工程名	数量	单位	劳动定额	单位	
南区	砌体	70	m³	0.943	工日/m³	422.08
	构造柱	35	m³	3.03	工日/10m³	
	圈梁	26	m³	2.04	工日/10m³	
北区	砌体	352	m³	0.943	工日/m³	
	构造柱	176	m³	3.03	工日/10m³	
	圈梁	132	m³	2.04	工日/10m³	

1. 区域划分　　2. 选择统计对象　　3. 生成工程量

因考虑模型精度问题，BIM 协助计划部进行二次砌筑墙的总体积数据统计输出的时候，其数据只作为地下室砌筑施工的计划提供工程量作工期计划和分析。

（7）综合管线深化

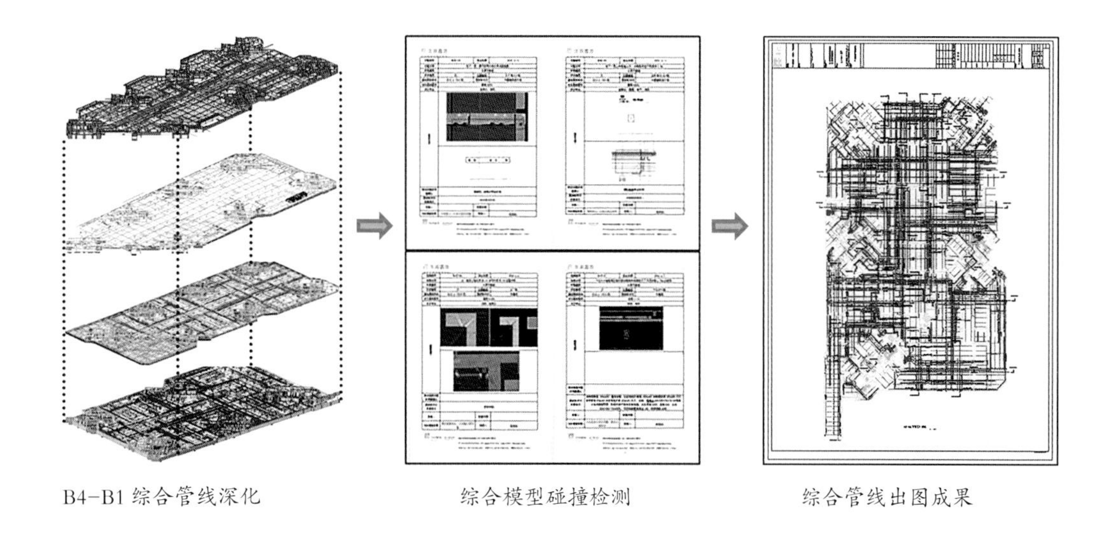

B4-B1 综合管线深化　　综合模型碰撞检测　　综合管线出图成果

深化效果：基于设计图纸和实物尺寸的参考，利用 BIM 可视化进行三维深化设计，有助于我们更加直观深化布局带来的效果，模拟与实际安装完成后的空间合理性。

（8）配合精装重难点

重难点分析	应对措施
机电安装高度与精装修净高矛盾	1. 绘制综合管线前根据精装标高制定排布管综原则； 2. 机电专业与精装修专业密切配合标高确认工作； 3. 绘制机电管线净高图纸，绘制 BIM 图纸检查是否存在管线碰撞； 4. 机电专业发现标高问题及时与精装修沟通。

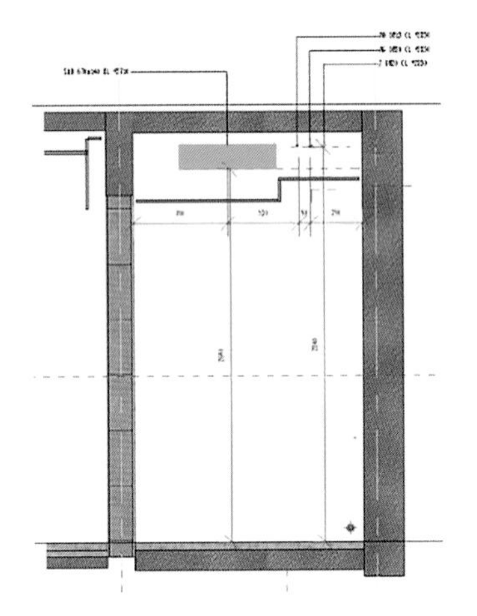

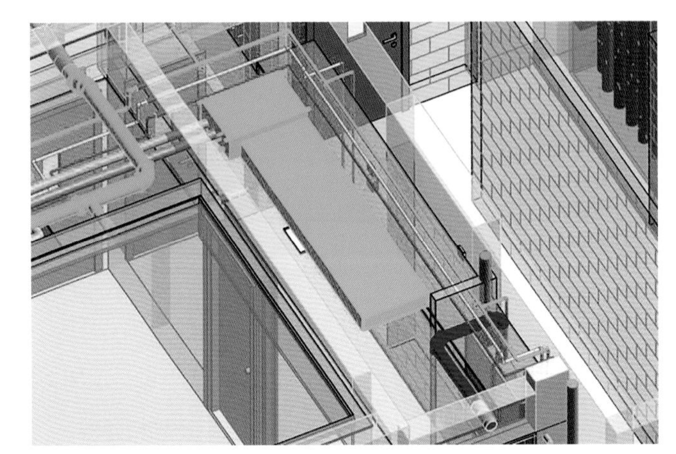

（9）图纸深化流程

BIM 中心内部进行深化质量交流审核

项目部对 BIM 深化质量进行过程跟踪评审

BIM 与业主、项目部进行图纸质量交底与交流

结合深化图纸 BIM 与分包可视化施工交底

4. 施工阶段 BIM 应用

（1）装配式预制构件可视化

通过 BIM 可视化将预制构件独立区分，便于项目人员快速了解构件属性及所在位置，提高交底效率

图例
预制非承重外墙
预制阳台
预制楼梯
预制内隔墙条板
预制叠合楼板

预制构件分布三维示意图

（2）施工方案可视化

a. 项目 PC 预制三维分析，利用 BIM 模型展示 PC 构件和现浇结构整体布置，分析施工组织方案和向分包交底展示。

b. 标准层施工周期，明确当天施工内容。

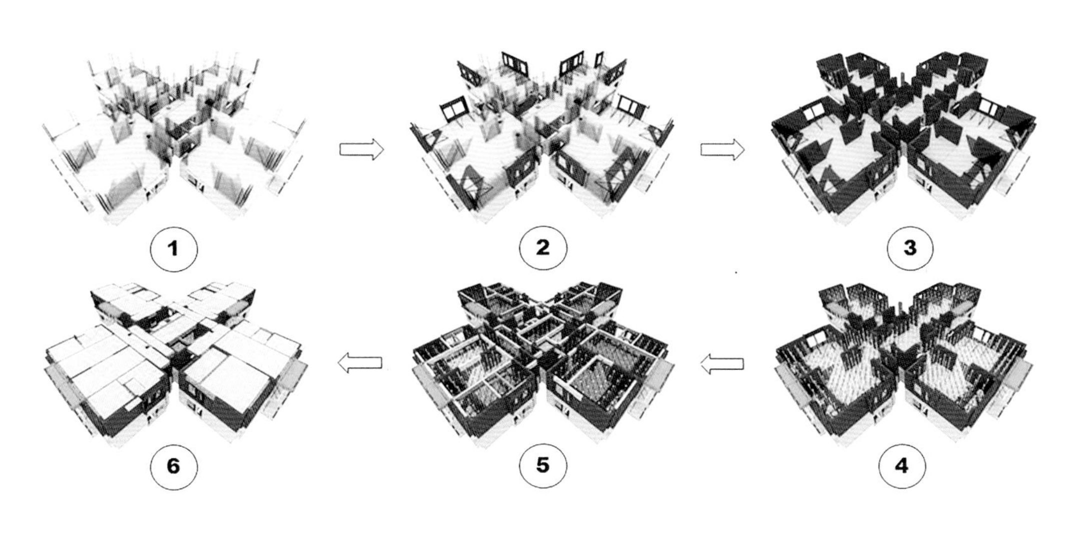

c. 施工工序动态可视化，便于项目管理人员与施工工人班组作业沟通交底。

预制楼梯安装　　预制外墙安装

预制叠合板安装　　预制阳台板安装

（3）施工进度可视化

a. 在项目例会等进度会议过程中，通过 BIM 模型根据现场实际情况完成可视化表示，方便参会人员快速直观地了解项目的施工进度，及时发现与计划的偏差，提出改善施工措施。

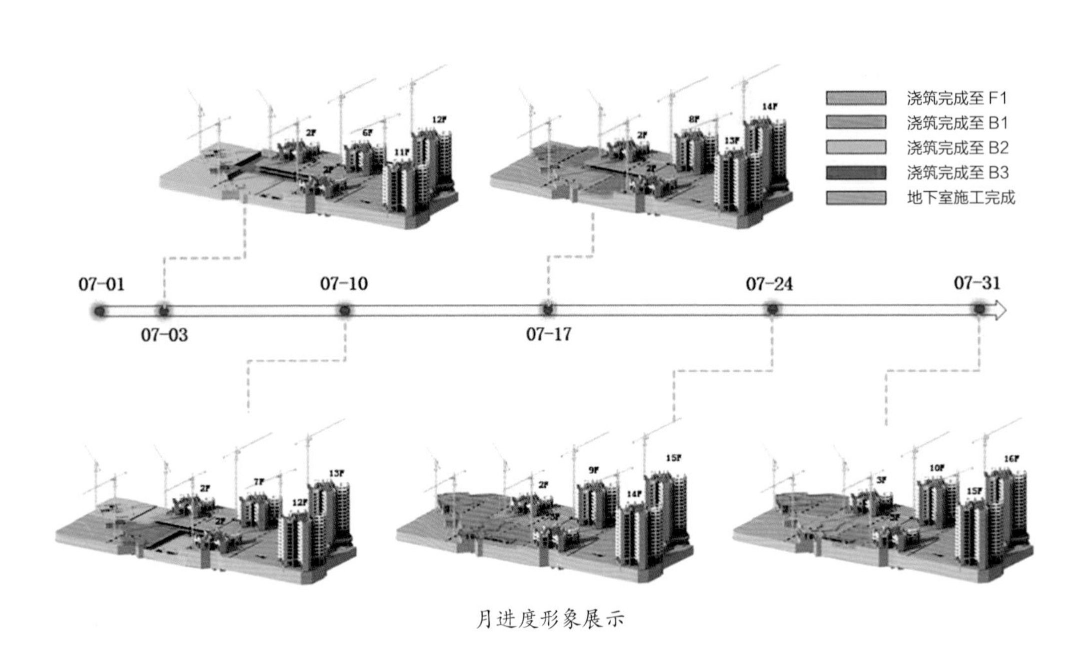

月进度形象展示

b. BIM 模型 -4D 进度模拟

在 BIM 模型的基础上模拟总控计划，工程进度更为直观显眼，计划时间与实际时间的相比较，观察计划实施过程的可行性。

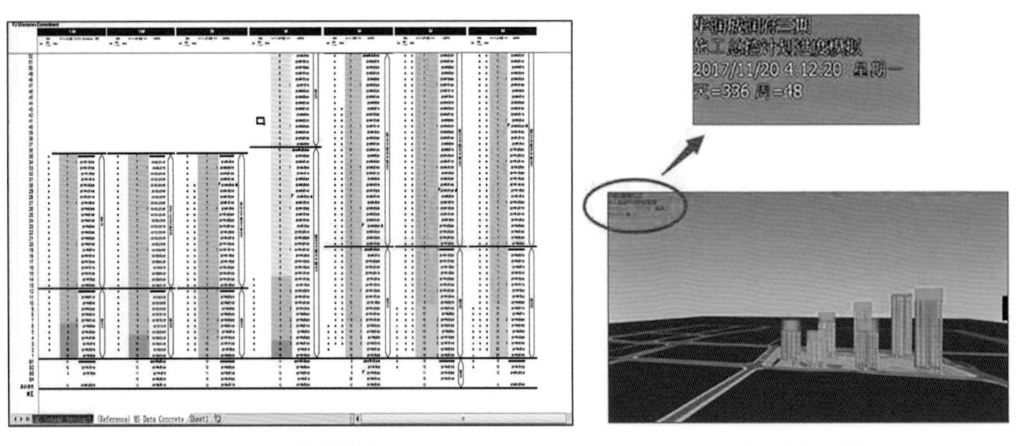

项目施工总控计划　　　　施工进度视频

（4）施工场地可视化

根据项目整体平面布置和施工部署，建立整个现场场地 BIM 模型，把地下室模型、地上塔楼模型，合成后形成项目的整个模型。用于后期施工场地布置调整方案可视化讨论。

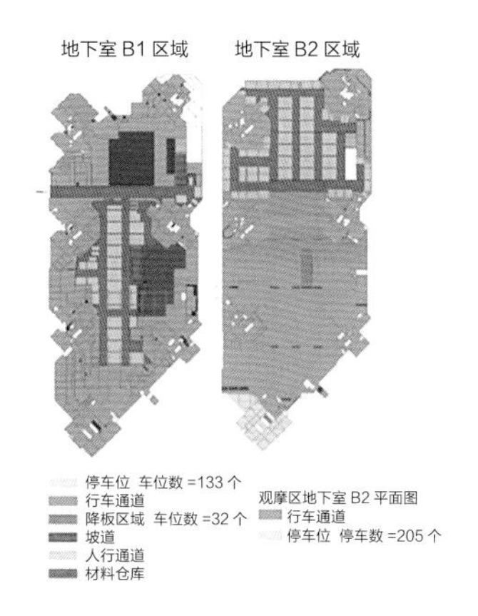

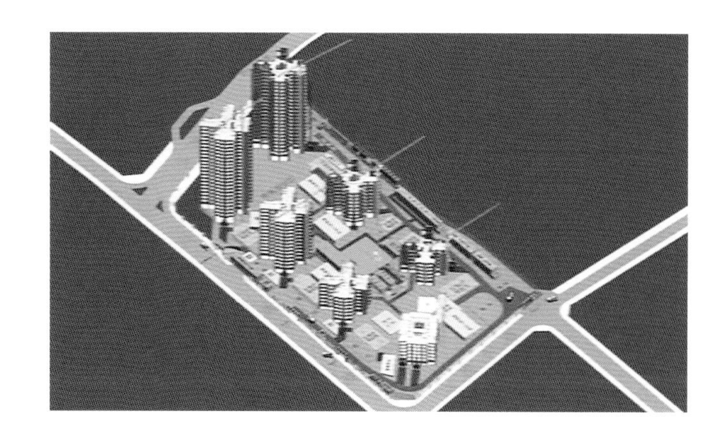

5. BIM 信息化应用

为提升项目管理质量，本项目采用 BIM5D 管理平台基于 BIM 模型对现场进行预制构件的进场管理和现场质量安全管理。

（1）预制构件跟踪管理

通过确定预制构件的管控流程及设置管控点，跟踪计划编制和任务关联，并在 BIM5D 管理平台中进行设定。当 PC 构件抵达施工现场进场检查及吊装工作时，我们的现场工程师通过手机移动端对预制构件的现场状况进行数据采集和上传，实时记录预制构件的进场信息。我们的项目管理人员可在 Web 端浏览器中快速查看各楼栋 PC 构件的进场内容，实时掌握施工现场构件质量情况。

（2）质量安全管理

现场管理人员通过手机端质量安全问题进行问题收集，并通过直接拍照，责任指定的方式直接推送相关责任人；现场管理人员通过 Web 端，直接查看所发生的问题，在 PC 端将问题进行梳理，定位到模型，方便后期整理。

（3）安全定点巡视

通过对现场施工部位进行巡视点设置，项目管理人员可根据 Web 端数据记录来判断日常现场巡视工作是否完成到位。

（4）照片进度管理

将进度照片集中上传至平台协同管理，管理人员可随时查看现场施工进度实际情况和工程信息描述。

资料来源：深圳市华阳国际工程设计股份有限公司

深圳万科云城项目一期 8 栋 B 座

建设单位	深圳市万科发展有限公司
设计单位	深圳市华阳国际工程设计股份有限公司
监理单位	深圳市中行建设监理有限公司
施工单位	深圳市广胜达建设有限公司
构件生产单位	广州万友混凝土结构构件有限公司
开竣工时间	开工时间：2015.03，竣工时间：2016.12
建筑规模	总建筑面积：6.3 万 m^2
	主塔 8 栋 B 座建筑高度：98.10m
结构类型	框架剪力墙
实施装配式建筑面积	约 3.6 万 m^2
装配式技术	清水混凝土外墙、铝合金模板、预制混凝土内隔墙板
	项目预制率约 19%、装配率约 55%
项目特点	深圳首个全清水预制外挂墙板公共建筑项目
	深圳首个装配式建筑产业用房

一、项目概况

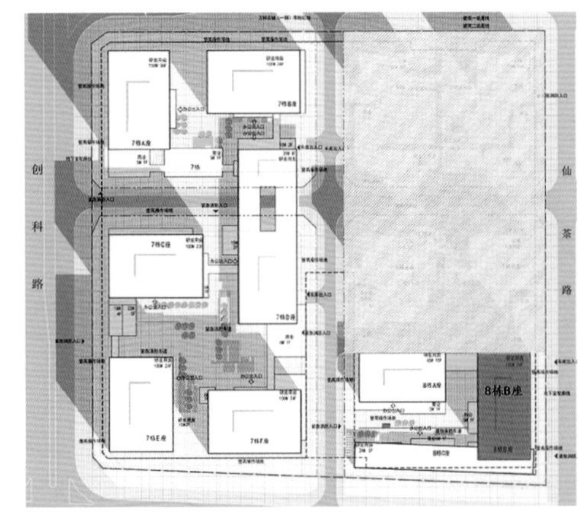

建筑总平面图

项目位于深圳市南山区西丽镇留仙洞片区留新一街以东，总用地面积 8667.87m²，总建筑面积 63449.65m²，用地容积率 6.47，一期 8 栋共 3 栋塔楼（8 栋 A 座、8 栋 B 座、8 栋 C 座），建筑高度分别为 33.95m（8 栋 A 座），98.10m（8 栋 B 座），22.10m（8 栋 C 座），其中本项目 8 栋 B 座为装配式建筑，结构层数为 24 层，3 层及以上外墙采用预制外挂墙板，建筑面积为 1760.49m²/ 层，标准层预制构件数量 44 件 / 层，标准层预制构件总数量 928 件，现浇部分采用工具式铝模板施工，工程结构类型为框架剪力墙结构，抗震设防烈度为 7 度。项目于 2015 年 7 月 13 日开工，2016 年 12 月竣工验收。

万科云城一期项目为深圳市装配式建筑试点项目，本项目于 2016 年 5 月获得“深圳市安全生产文明施工优良工地”。

实景图

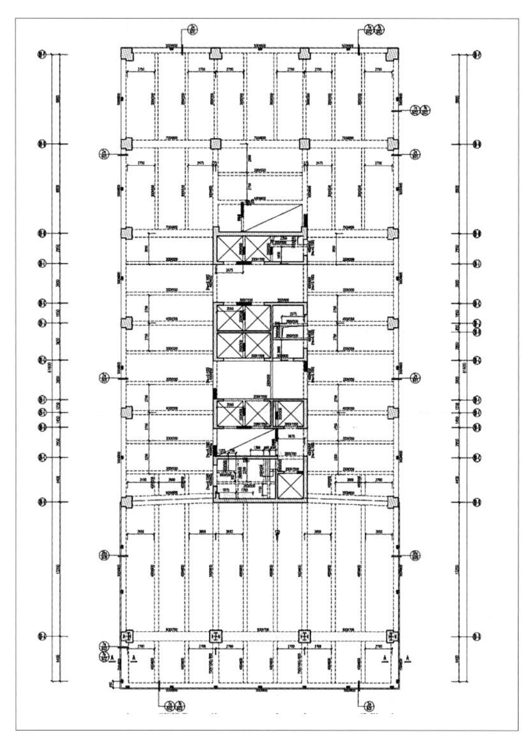
结构平面布置图

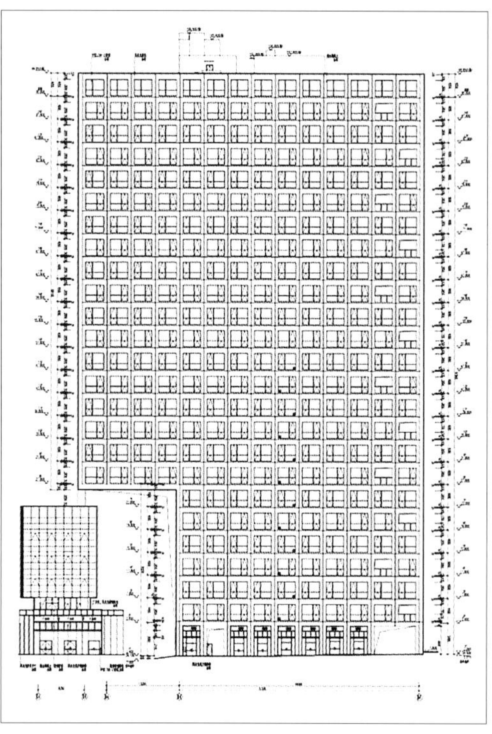
立面图

二、装配式建筑技术应用情况

构件类型	施工方法		构件位置	说明	最大重量（或体积）
	预制	现浇			
预制外墙板	√		外墙	窗框预埋	4.63t
预制混凝土内隔墙板	√		内墙		
其他技术	1. 精装修穿插施工 2. 自升式爬架 3. 铝合金模板施工技术 4. 提升式混凝土布料机				

8 栋 B 座 3 层及以上为标准层，外墙采用预制外挂墙板，现浇部分的梁、板、柱、墙的模板均采用铝合金模板，模板配备为一套模板、三套支撑系统，内隔墙采用轻质预制混凝土墙条板。通过 PC+ 铝模 + 内隔墙条板系统，从而取消墙体抹灰。

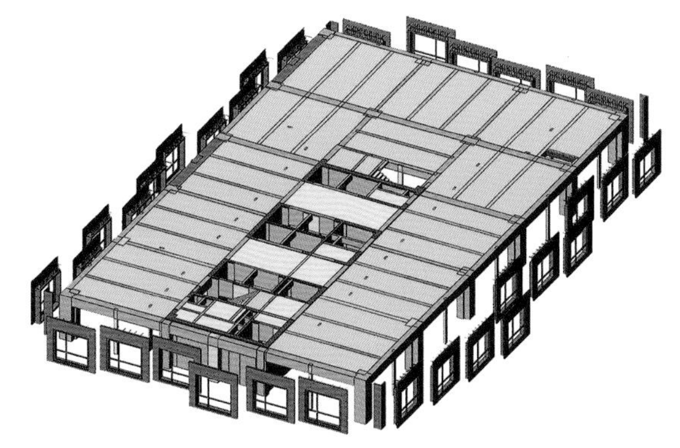
标准层预制构件平面布置图

三、装配式设计、施工技术介绍

（一）装配式设计

1. 建筑设计

本项目设计在方案阶段确定采用工业化建造方式，建筑体系为内浇外挂体系，预制构件为非承重结构，项目设计以“少规格、多组合”为设计原则，追求干净、简约、大气的立面风格，建立统一的预制外挂墙板立面系统，契合“云城”的概念。在“窗”元素的表达上，从标准立面单元出发，利用“深窗”、“平窗”、“斜窗”等手法，寻求立面的多样性。

（1）西向立面兼顾遮阳及造型，以“深窗”为立面元素，突出横、竖向线条，同时利用窗间进深起到一定遮阳的效果，体现节能环保的绿色理念。

（2）内院立面以“平窗”为立面元素，强调室内与外部空间良好的视线交流，共享整个景观丰富的中庭空间。

（3）部分立面以“斜窗”为立面元素，窗与立面形成一定角度，形成多样的光影效果，使规整的立面形式变得更加跳跃、生动。

（4）在材质的表达上，采用清水混凝土，避免了对城市的光污染，较传统的玻璃幕墙更加绿色节能，以素雅的清水面展示混凝土的肌理，呈现装配式建筑返璞归真的工业化美感。

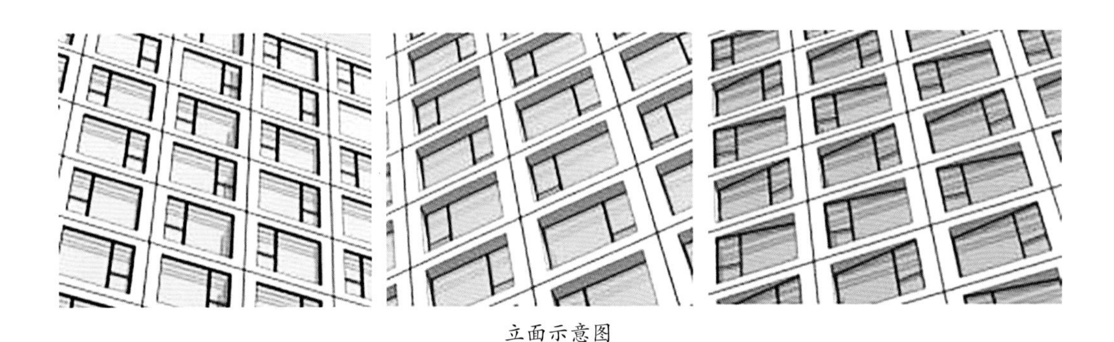

立面示意图

2. 结构设计

本工程结构体系为框架剪力墙结构，建筑结构安全等级为二级，抗震设防烈度为 7 度，结构设计使用年限为 50 年。外墙板作为外挂系统，主体计算考虑墙板对主体结构的刚度影响。

3. 预制构件深化设计

预制外挂墙板：墙板厚度取值为 75mm，墙体考虑窗户的位置因素其外观宽度为 600mm，混凝土强度为 C30，钢筋保护层厚度为 20mm。

因在方案设计阶段对轴网、层高和外圈梁进行了统一设计，预制外挂墙板构件类型仅有标准构件和转角构件两种。因窗户预埋形式、局部预埋件点位不同等，构件局部做法略有差异，转角构件尺寸为 740mm（长）×740mm（宽）×3980mm（高）。

预制外挂墙板构件预埋窗框，杜绝后期使用过程中外墙漏水、渗漏的质量通病。

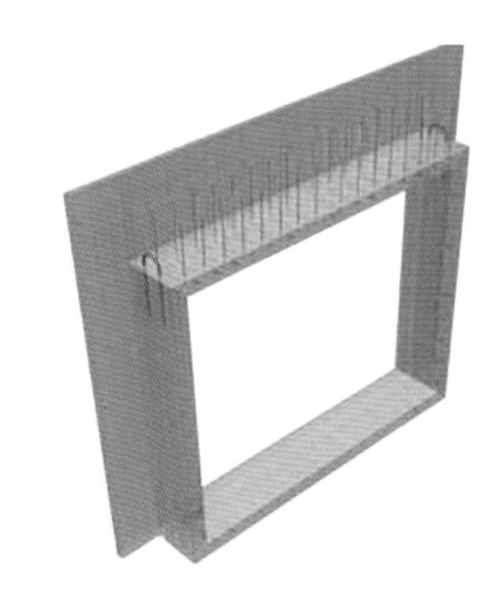

预制外挂墙板构件深化示意图

为了便于吊运和保证安装安全，在预制构件中预埋直径 25mm 钢筋做成吊环。

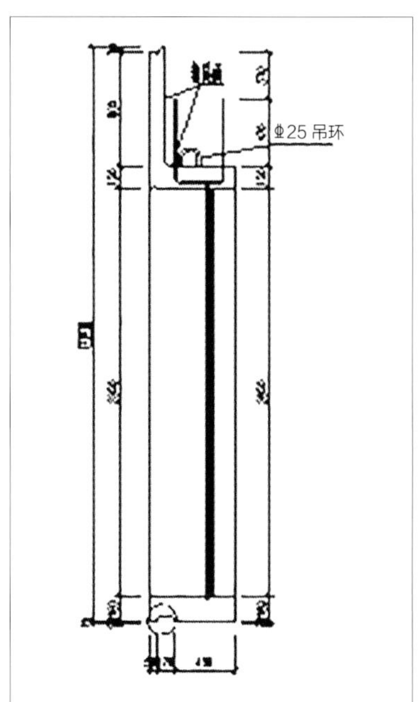

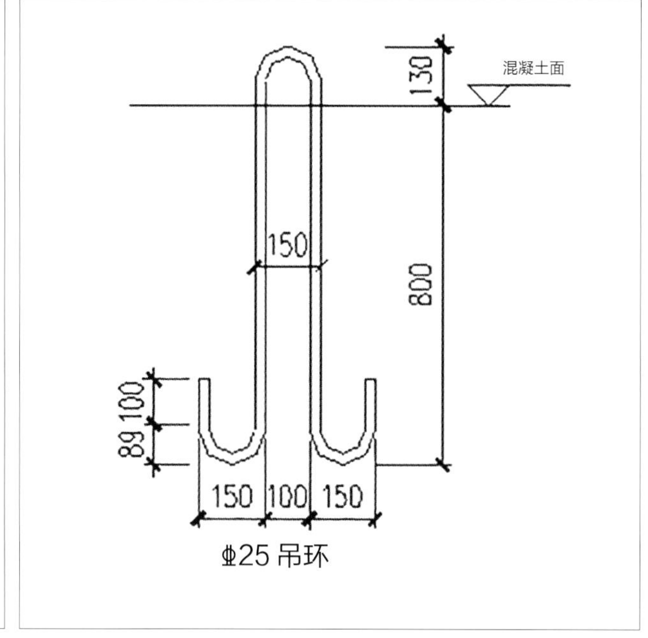

吊环制作安装图

4. 防水节点及做法

预制外挂墙板构件预埋窗框，板拼接水平缝采用高低企口 + 胶条 + 砂浆封堵三道防线，为材料防水、构造方式以及结构防水相结合的构造做法；垂直缝处设置外侧塞 Ω 胶条 + 自粘性胶条 + 铝板三道防线，为防止浇筑混凝土时，Ω 胶条因混凝土侧压力被挤出，在竖向导水槽处插入 PVC 钢筋作为背衬材进行限位。

（1）水平板缝方形 PE 棒粘贴前须扫清沟内渣物且粘贴牢固；预制外挂墙板上端方形橡胶条与侧面圆形橡胶条由预制构件厂出厂前粘贴牢固。

（2）预制墙板缝外侧耐候胶厚度应不小于 10mm。

（3）竖向板缝橡胶皮粘贴应牢固无起拱起鼓，单侧粘贴宽度 3cm 以上。

（4）水平板缝橡胶方棒粘贴前须扫清沟内渣物且粘贴牢固；板缝处防水材料总填充深度不得大于 35mm。

（5）预制墙板缝外侧硅胶厚度不应小于 10mm，各种构造缝均需按图示要求打胶。

（6）打胶中断处应 45 度对接，以保证密封胶的密封连续性。

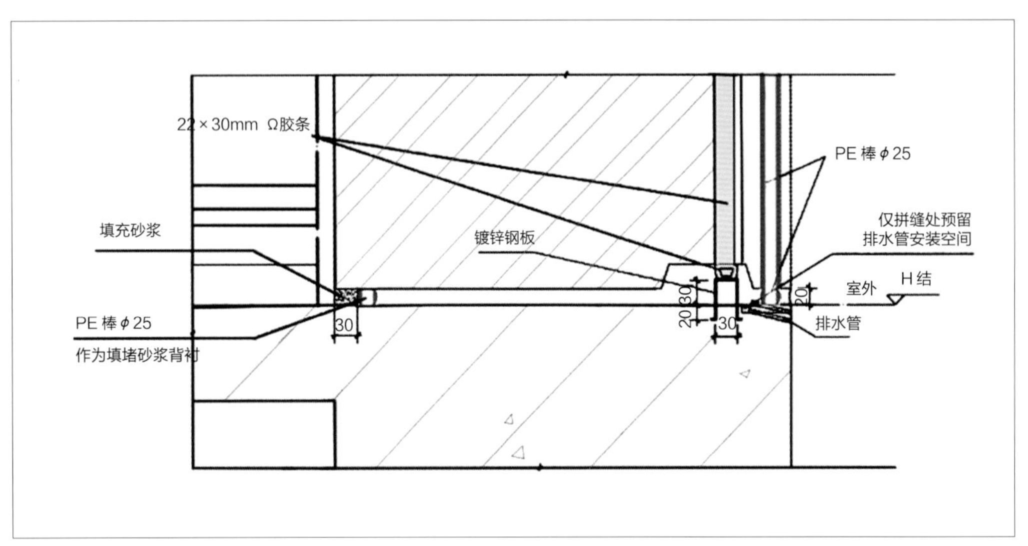

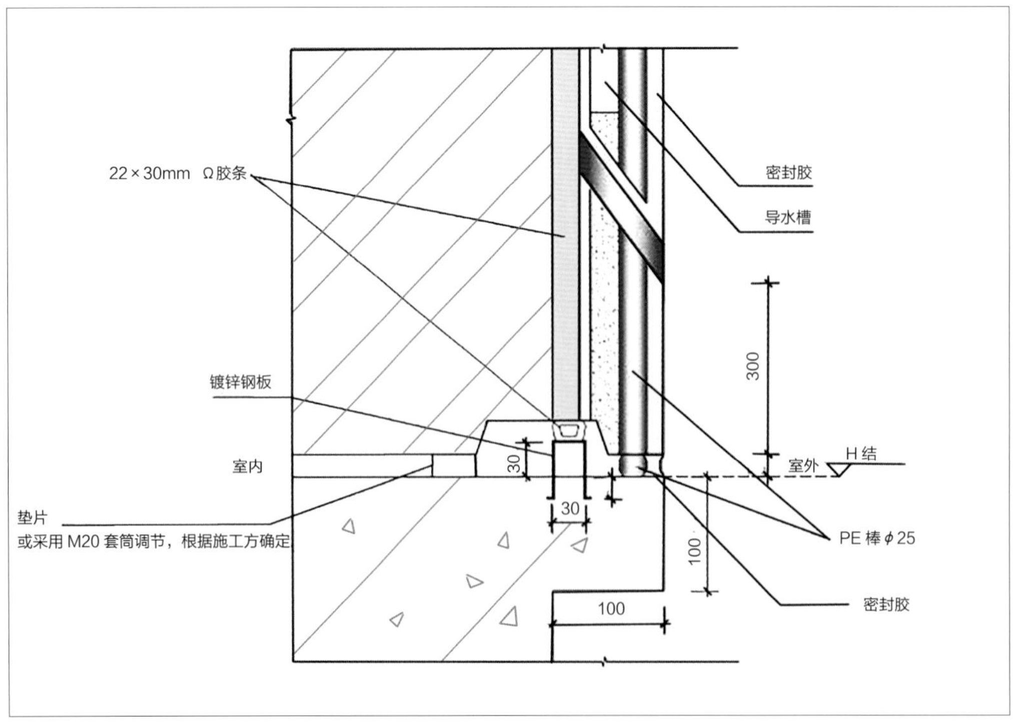

防水节点图

（二）装配式施工

1. 施工总说明

工期：标准层 8 天 / 层，预制构件吊装时间为 2.5 天 / 层。

构件运输车辆：采用矮排卡（排卡高 0.5m），装货后总高度 4.5m；每车装 6 件构件，产品重量 28t；安装 6 件构件，车辆总重约 44t。预制构件选用矮排卡，车上设有专用架，且有可靠的稳定构件措施。

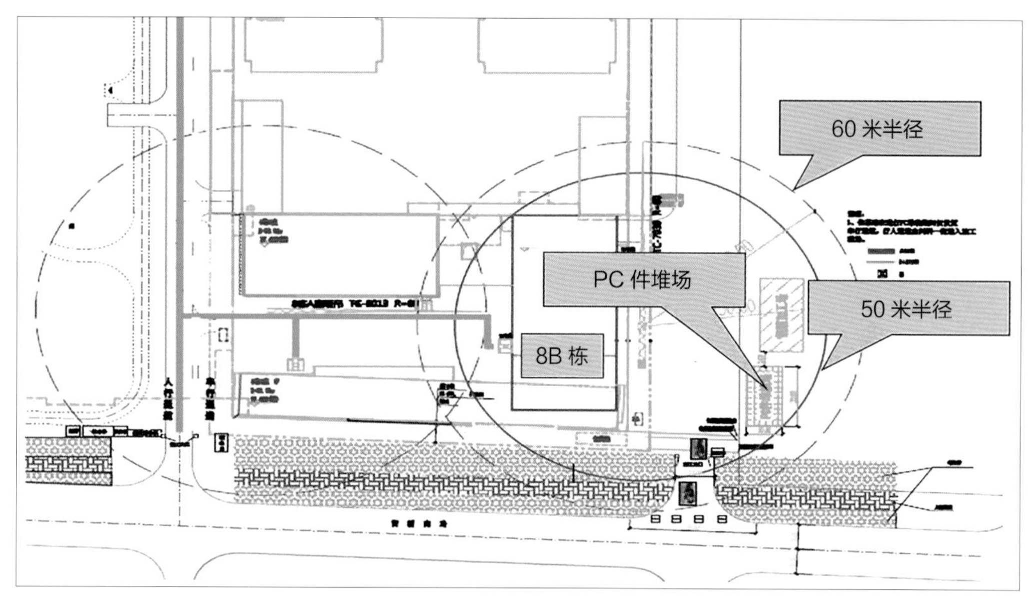

施工总平面布置图

2. 工艺流程

施工流程：测量放线→构件编号→吊具安装→埋件安装→起吊调平→吊运→构件落位→定位调整→标高调整→垂直度调整→就位微调

（1）测量放线

平面控制采用施工方格网控制法，垂直控制每楼层设置四个引测点。根据本工程主楼建筑的平面形状特点，通过地面上设置的控制网，在建筑物的地下室顶板面上设置垂直控制点，形成十字相交，组成十字平面控制网，并避开每层的柱、梁、墙，避免点与点之间被核心筒、柱子等预留钢筋挡住视线。浇捣顶板混凝土时，在相交点各设置固定引测点（留设孔），浇混凝土完毕放线后，依据固定引测点测量放线。

引测时，操作者将经纬仪架在中间控制点上，对中调平，楼层上一个操作者将一个十字丝操作控制点放在预留孔上，通过上、下人员用对讲机联络，调整精度，经纬仪十字丝和接收靶十字丝重合，即在预留孔边做好标记，在混凝土上弹十字黑线，该点即引测完毕。其次，将其他控制点分别引测到同一个楼面上，然后测量员到楼面上用经纬仪将引测好的点分别引出直线，并转角校核，拉尺量距离，准确无误后即可形成轴线控制网。每个独立楼面设立四个控制点，在相对应控制点的部位设置四个预留孔作为通视孔。

每块预制构件件进场验收通过后，统一按照板下口往上 1000mm 弹出水平控制墨线；按照板左右两边往内 500mm 各弹出两条竖向控制墨线。预制构件控制线依次由轴线控制网引出，每块预制构件均有纵、横两条控制线，并以控制轴线为基准在楼板上弹出构件进出控制线（轴线内翻 300mm）、每块预制构件水平位置控制线以及安装检测控制线。预制构件安装后楼面安装控制线应与预制构件上安装控制线吻合。

测量放线

（2）构件编号

构件在出厂前根据施工图相对应位置进行编号，构件进场后根据编号按顺序进行吊装。

（3）吊具安装、埋件安装

考虑到预制构件吊装受力问题，采用钢扁担作为起吊工具，这样能保证吊点的垂直。钢扁担采用吊点可调的形式，使其通用性更强。

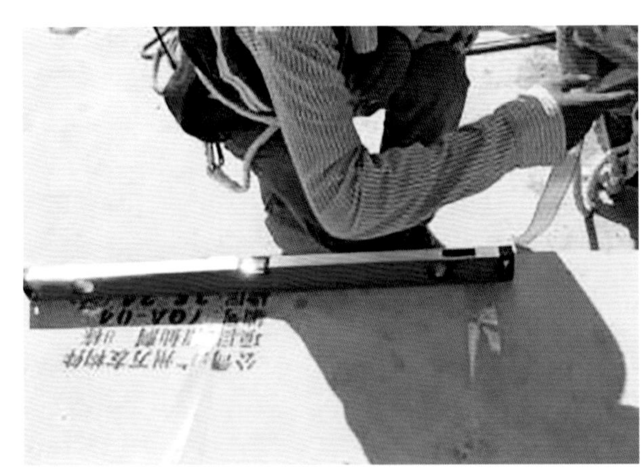

构件编号

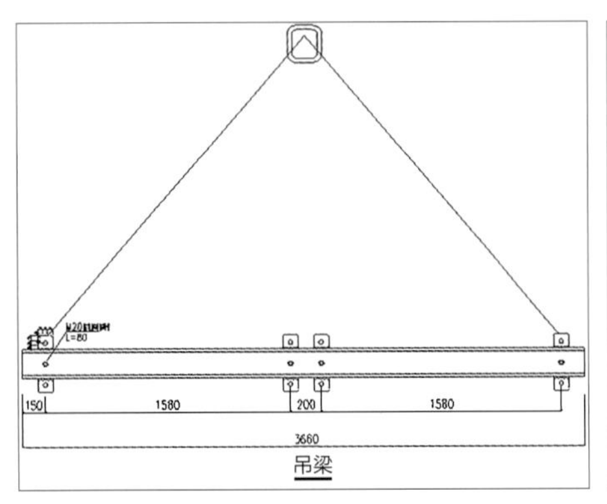

钢扁担的构造示意图

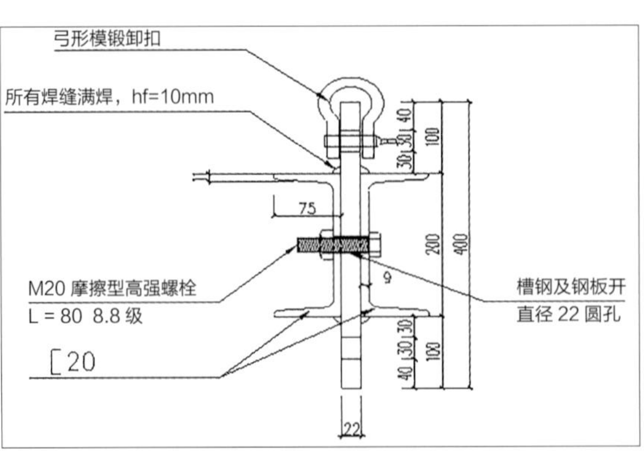

构件吊点图

（4）起吊调平、吊运

根据构件形式选择合适的吊具，看是否需要钢梁和钢丝绳的数量。缓慢上升将预制构件吊离地面，检查是否水平，不水平则需调整。安全、匀速上升将预制构件吊至安装位置上方。

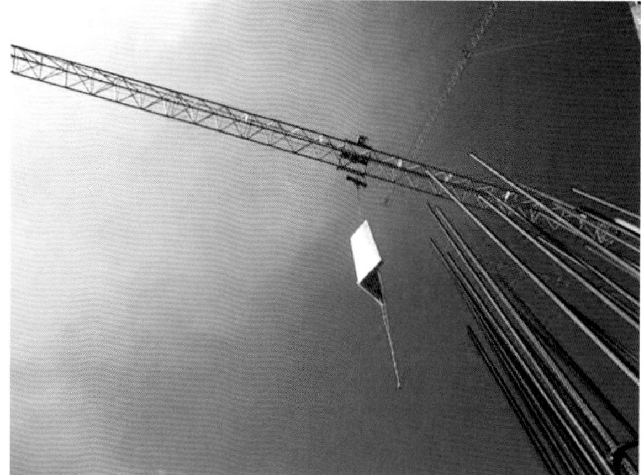

预制构件吊运

（5）构件落位安装

上层楼板混凝土浇筑前，预埋构件底部螺栓

构件位置楼层面清理，打磨平整

标高测量

交接处采用止水条和防水砂浆进行封堵

构件落位

（6）构件定位、标高调整

预制构件从矮排卡（堆放场）吊至安装现场，由 1 名塔吊指挥、3~4 名操作工配合，利用下部预制构件的定位卡和待安装预制构件的定位螺栓进行初步定位，由于定位卡、定位螺栓均在工厂安装完成，精确度较高，因此初步就位后预制构件的水平位置相对比较准确，后面只需进行微调即可。预制构件标高通过精密水准仪来进行复核。每块预制构件吊装完成后须复核，每个楼层吊装完成后须统一复核。高度调节前须做好以下准备工作：引测楼层水平控制点；每块预制构件弹出水平控制线；相关人员及测量仪器，调校工具到位。

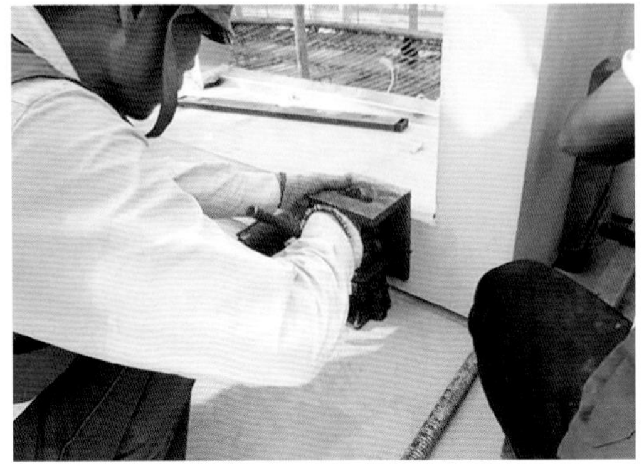

构件位置调整

（7）构件垂直度调整、整体微调

预制构件垂直度调节采用可调节斜拉杆，每一块预制构件设置 2 道可调节斜拉杆，拉杆后端均牢靠固定在结构楼板上。拉杆顶部设有可调螺纹装置，通过旋转杆件，可以对预制构件顶部形成推拉作用，起到预制构件垂直度调节的作用。预制构件垂直度通过垂准仪来进行复核。每块预制构件吊装完成后须复核，每个楼层吊装完成后须统一复核。

构件吊装复核

（8）预制构件与现浇混凝土墙柱锚固件安装

预制构件与结构连接构造：两点支撑，四点连接。两点支撑：即现浇结构上预埋钢筋吊环，预制构件搁置在两个悬挑钢扁担上，重量主要由这两个悬挑支撑点承担；四点连接：预制构件预埋螺栓，通过“L”形连接件和现浇结构预埋螺栓连接，连接件和预埋螺栓连接件三维可调节。这四个连接点将预制构件拉接固定在现浇结构上，防止预制构件移动。

预制构件与现浇结构相邻部位 200mm 范围内的平整度应从严控制，不得超过 1mm。预制构件预留螺栓孔，构件安装后将螺杆安装到预留螺栓孔中与墙柱锚固。

构件锚固

（9）构件间接缝

预制构件接缝主要是指墙板之间的水平缝和垂直缝，接缝均采用柔性材料和微膨胀水泥砂浆进行填塞。水平缝采用双面带胶的胶条，在墙板吊装之前，将需粘贴胶条部位清扫干净，不得有积水、浮尘，以免影响胶条的粘结。胶条粘贴到位后，再进行预制构件吊装。当两块预制构件吊装完成，固定牢固后，两者之间的垂直缝先用海绵条进行填塞，再在两面用微膨胀水泥砂浆塞实、抹平。内侧端部采用贴自粘胶带和铺贴一层铝板固定封堵，并使用连接件通过螺栓将构件连接在一起，外侧端部采用专用防水胶进行填缝，防水胶厚度不小于 10mm。

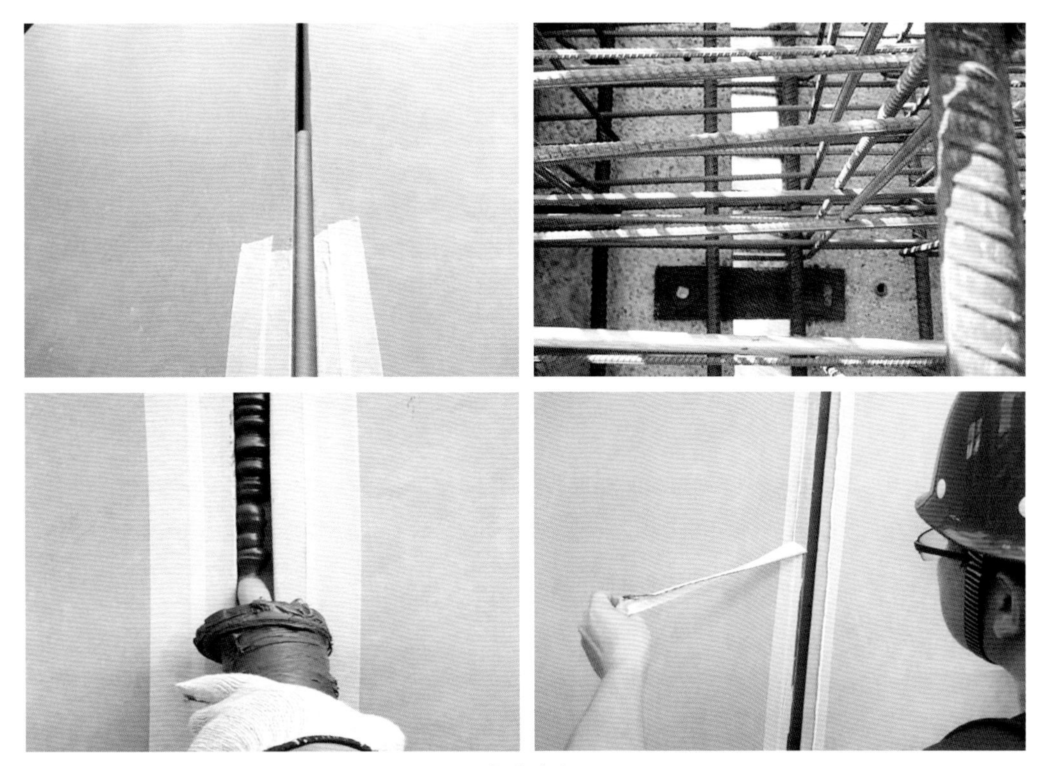

构件填缝

3. 装配式模板安装工艺流程

出厂前的检验（均为单块模板）：

序号	项目名称	允许偏差	检验方法
1	铝模板高度	±3mm	用钢卷尺
2	铝模板长度	-2mm	用钢卷尺
3	铝模板面对角线差	≤ 3mm	用钢卷尺
4	面板平整度	2mm	用 2m 测尺和塞尺
5	相邻面板拼缝高低差	≤ 0.5mm	用 2m 测尺和塞尺
6	相邻面板拼缝间隙	≤ 0.8mm	直角尺和塞尺

根据模板设计要求，现场拼装铝模安装样板实体向班组进行安全、技术交底。

铝模样板

测量放线：楼面混凝土浇筑完成后，投测主要控制线，所有柱边线全部在楼面上放出，楼层标高线引测在柱钢筋对角线上或钢管立杆上；模板安装前，必须复核楼层的标高及主要控制轴线。

（1）施工流程

放墙柱位线→标高抄平→绑扎墙柱钢筋→安装墙柱模板→安装梁模板→安装楼板模板→检查垂直度→检查平整度→检查销子是否正确地楔入→移交绑扎梁板钢筋→墙柱加固→混凝土浇筑

（2）模板安装

① 安装模板

初始安装模板时，可把 50mm×18mm 的木条用钉子固定在混凝土面上直到外角模内侧，以保证模板安装对准放样线。所有模板都是从角部开始安装，这样可使模板保持侧向稳定。

安装模板之前，需保证所有模板接触面及边缘部已进行清理和刷脱模剂。当角部稳定和内角模按放样线定位后继续安装整面墙模。为了拆除方便，墙模与内角模连接时销子的头部应尽可能地在内角模内部。封闭模板之前，需在墙模连接件上预先外套 PVC 管，同时保证套管与墙两边模板面接触位置要准确，以便浇注混凝土后能收回对拉螺丝。当外墙出现偏差时，必须尽快调整至正确位置，只需将外墙模在一个平面内轻微倾斜，如果有两个方向发生垂直偏差，则要调整两层以上，一层调整一个方向。不要尝试通过单边提升来调整模板的对齐。

墙柱模板的传递及安装

用钢筋头固定转角位置

电梯井墙模板的安装

楼层墙模板的安装

② 安装板模

安装墙顶边模和梁角模之前，在构件与混凝土接触面处涂脱模剂。

墙顶边模和边角模与墙模板连接时，应从上部插入销子以防止浇筑期间销子脱落。安装完墙顶边模，即可在角部开始安装板模，必须保证接触边已涂脱模剂。

在大多数情况下，板梁用于支撑板模。可预先按板模布置图组装板支撑梁。用 132mm 销子和 350mm 的梁模连接件将板梁组合件中的 DP 同相邻的两个板支撑梁连接起来。把支撑杆朝横梁方向安装在预先安装好的横梁组件上，当拆除支撑杆时这可保护其底部。用支撑杆提升横梁到适当位置。通过已在角部安装好的板模端部，用销子将梁和板模连接。保证安装之前板支撑梁边框已涂脱模剂。

每排第一块模板已与墙顶边模和支撑梁连接。第二块模板只需与第一块板模相连（通常两套销子就已足够）。

第二块模板不与横梁相连是为了放置同一排的第三块模板时有足够的调整范围，把第三块模板和第二块模板连接上后，把第二块模板固定在横梁上。用同样的方法放置这一排剩下的模板。

可以同时安装许多排，铺设钢筋之前在顶板模面上完成刷脱模剂工作。顶板安装完成以后，应检查全部模板面的标高，如果需要调整则可在支撑杆底部加垫块调整水平度。

梁板模板的安装

楼板龙骨安装

楼板模板的安装

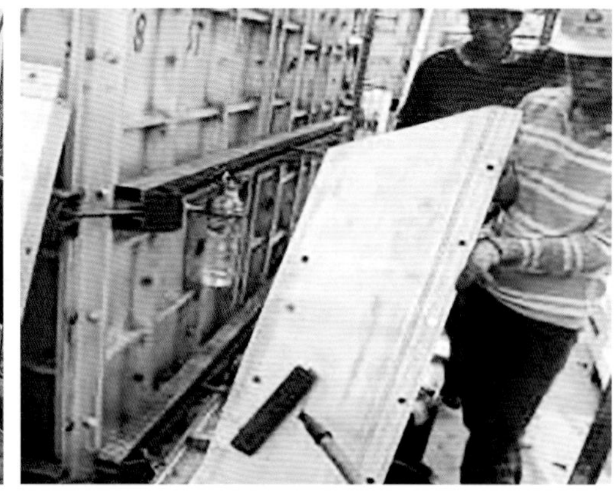
涂刷脱模剂

③ 安装平模外围护板和细部构件

在有连续垂直模板的地方，如电梯井、外墙面等，用平模外围护板将楼板围成封闭的一周并且作为上一层垂直模板的连接组件。

下一层浇注混凝土以后，上一层平模外围护板都是必须安装的，一个用以固定在前一层未拆的模板上，另一个固定在墙模的上部围成楼板的四周。浇筑混凝土后保留上部平模外围护板，作为下层墙模的起始点。平模外围护板与墙模板连接：安装平模外围板之前确保已清洁，期间为了防止销子脱落，销子必须从墙模下边框向下插入到平模外围护板的上边框。平模外围护板上开 26mmx16.5mm 的长形孔，浇筑之前，将 M16 的低碳螺栓安装在紧靠槽底部位置，这些螺栓将锚固在凝固的混凝土里。浇筑后，如果需要可以调整螺栓来调节平模外围护板的水平度，这也可以控制模板的垂直度。

平模外围护板的定位：用吊线来检查平模外围护板的定位：直的平模外围护板可以保证下一层墙模的直线度。

对齐平模外围护板方法：用带 PVC 套管的横拉杆固定竖直钢楞，且以后用于安装工作台。在两个平模外围护板的交接处，利用 B.K.S.（固定在护板下翼缘的上部）以保证连接处平齐。

阳台吊模的安装

飘窗反梁吊模的安装

水电预留洞口安装

水电线盒安装

四、小结

本项目是全国第一个高层装配式混凝土建筑办公群，也是万科首次在办公建筑中大面积推广外墙整体预制结构的应用的开端，以及清水混凝土外饰面的大面积应用技术探索。管理前置、技术前移、协同工作是本项目顺利实施的前提条件，通过各单位协同工作、精细化设计、前置施工管理以及引进日式施工管理，为项目的顺利实施及质量控制提供了有力保证。

1、本项目在设计过程中技术前移，充分考虑构件的生产、运输、安装等因素，对构件设计、节点的连接均进行了施工操作模拟，为后期施工的顺利实施提供了坚实基础。

2、在施工前期的施工方案策划阶段，针对设计图纸，召集设计、安装、土建等相关单位技术负责人，多次召开联席会议，针对所有节点逐一重点讨论施工顺序、构件安装、防漏浆等相关内容，为后期的实际安装操作提供了坚实理论基础和多措施预案。

3、采用铝合金模板取代传统木模板，在现场建筑垃圾大幅减少的同时可以保证施工精度到毫米级，再结合预制内隔墙条板、预制外墙等，施工现场可以完全取消抹灰工作，既有效避免开裂、空鼓、裂缝等施工质量通病，又提升了建筑品质，真正做到装配式建筑提倡的提高质量、提高效率、节约人工、节能环保的初衷。

资料来源：深圳市万科发展有限公司、深圳市华阳国际工程设计股份有限公司、深圳市广胜达建设有限公司

深圳汉京中心

开发单位	深圳市罗兰斯宝物业发展有限公司
设计单位	筑博设计股份有限公司
深化设计单位	中建科工集团有限公司
监理单位	中海监理有限公司
施工单位	中国建筑第四工程局有限公司、中建科工集团有限公司
构件生产单位	中建科工集团有限公司
开竣工时间	开工时间：2014.08，目前施工阶段
建筑规模	16.5 万 m^2，建筑高度为 350m
结构类型	核心筒外置全钢结构建筑
实施装配式建筑面积	21305 万 m^2
装配式技术	钢梁、箱型钢柱、箱型斜撑、钢筋桁架楼承板
项目特点	目前世界最高核心筒外置全钢结构建筑

一、项目概况

汉京金融中心项目位于南山区科技园高新中区西片区，南邻深圳大学、深南大道北，西邻深圳大族激光中心科技大厦、腾讯大厦，东邻深圳丹琪时装有限公司，北至麻岭社区居委会。

“汉京金融中心”项目总用地面积约 11016.94m^2、总建筑面积约 165014.38m^2；建筑高度约 350 m，主塔楼地上 67 层，附设 4 层商业裙房；地下 5 层，地下室底板大面标高为 -22.1m，局部底板面标高为 -24.6m。

<table>
<tr><th>楼层</th><th>层高（m）</th><th>功能</th></tr>
<tr><td>L1~L3</td><td>6</td><td rowspan="2">商业</td></tr>
<tr><td>L4</td><td>14</td></tr>
<tr><td>L5</td><td>13.5</td><td rowspan="2">避难层</td></tr>
<tr><td>L19、L34、L49</td><td>9</td></tr>
<tr><td>L6~L56、L60</td><td>4.5</td><td>办公</td></tr>
</table>

汉京项目设计获得金块奖，被誉为全球建筑界的“奥斯卡”。

项目获得金块奖

项目现场图

本工程于 2015 年 5 月 22 日开工，目前已经完成主体结构施工。在项目施工过程中，获得省、市的建筑安全文明示范工地。

本工程为全钢结构工程，屋顶高度 350m。主塔楼为巨型框架支撑结构。结构采用 30 根方管巨柱竖向主体支撑，框架柱之间采用斜向撑杆和钢梁连接作为塔楼抗侧力体系，形成带支撑的钢框架结构，30 根巨柱为巨型方钢管内灌注 C80、C70 高强度混凝土形式，其避难层在标准层基础上于框架柱和楼层面增强斜支撑；裙房地上结构 4 层，为钢框架—剪力墙体系；两座核心筒为劲性钢骨柱，裙房西侧为悬挑结构，其外框为复杂桁架结构。

序号	结构概况	
1	结构体系	巨型框架支撑结构
2	结构设计基准期	50 年
3	结构设计耐久性	50 年
4	结构安全等级	二级
5	地基基础设计等级	甲级
6	结构耐火等级	一级
7	建筑抗震设防类别	标准设防类
8	抗震设防烈度	7 度
9	抗震措施烈度	7 度
10	塔楼墙柱抗震等级	一级
11	塔楼框架梁斜撑抗震等级	二级
12	裙楼剪力墙抗震等级	三级
13	裙楼框架梁柱斜撑抗震等级	四级
14	设计基本地震加速度	0.1g

结构部位混凝土强度等级一览表

结构部位	混凝土强度等级
裙房、塔楼等屋面	C30 P6
水池、泳池	C30 P6
梯板及梯柱	C30 抗渗等级同本层梁板
圈梁、过梁构造柱	C20
塔楼墙柱混凝土等级	L1~L36：C80；L37~ 结构顶：C70
塔楼板混凝土等级	C40
裙楼剪力墙	L1~L2：C50；L3~ 结构顶：C40

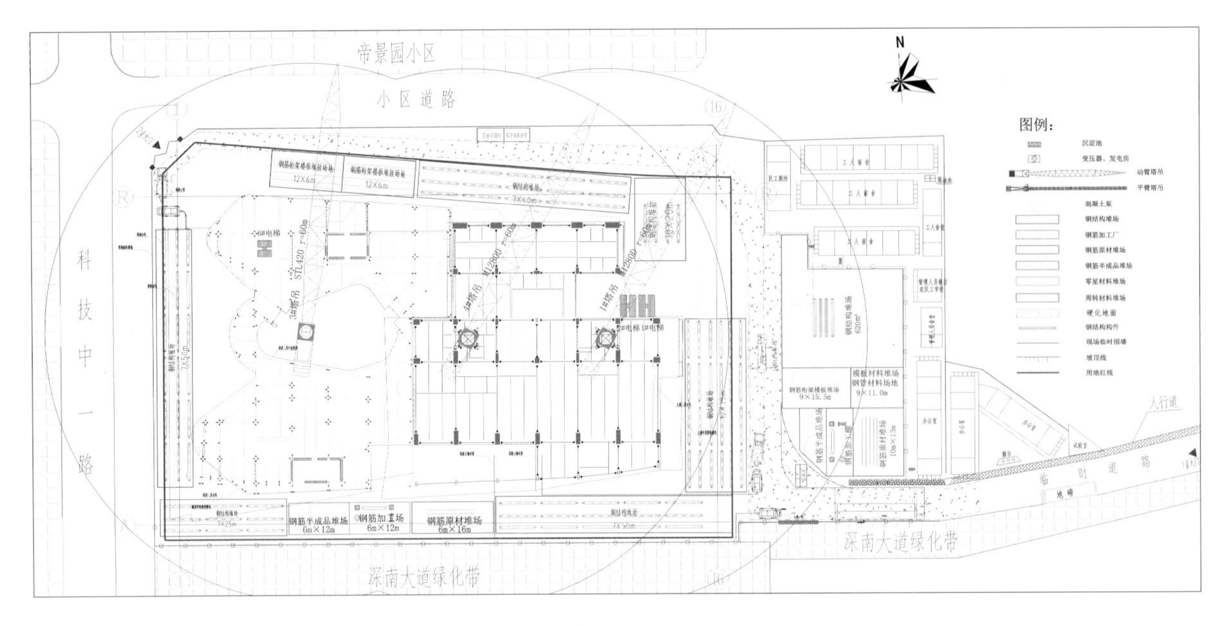

总平面图

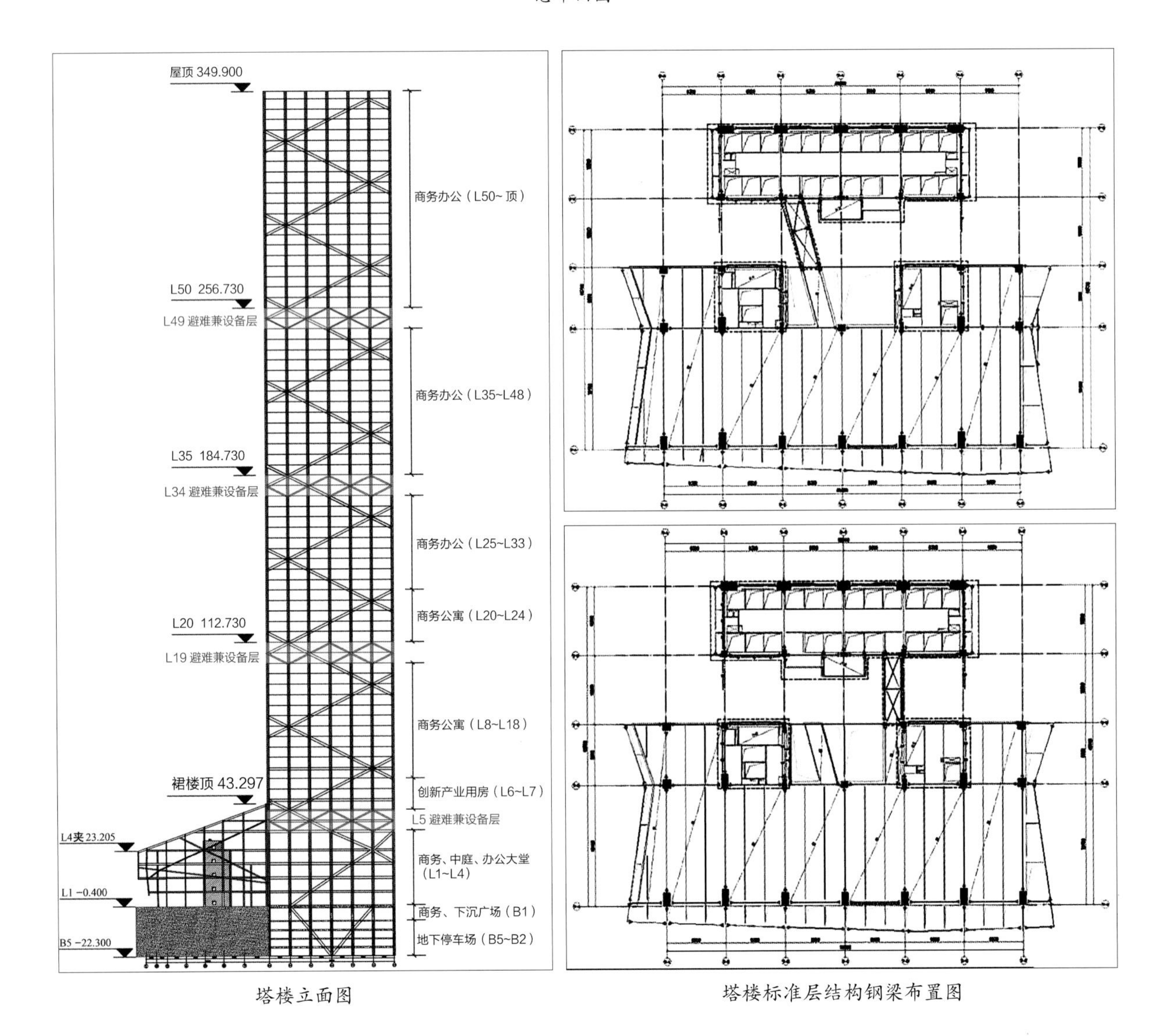

塔楼立面图

塔楼标准层结构钢梁布置图

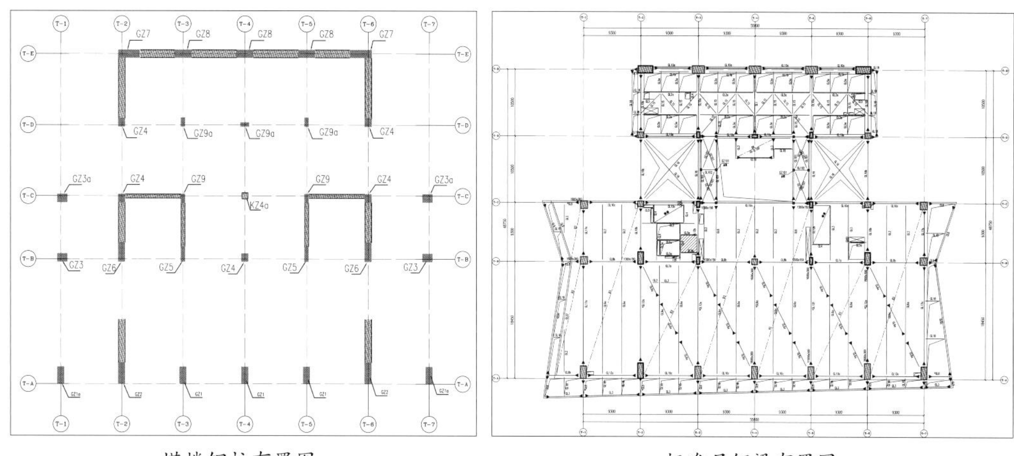

塔楼钢柱布置图　　　　标准层钢梁布置图

二、装配式建筑技术应用情况

构件类型	施工方法		构件位置	构件设计说明	总重量（或体积）
	预制	现浇			
钢梁	√		主体结构	钢梁为工字型，最大截面为 H900×900×30×32	钢结构总量约5万t
箱型钢柱	√		主体结构	最大板厚为65mm，多采用高建钢 Q460GJ、Q420GJ、Q390GJ、Q345	
箱型斜撑	√		主体结构	箱型斜撑最大截面为口 1200×1000×60×60	
钢筋桁架楼承板	√		主体结构	1、钢筋桁架楼承板上、下弦采用热轧带肋钢筋 HRB400 级，腹杆钢筋采用冷轧光圆钢筋 550 级 2、底模钢板采用镀锌板，板厚度为 0.5mm，屈服强度不低于 260N/mm，镀锌层两面总计不小于 120g/m	共计12万 m^2
其他技术	1. 钢结构深化技术 2. 钢结构关键制造技术 3. 全钢结构超高层动臂塔吊支撑设计与爬升技术 4. 安全防护施工技术				

三、装配式设计、施工技术介绍

（一）装配式设计

1. 结构设计

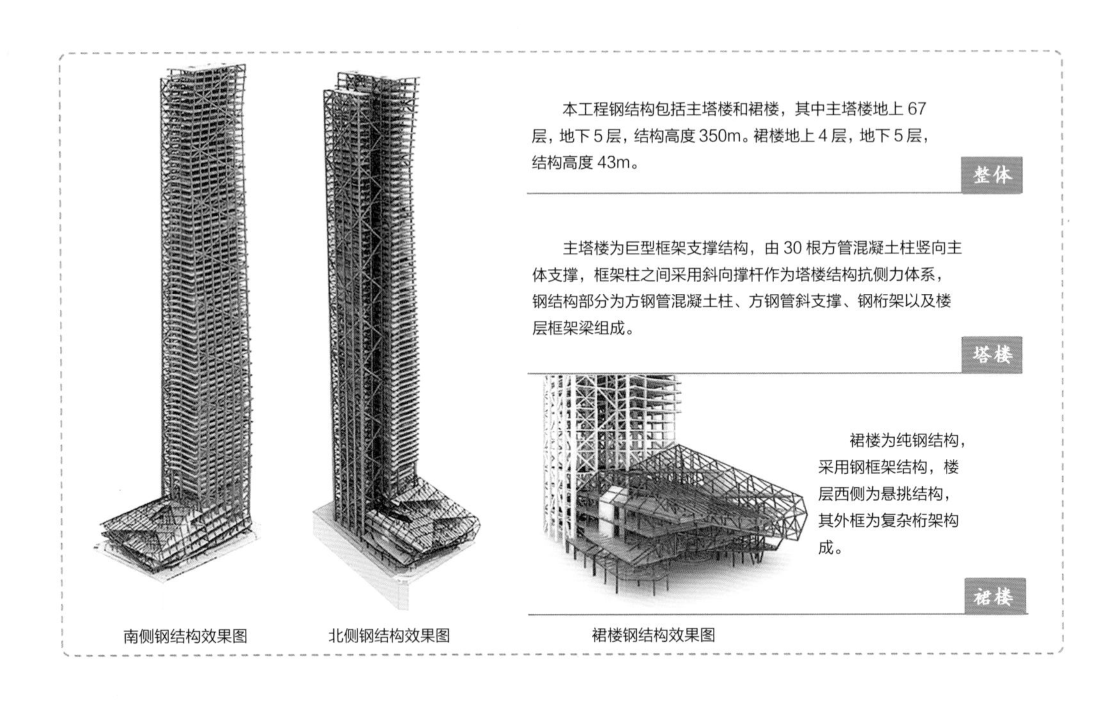

南侧钢结构效果图　　北侧钢结构效果图　　裙楼钢结构效果图

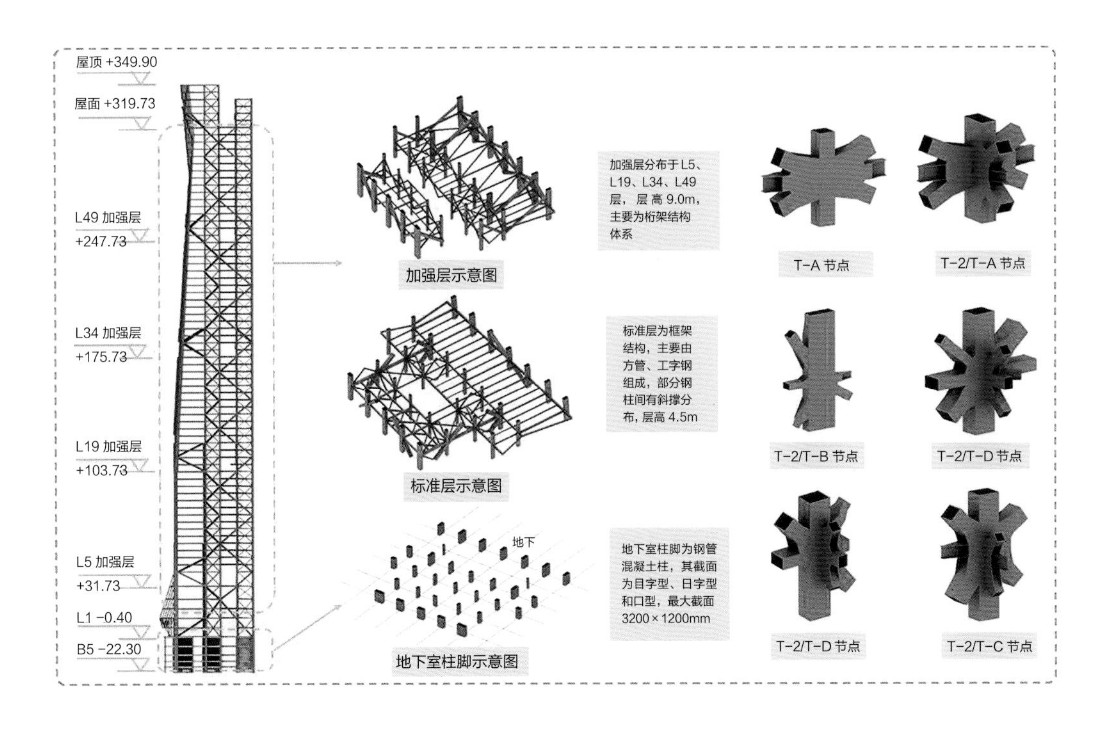

加强层示意图

标准层示意图

地下室柱脚示意图

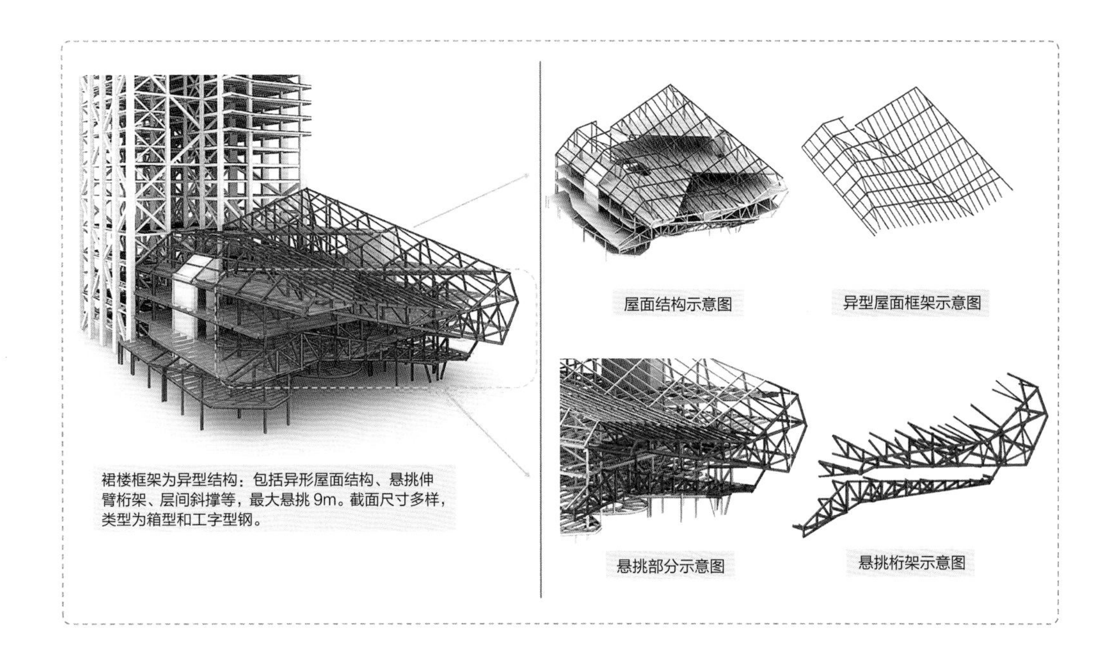

2. 预制构件深化设计

所有桁架结构及相关节点，主要采用 CAD、Tekla Structure（Xsteel）软件建模进行深化设计。AutoCAD 是现在较为流行、使用较广的计算机辅助设计和图形处理软件。在 CAD 绘图软件的平台上，根据多年从事的钢结构行业设计、施工经验，针对本工程自行开发了一系列详图设计辅助软件，能够自动拉伸各种杆件截面，进行结构的整体建模。构件设计自动标注尺寸、列出详细的材料表格等。Tekla Structures（Xsteel）软件属于建筑信息模型（BIM），它将原设计、深化设计的过程按平行模式进行了流程化处理，很大程度上提高了深化设计效率并降低了错误率，Xsteel 软件大致可归为以下四类功能：

序号	Xsteel 功能
1	结构三维实体模型的建立与编辑
2	各种节点三维实体模型的连接与装配
3	构件、零件的编号与加工详图的绘制
4	用钢量统计

（1）深化设计软件选择

目前，深化设计的主要使用软件有 CAD、X-steel 等设计软件，根据本工程的结构形式及构件特征，拟选择 Xsteel 设计软件作为深化设计的主要应用软件。使用 Xsteel 不仅是考虑到能方便、快捷地进行整体模型、能准确快捷地导出深化图纸，主要考虑该软件在国内应用广泛，可以与参与本工程的相关单位共享数据。Xsteel 软件应用时一般按以下 6 个步骤进行：

① 结构整体定位轴线的确立

首先必须建立结构的所有重要定位轴线空间单线模型，该模型必须得到原设计的认可。对于本工程所有的深化设计时必须使用同一个定位轴线空间单线模型。

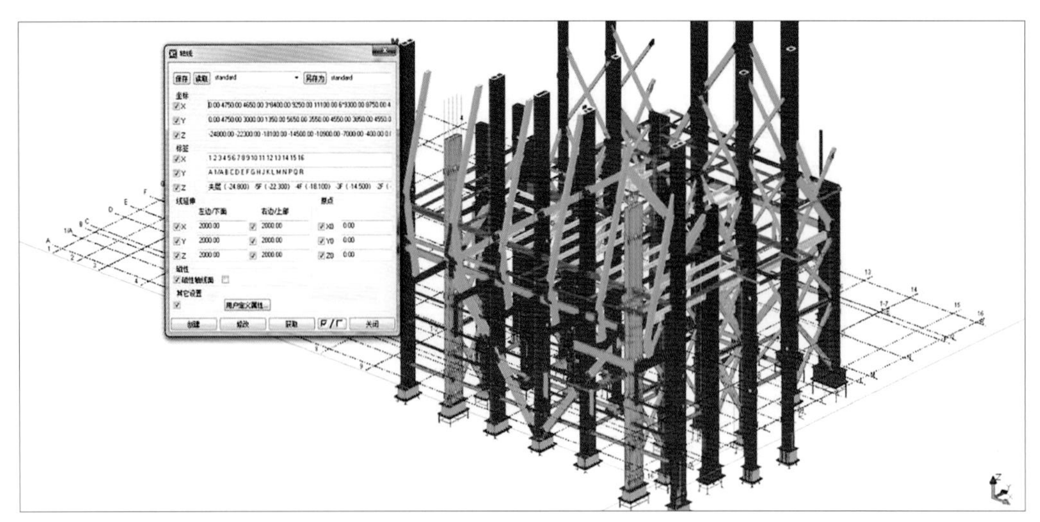

定位轴线创建软件界面

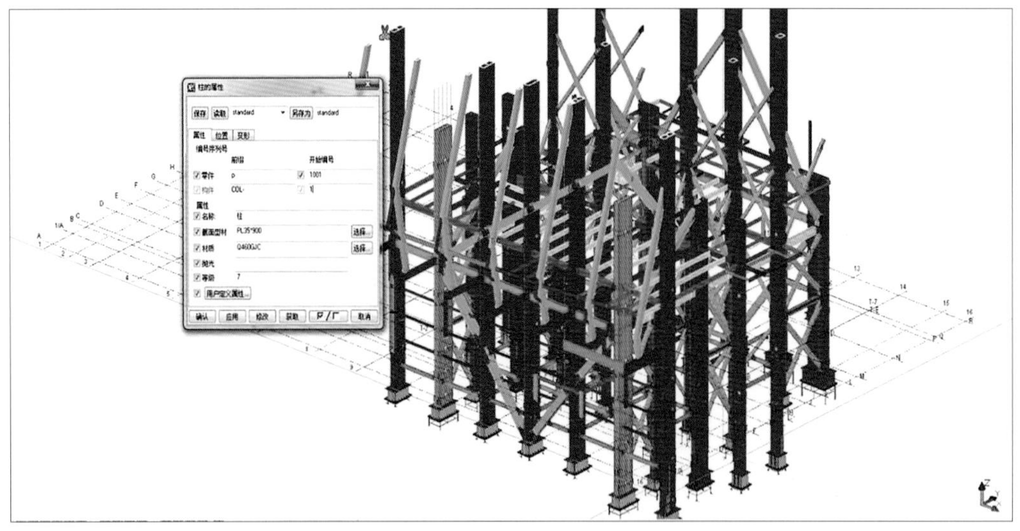

构件截面编辑软件界面

② 结构整体初步建模

在 Xsteel 截面库中选取钢柱或钢梁截面，进行柱、梁等构件的建模。

③ 节点参数化自动生成

钢梁及钢柱创建好后，在钢柱、钢梁间创建节点，在 Xsteel 节点库中有大量钢结构常用节点，采用软件参数化节点能快速、准确建立构件节点。当节点库中无该节点类型时，而在该工程中又存在大量的该类型节点，可在软件中创建人工智能参数化节点以达到设计要求。

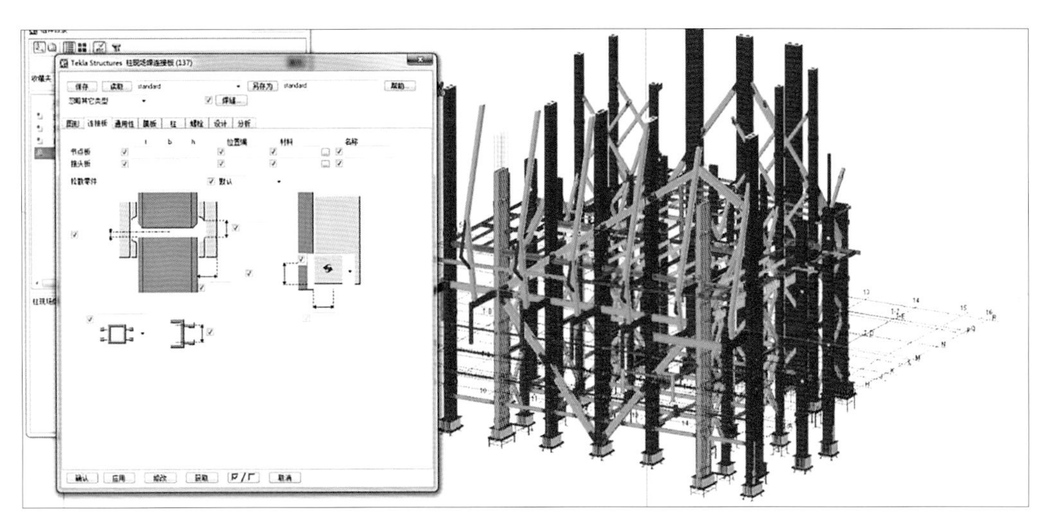

参数化节点软件界面

④ 构件编号

当节点全部创建完毕，将对整体工程构件进行编号。Xsteel 可以自动根据预先给定的构件编号规则，按照构件的不同截面类型对各构件及节点进行整体编号命名及组合相同构件及板件所命名称相同。从而大大减少构件人工编号时间，减少人工编号错误。

⑤ 出构件深化图纸

Xsteel 能自动根据所建的三维实体模型对构件进行放样，其放样图纸的准确性极高。

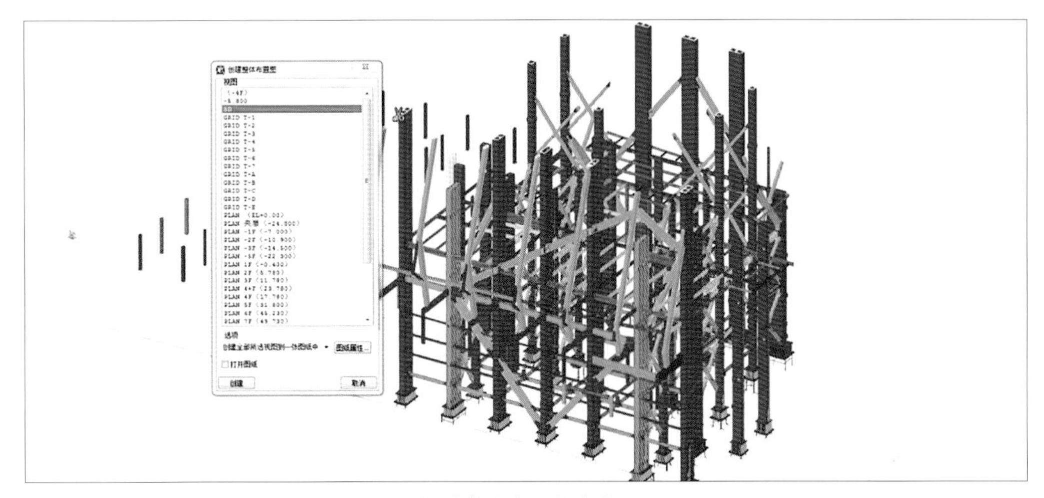

构件自动出图软件界面

⑥ 图纸更新调整

自动生成深化图纸具有很强的统一性及可编辑性，软件导出的图纸始终与三维模型紧密保持一致，当模型中构件有所变动时，图纸将自动在构件所修改的位置进行变更，以确保图纸的准确性。

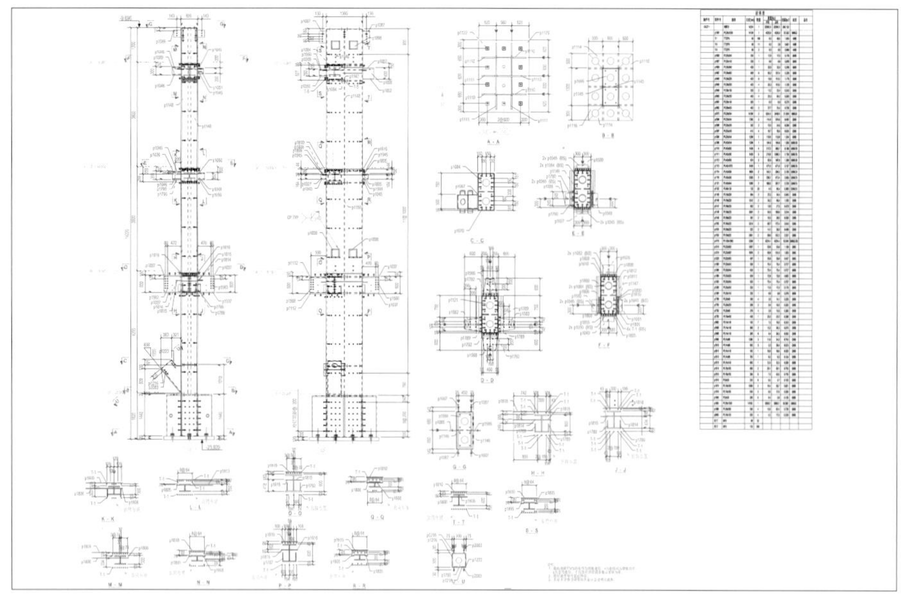

图纸更新软件界面

（2）深化设计流程

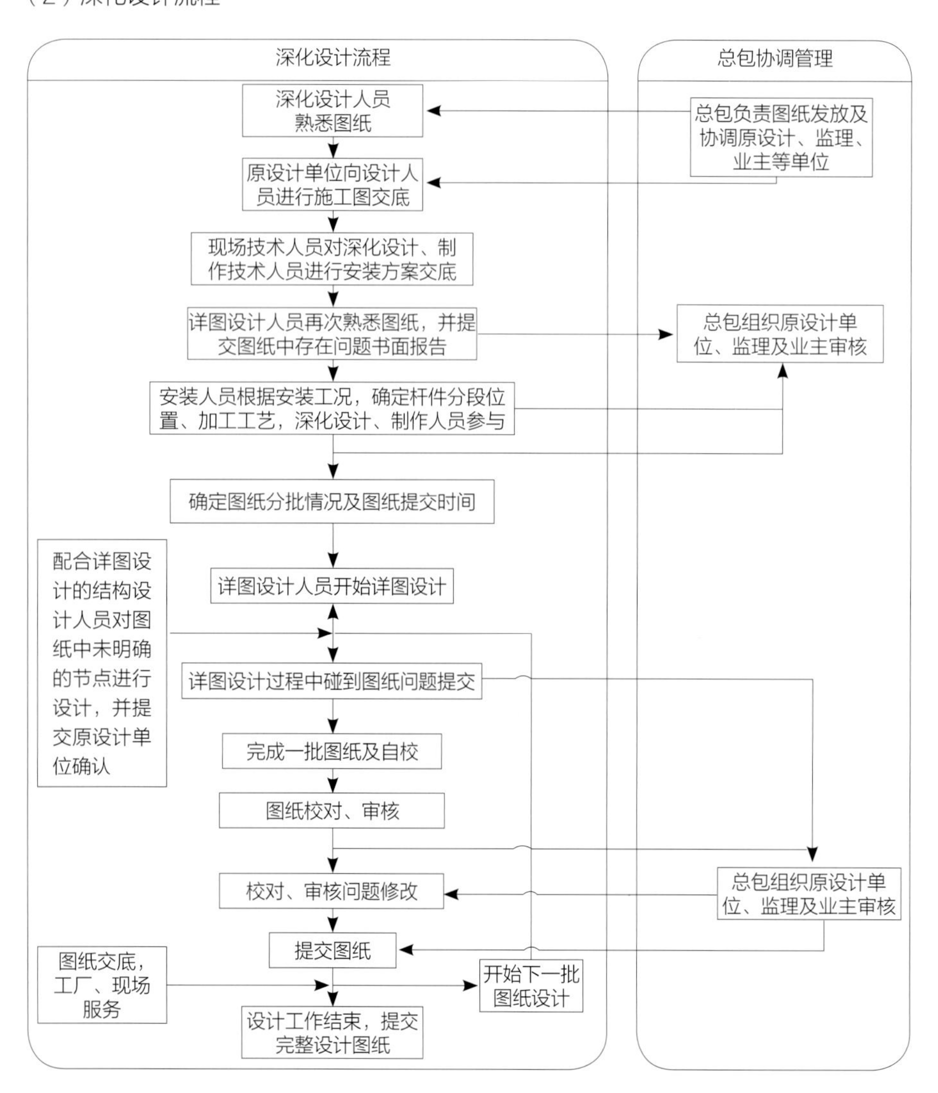

3. 防水节点及做法

防水工程内容主要包括茶水间，卫生间，设备机房的楼面，屋面，内墙，外墙，水池等处的防水材料铺设，分为屋面工程防水、楼层工程防水和外墙防水三大部分。

（1）防水工程各节点做法

（单位：mm）

<table>
<tr><th>类别</th><th>代号</th><th>名称</th><th>用料做法</th><th>适用范围</th><th>总厚度</th><th>结构降板</th></tr>
<tr><td rowspan="25">楼面</td><td rowspan="7">楼 10</td><td rowspan="7">防滑地砖楼面</td><td>1. 8-10 厚防滑地砖</td><td rowspan="3">北塔卫生间</td><td rowspan="3">135
55</td><td rowspan="3">150
70</td></tr>
<tr><td>2. 5-8 厚聚合物水泥防水砂浆满浆粘贴</td></tr>
<tr><td>3. 10 厚 1:2 水泥砂浆保护层</td></tr>
<tr><td>4. 2 厚单组份聚氨酯涂膜，四周卷起 300 高，搭接墙面防水层</td><td rowspan="3">裙楼商业
卫生间
茶水间
垃圾间</td><td rowspan="3">135</td><td rowspan="3">150</td></tr>
<tr><td>5. 20 厚 1:3 水泥砂浆找坡层</td></tr>
<tr><td>6. 10 厚聚合物水泥防水砂浆层</td></tr>
<tr><td>7. 钢筋混凝土楼板，抹平，表面清理干净</td><td>地下室卫生间</td><td>85</td><td>100</td></tr>
<tr><td rowspan="6">楼 11</td><td rowspan="6">预留面层楼面</td><td>1. 面层详见二次装修图纸（建议 3~5 厚聚合物水泥砂浆满浆粘贴地砖）</td><td rowspan="6">商业预留厨房</td><td rowspan="6">待定</td><td rowspan="6">100</td></tr>
<tr><td>2. 聚合物水泥基防水涂膜 1.5 厚，四周卷起 300 高，搭接墙面防水层</td></tr>
<tr><td>3. 20 厚 1:2 水泥砂浆找平层</td></tr>
<tr><td>4. 30 厚（最薄处）轻质混凝土垫层找坡做沟，1%~2% 坡向地漏</td></tr>
<tr><td>5. 10 厚聚合物水泥砂浆防水层</td></tr>
<tr><td>6. 钢筋混凝土楼板，抹平，表面清理干净</td></tr>
<tr><td rowspan="6">楼 12</td><td rowspan="6">环氧树脂楼面</td><td>1. 2 厚环氧树脂地板漆</td><td rowspan="6">湿水设备机房</td><td rowspan="6">详见图纸标高</td><td rowspan="6">详见图纸标高</td></tr>
<tr><td>2. 10 厚聚合物水泥砂浆找平层</td></tr>
<tr><td>3. 50-100 厚 C30 细石混凝土找坡层，内配 ϕ6@150，双向分缝 3m，缝内嵌密封膏</td></tr>
<tr><td>4. 素水泥浆结合层一道</td></tr>
<tr><td>5. 10 厚聚合物水泥砂浆防水层</td></tr>
<tr><td>6. 钢筋混凝土楼板，抹平，表面清理干净</td></tr>
<tr><td rowspan="6">楼 13</td><td rowspan="6">环氧树脂楼面</td><td>1. 2 厚环氧树脂地板漆</td><td rowspan="6">避难层走道
避难层区域</td><td rowspan="6">50</td><td rowspan="6">20</td></tr>
<tr><td>2. 10 厚聚合物水泥砂浆找平层</td></tr>
<tr><td>3. 20 厚（最薄处）1:3 水泥砂浆找坡层</td></tr>
<tr><td>4. 素水泥浆结合层一道</td></tr>
<tr><td>5. 10 厚聚合物水泥砂浆防水层</td></tr>
<tr><td>6. 钢筋混凝土楼板，抹平，表面清理干净</td></tr>
</table>

类别	代号	名称	用料做法	适用范围	总厚度	结构降板
楼面	楼 14	环氧树脂楼面	1. 2 厚环氧树脂地板漆	发电机房空调机房制冷机房水泵机房电梯机房冷却塔	详见图纸标高	详见图纸标高
			2. 10 厚聚合物水泥砂浆找平层			
			3. 周边防水硅胶封堵（地漏等处加强封堵）			
			4. 50-100 厚 C30 细石混凝土找坡层，内配 ϕ6@150, 双向留缝 3m，缝内嵌密封膏			
			5. 无纺布			
			6. 50 厚隔声垫层（A 级）			
			7. 10 厚聚合物水泥砂浆防水层			
			8. 钢筋混凝土楼板，抹平，表面清理干净			
屋面	屋 3	有保温层、上人 1 级防水屋面	1. 穿孔金属板，金属屋面板	裙楼斜屋面（取消第 7 条）塔楼连廊处		
			2. 支撑龙骨（1、2 安装见厂家材料说明，嵌缝用专用密封胶）			
			3. 50 厚 C30 细石混凝土保护层，内配 ϕ6@150 双向钢筋网，设缝纵横间距 4m，内填单组分聚氨酯密封胶嵌缝			
			4. 铺 60 厚 XP 挤塑聚苯板隔热层			
			5. 3.0 厚自粘改性沥青聚酯胎防水卷材			
			6. 2.0 厚聚氨酯防水涂膜			
			7. 30 厚（最薄处）C25 混凝土找坡（坡度见图纸），随打随抹光			
			8. 钢筋混凝土楼板，随打随抹光，表面清理干净			
	屋 4	有保温层、上人 1 级防水屋面	1. 8-10 厚防滑地砖（5-8 厚聚合物水泥砂浆满浆粘贴），聚合物水泥嵌缝	裙楼平屋面塔楼屋面		
			2. 50 厚 C30 细石混凝土保护层，内配 ϕ6@150 双向钢筋网			
			3. 铺 50 厚 XP 挤塑聚苯板隔热层			
			4. 3.0 厚自粘改性沥青聚酯胎防水卷材			
			5. 2.0 厚聚氨酯防水涂膜			
			6. 30 厚（最薄处）C25 混凝土找坡（坡度见图纸），随打随抹光			
			7. 钢筋混凝土楼板，随打随抹光，表面清理干净			
	屋 5	1 级防水屋面无保温层、上人屋面	1. 8-10 厚防滑地砖（5-8 厚聚合物水泥砂浆满浆粘贴），聚合物水泥嵌缝	电梯间屋面，出屋面楼梯间屋顶机房等不上人屋面取消第 1 条		
			2. 50 厚 C30 细石混凝土保护层，内配 ϕ6@150 双向钢筋网			
			3. 干铺无纺布			
			4. 2.0 厚自粘改性沥青聚酯胎防水卷材			
			5. 2.0 厚聚氨酯防水涂膜			
			6. 20 厚（最薄处）C25 混凝土找坡（坡度见图纸），随打随抹光			
			7. 防水钢筋混凝土楼板，随打随抹光，表面清理干净			

类别	代号	名称	用料做法	适用范围	总厚度	结构降板
内墙	内 3	墙砖墙面	1. 5-8 厚墙砖	楼 10，楼 11 区域		
			2. 3-5 厚干混聚合物水泥防水砂浆满浆粘贴			
			3. 1.2 厚聚合物水泥防水涂料			
			4. 20 厚不小于 M10 掺纤维预拌抹灰砂浆找平			
			5. 钢筋混凝土墙（或砌体墙）不同材料交接处加钉钢板网，沿缝居中 300 宽			
外墙		金属板外墙 1（有玻化微珠保温砂浆保温层）	1. 基层墙体	混凝土外墙 + 金属板幕墙区域		
			2. 刷界面剂一道			
			3. 3 厚界面砂浆			
			4. 15 厚玻化微珠保温砂浆			
			5. 4 厚抗裂砂浆（干粉类）压入耐碱玻纤网格布			
			6. 1.2 厚聚合物水泥基防水涂膜			
			7. 柔性耐水腻子二遍刮平			
			8. 浅色外墙涂料			
			9. 金属板幕墙及其支撑龙骨			
		金属板外墙	1. 基层墙体	内隔墙板外墙 + 金属板幕墙区域		
			2. 1.2 厚聚合物水泥基防水涂膜			
			3. 柔性耐水腻子二遍刮平			
			4. 浅色外墙涂料			
			5. 金属板幕墙及其支撑龙骨			
		涂料外墙（无保温层）	1. 基层墙体	屋面核心筒外墙		
			2. 刷界面剂一道			
			3. 12 厚 M15 抹灰砂浆			
			4. 8 厚 M20 抹灰砂浆			
			5. 1.2 厚反应型聚合物水泥防水涂料			
			6. 柔性耐水腻子二遍刮平			
			7. 面层涂料 + 罩面涂膜			
水池		池壁及顶板底板	1. 薄型小块面砖	消防水池及生活水池池表面一律先清除干净蜂窝麻面，用 M15 预拌抹灰砂浆嵌平铺实		
			2. 3 厚聚合物水泥砂浆满浆粘贴			
			3. 10 厚聚合物水泥防水砂浆			
			4. 1.5 厚 1.2kg/m^2 水泥基渗透结晶型防水涂料			
			5. 自防水钢筋混凝土结构			
设备平台			1. 最薄处不小于 20 厚的 M20 预拌抹灰砂浆找坡 2%			
			2. 素水泥浆结合层一道			
			3. 1.5 厚聚合物水泥基防水涂料，上翻至结构上缘			
			4. 最薄处不小于 20 厚的 M20 预拌抹灰砂浆找坡 2%、压光，管根处等节点处 300 范围内做附加防水处理			

（2）屋面防水工程节点做法

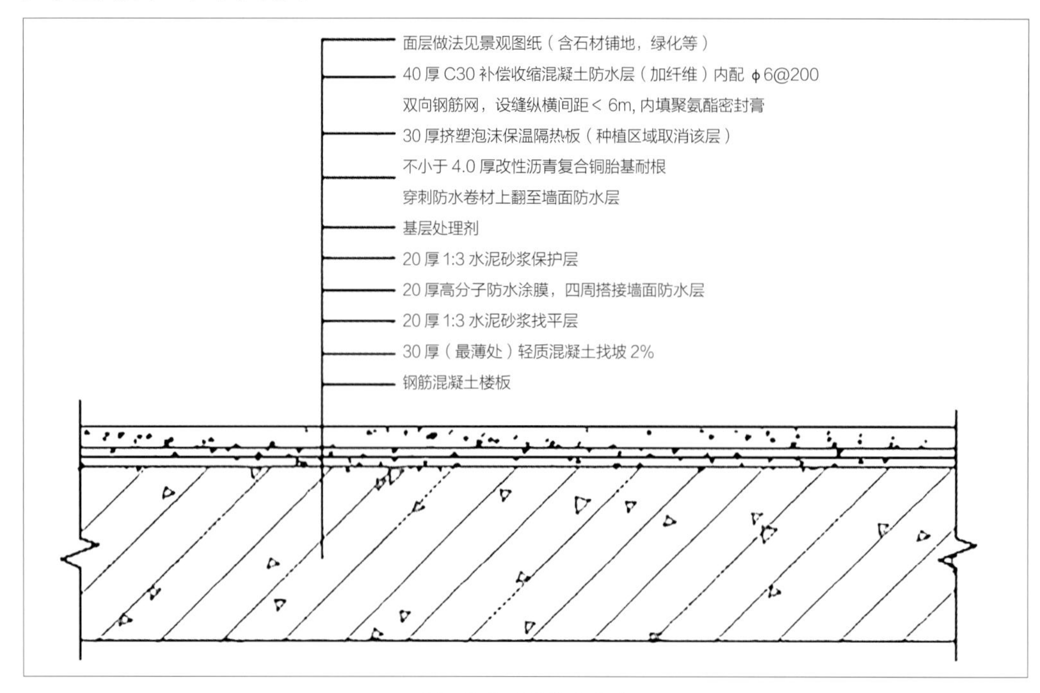

屋面防水工程节点做法

4. 预制混凝土内隔墙板深化设计

预制混凝土内隔墙板是一种绿色、环保、节能的新型建筑材料，它的主要材料成分是工业废渣，并且预制混凝土内隔墙板施工产生的建筑垃圾可以回收利用，再重新加工成预制混凝土内隔墙板。预制混凝土内隔墙板作为建筑材料的新成员，有效地减少了原始建材资源（水泥、砂、水）的消耗。

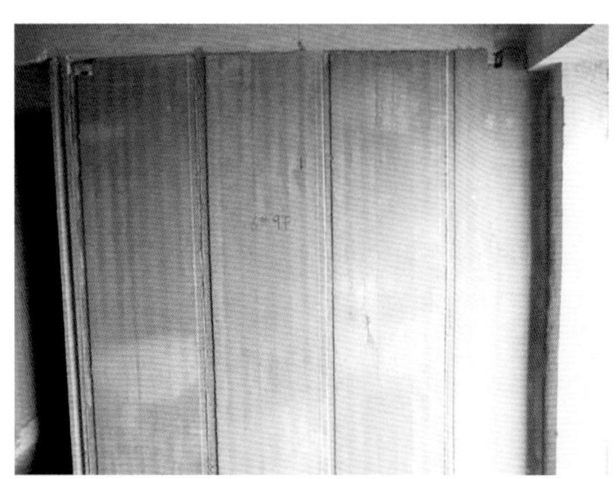

预制混凝土内隔墙板现场安装完成图

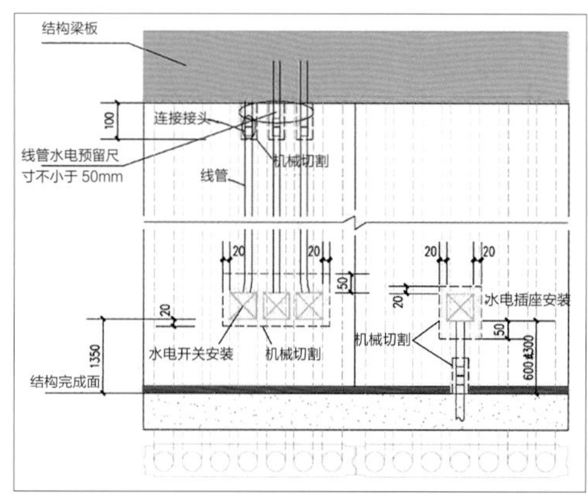

水电预留预埋要求

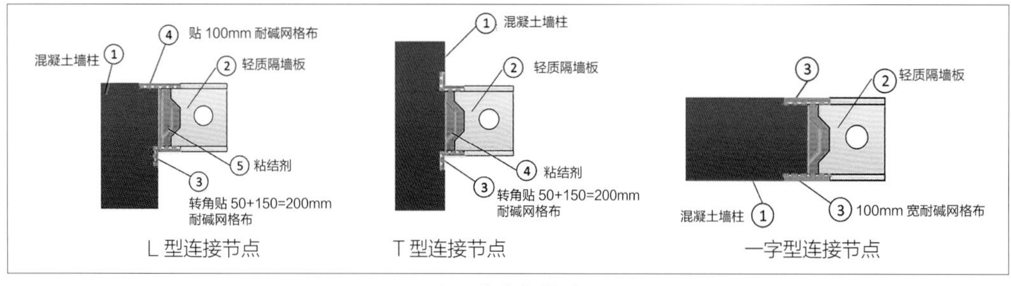

防开裂节点构造

轻质隔板墙与传统的小型砌块、空心砌块墙体比较，减少了对水泥、砂、水等资源的需求，同时墙面不需要抹灰，同样节省了水泥、砂、水资源，节省资源。预制混凝土内隔墙板为工厂化生产，现场只需对隔墙板进行安装，整个安装过程只产生少量的污染物，环保效益明显。

5. 装饰装修设计

精装修专业工程包括塔楼办公区、公共电梯厅、办公大堂、观光区等公共区域，裙楼商业区、餐饮区等公共区域的精装修施工，施工内容包括 OA 地板，墙地面石材，吊顶工程，标示工程等等。精装修工程作为业主直接分包的专业分包工程，做好以下几个方面的精装修分包管理工作：

（1）精装修施工进度计划管理，召开施工进度协调会议，协调各区域精装修施工节点计划，确保整体工程进度。

（2）精装修深化设计协调管理：统一协调精装修设计与土建结构、机电单位的深化设计协调，组织协调机电综合平面图的会审，确保精装修深化设计进度，协调精装修与其余专业施工单位的收口处理措施。

（3）建立精装修工程安全文明施工管理制度，统一协调管理现场安全文明施工，为幕墙工程施工提供安全防护措施。

（4）做好精装修分包施工协调管理，作为总包统一协调现场平面，按计划协调现场材料的垂直运输，做好现场精装修材料堆场的协调、材料的垂直运输协调、精装修施工与其他专业的施工协调。

（5）协调精装修施工与机电安装的现场施工进度、施工工序协调，协调精装修专业分包与机电安装单位的施工工序、进度、工作面等。

（6）统一协调管理现场安全文明施工，建立现场安全文明施工管理制度，为精装修工程施工提供临边洞口的防护措施及消防设施。

6. 信息化技术

总包项目管理信息化系统主要是为对外协调、对内管理的各项工作提供一个信息交流的平台。主要管理的内容是：工程进度安排、各种资源调配、施工技术、质量计量、安全环境、成本控制、合同管理等等。

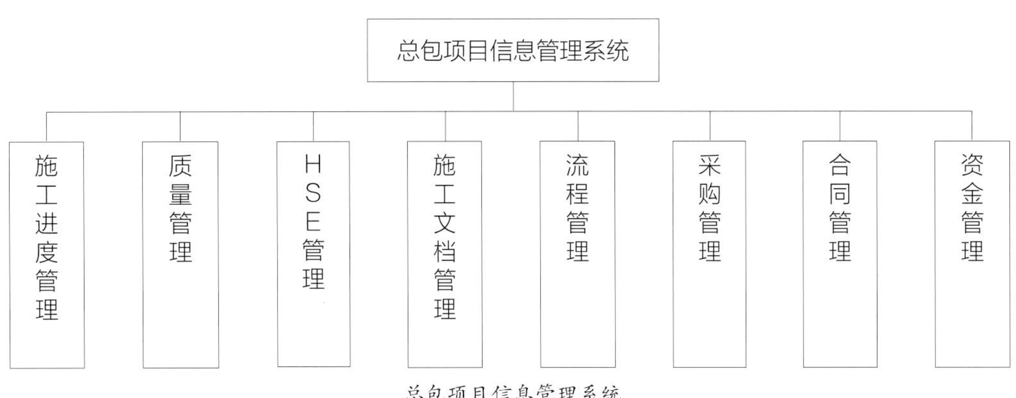

总包项目信息管理系统

各分包商完成的有关信息数据，也通过该系统及时上报汇总，形成各种报表。通过数据分析和检查记录，及时发现施工管理过程中存在的问题，通过该系统将有关工作整改、进度调度、资源调配等指令下达到分包商。同时就成本节超、合同执行、资金现状、工作目标完成情况等项目管理运行状态，通过系统时时反映出来。

本工程将根据我单位在大型工程的信息化管理成功经验，推广采用先进的信息化管理系统。拟在本工程中推广应用的信息化管理内容如下：

序号	项目	序号	项目
1	“法人管项目”信息管理系统	5	施工电梯层呼叫系统
2	项目计算机局域网	6	工程图纸数字化
3	门户网站及协同办公平台	7	技术论文汇编出版及信息发布
4	影像记录		

通过先进实用的管理信息系统的实施来加强项目的经营管理和项目管理，采取责任分解、目标控制、动态管理、核算考核等一系列措施，整合项目现有的生产、经营、设计、制造、管理，及时地为项目的“三层决策”系统（战术层、战略层、决策层）提供准确有效的数据信息，主要完成四控四管一协的工作，即过程四项控制（进度控制、成本控制、质量控制、安全控制）和四项管理（合同管理、现场管理、信息管理、生产管理）以及项目组织协调工作，以便对项目的外界需求做出迅速的反应，以争取更大效益，不断提升项目管理水平。

（二）装配式施工

1. 施工总平面布置图

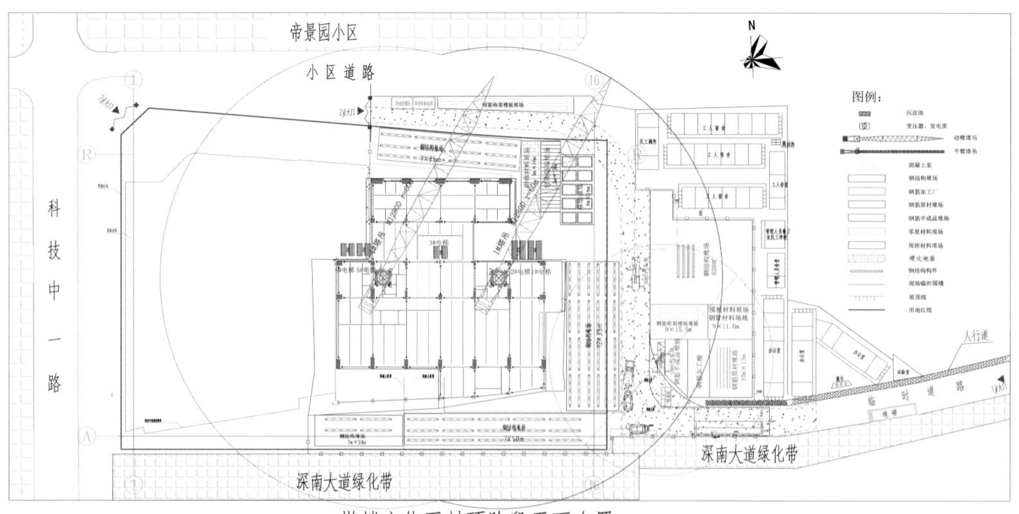

塔楼主体至封顶阶段平面布置

说明：

1、施工安排：此阶段为裙楼已投入使用，塔楼上部结构41层至塔楼结构封顶施工安装阶段，故裙楼所在区域不考虑布置堆场，并与塔楼施工区域进行隔离，自2016.8月至2016.12月，持续时间约为4个月；由下至上考虑幕墙、隔墙板、机电机电安装、装饰装修等工作的插入。

2、堆场安排：在塔楼区域地下室顶板加固区域布置3个钢结构堆场，在东面布置一个大型钢柱堆场，塔楼部分钢结构堆场现场无法满足，需另外寻找场地或租赁堆场；现场幕墙、机电设备、二次结构隔墙利用首层结构室内楼面布置，利用叉车等平面运输工具二次倒运至垂直运输工具；在塔楼东南角布置1个钢筋加工厂及堆场，钢筋桁架模板堆场利用场地空位动态布置，钢筋原材进场后需依靠汽车吊及塔吊吊运至堆场处，具体布置如图所示。

3、机械安排：此阶段安装两台塔吊（1#为60m臂M1280D动臂塔吊、4#为60m臂M1280D动臂塔吊），五台施工电梯，其中1台高速电梯（3#）在施工至25层开始安装，两台高速电梯（4#、5#）在施工至35层时开始安装，一台高速幕墙专用电梯（1#），1台高速轻质隔墙专用电梯（2#）满足装饰装修材料、机电设备、劳动力等垂直运输。东南角布置2台高压地泵，其中塔楼部位备用1台高压地泵，2台HGY18布料机，满足混凝土超高泵送要求。

2. 工艺流程

主塔楼地上标准层钢结构安装时存在错层安装，即 T-A 和 T-E 轴钢柱低于 T-B、T-C、T-D 轴一层，因此钢柱安装顺序为先安装 T-A 和 T-E 轴钢柱，再安装 T-B、T-C、T-D 轴。以安装标准层 L16-L19 层为例进行说明：

根据钢柱分段情况，安装至 L16 层时：T-A 轴钢柱有 4 根钢柱安装至 L16 层，3 根钢柱安装至 L15 层（除斜撑交叉节点外，钢柱分段为 3 层一节）；T-E 轴钢柱都安装至 L15 层（GZ7 分段为两层一节，GZ8 分段为三层一节）；T-B、T-C、T-D 轴钢柱都安装至 L16 层（其钢柱都为三层一节）。

（1）安装 L16-L19 钢柱流程如下：

第一步：各钢柱操作平台安装就绪，焊机工具房和安全走道铺设于 L15 层

第二步：安装 T-A 和 T-E 轴 L15 层钢柱，进行测量矫正后，安装 L16 层外框钢梁使钢柱成稳定结构

第三步：安装 L16 剩余钢梁，并将焊接机房和安全走道转移至 L16 层

第四步：安装 T-B、T-C、T-D 轴 L16 层钢柱，以及 T-A 和 T-E 轴 L16 层钢柱，并安装 L17 层钢梁形成稳定结构

第五步：安装 L17-L19 层斜撑构件

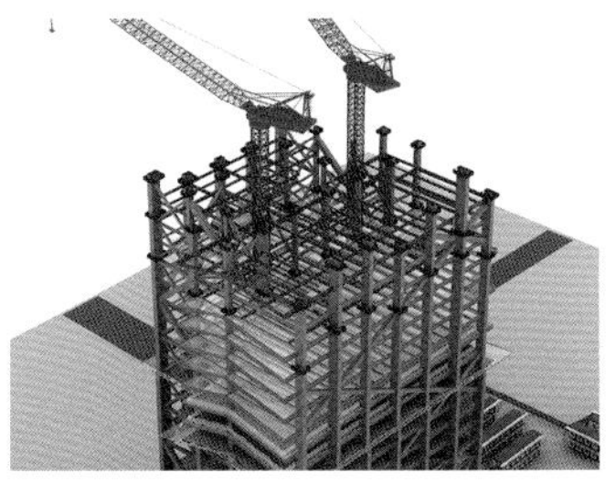

第六步：安装 L18 层钢梁

第七步：将焊接工具房、通道走廊和部分操作平台转移至 L18 层

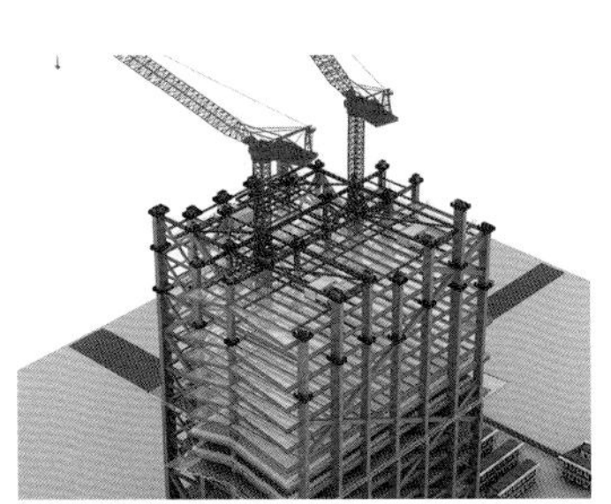

第八步：安装 L19 层部分钢梁，使 L19 层钢柱形成稳定结构

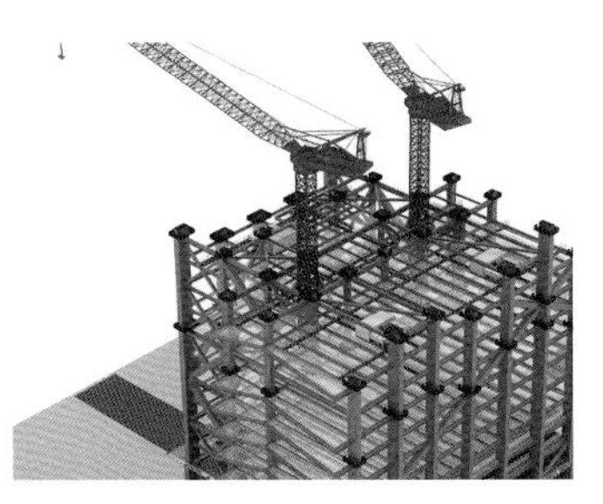

第九步：及时做好相应安防措施和技术措施，为下一节钢柱安装做准备

（2）预制混凝土内隔墙板安装工艺流程

序号	墙体安装高度	安装方式	示意图
1	h < 3200mm	采用下楔法安装	□ 固定件 ■ 粘结剂 ■ 轻质墙板 ■ 混凝土墙梁 ■ 木楔 □ 水电开槽 ① 墙面清理，墙板刷界面剂 ② 固定 U 型卡环 ③ 墙板顶部侧面满刮粘结剂 ④ 用撬棍安装墙板就位 ⑤ 调整到垂直度平整度后下口用木楔楔紧止至挤出浆 ⑥ 72h 后拆除木楔并将孔洞封堵 ⑦ 2 周后水电开槽及机电线盒安装 ⑧ 板缝填填缝剂、粘嵌缝带 （时间最好是精装修之前 1 个月） 墙体安装高度 h < 3200mm 安装示意图
2	3200mm ≤ h < 3600mm	采用上楔法安装，相邻墙板错开高度 ≥ 300mm	□ 固定件 ■ 粘结剂 ■ 轻质墙板 ■ 混凝土墙梁 ■ 木楔 □ 水电开槽 ≥300 ① 墙面清理，墙板刷界面剂 ② 固定 U 型卡环 ③ 墙板顶部侧面满刮粘结剂 ④ 用撬棍安装墙板就位，先安装 1、2 号板，两天后安装 3、4 号板 ⑤ 调整到垂直度平整度后上口用木楔楔紧止至挤出浆 ⑥ 72h 后拆除木楔并将孔洞封堵 ⑦ 2 周后水电开槽及机电线盒安装 ⑧ 板缝填填缝剂、粘嵌缝带（时间最好是精装修之前 1 个月） 墙体安装高度 h：3200mm ≤ h < 3600mm 安装示意图
3	h ≥ 3600mm	应合理设置腰梁，将墙板安装高度分成若干段高度 < 3200mm 或若干段 < 3200mm 部分 + 若干段 3200mm ≤ h < 3600mm 部分，采用下楔法或上楔法和下楔法组合安装。	□ 固定件 ■ 粘结剂 ■ 轻质墙板 ■ 混凝土墙梁 ■ 木楔 □ 水电开槽 墙体安装高度 h ≥ 3600mm 安装示意产图

① 超长墙（墙体长度 > 4m）安装方式

示意图

墙体长度 ≤ 4000mm

600 600 600 600 600 600 补板 200

2 安装标准板 3 最后为补板 1 先设置构造柱（每 4m 设置）

超长墙安装示意图

② 有无门洞时，预制混凝土内隔墙板安装顺序

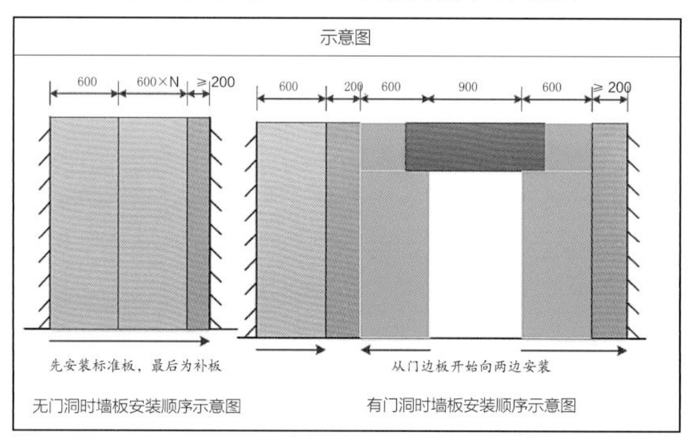

无门洞时墙板安装顺序示意图

有门洞时墙板安装顺序示意图

③ 有无门垛门头板安装方式

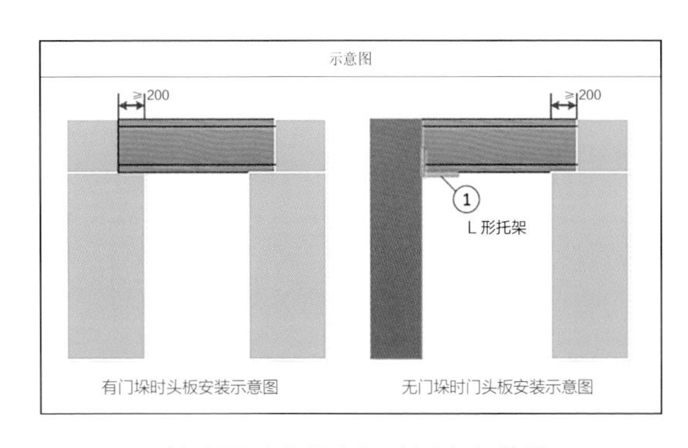

有门垛门边板安装时，应将门头板搭于门边板上，搭接宽度不小于 100mm；无门垛门边板安装时，应使用专用L 型托架安装门头板；L 型托架仅能安装矩形门头板；墙板安装完成 7 天后方可安装门头板；门头板安装采用上部木楔备紧方式；待门头板及整面墙板安装完毕检验合格后 24h 以内，用 1:2 干硬性水泥砂浆填实门头板上部缝隙。

四、小结

汉京项目为全钢结构超高层建筑结构形式，对于全钢结构超高层建筑结构的施工，业界尚无成熟的施工技术作为参考，根据其独特结构形式和受力特点，对钢结构的施工提出了更高的要求。在项目主体施工阶段，为实现快速施工、控制安装精度、提高工程质量，全员致力于创新施工技术，在过程中探索、创新、总结，项目实施成果如下：

（1）采用 CAD 绘制复杂节点立面图，再导入建模软件，利用兼容软件的功能调整关系，可实现复杂节点的方便、快速深化。

（2）针对不同类型的复杂构件，确定具有针对性的专项加工工艺，制定合理的构件组焊顺序、焊接方法和过程控制方法，可透彻解决复杂构件的制作难题，保证构件的制作精度。

（3）逐步分解全钢结构超高层建筑的施工过程，从吊装、测量、焊接、施工措施等方面分析重难点事项，研究、创新施工技术，并整合成一套完整全钢结构超高层安装综合技术，从而提高施工效率、工程质量和控制精度。

（4）通过对建筑结构和塔吊支撑体系的分析，合理改进支撑构件的设计形式，可以实现塔吊在复杂结构超高层建筑中的应用，并保证塔吊的安全稳定性。

（5）大跨度伸臂悬挑的异形桁架安装，需着重于桁架分段、胎架站位和支撑设计。合理运用有限空间，设定汽车吊的倒退式站点和吊装点。不仅解决地形复杂和安装空间狭小的难点，亦可提高安装效率，获得良好的经济效益。

目前汉京金融中心项目主体施工已经完成，成为目前全球唯一一座 300m 以上全钢结构超高层建筑，全钢结构超高层建筑结构体系是当前最先进流行的结构体系，类似结构将不断涌现。

可以预测，在今后相当长时间内，超高层钢结构建设将是我国基本建设的重点，通过研究、创新全钢结构超高层建筑结构体系的关键施工技术进行，有效地节约施工成本，提高施工效率，保证工程质量，具有明显经济优势和产业化应用前景。

资料来源：中建科工集团有限公司

深圳龙华中心变电站工程

建设单位	深圳供电局有限公司
设计单位	深圳新能电力开发设计院有限公司 筑博设计股份有限公司
监理单位	广东诚誉工程咨询监理有限公司
施工单位	深圳市粤网电力建设发展有限公司
构件生产单位	广东中建新型建筑构件有限公司
开工时间	开工时间：2016.07，竣工时间：2017.09
建筑面积	0.26 万 m^2
实施装配式建筑面积	0.22 万 m^2
结构体系	装配整体式框架结构
装配式技术	全清水预制柱、预制叠合梁、预制叠合楼板、预制外挂墙板、预制楼梯，预制混凝土内隔墙板
项目特点	华南地区装配式混凝土结构预制率最高的公共建筑

一、项目概况

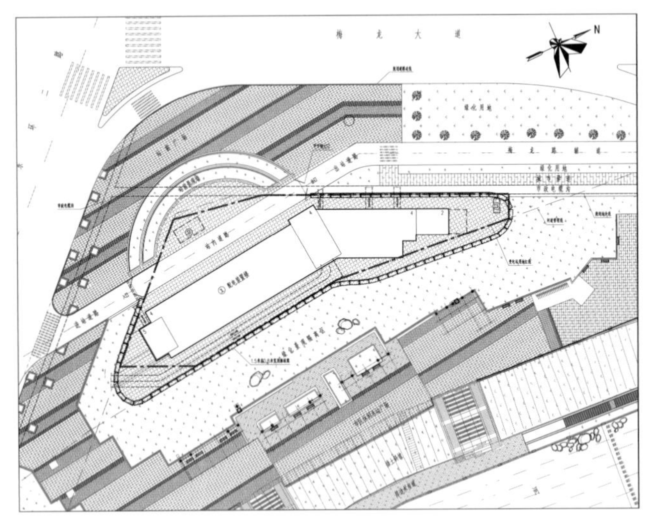

总平面图

110kV 龙华中心变电站位于深圳市龙华新区龙华街道梅龙大道和东环二路交会处，批复用地红线面积 1519m^2。

主体建筑采用混凝土组件工厂化，现场装配建设，总平面按全户内变电站形式布置，主体 4 层，全地上布置，占地面积 670.89m^2、总建筑面积 2597.74m^2。110kV 龙华中心变电站于 2015 年 12 月开工建设，目前已投产运营。

本项目工业化体系采用：预制柱、预制叠合梁、预制叠合楼板、预制外挂墙板、预制楼梯全清水混凝土构件、非承重预制混凝土内隔墙板及轻钢龙骨墙板。预制率达 66%。

配电装置楼主体 4 层，一层（±0.00m 层）为主变室、110kV GIS 室、水泵房等；二层（8.00m 层）为电缆夹层；三层（11.00 m 层）为 10kV 配电装置室和站用变、继保通信室；四层（16.90m 层）为电容器室、接地变室、蓄电池室、工具间等，总建筑面积 2597.74m^2、折线型布置的 4 层配电楼方案。

项目效果图

二、装配式建筑技术应用情况

构件类型	施工方法		构件位置	构件设计说明	最大重量（或体积）
	预制	现浇			
预制柱	√		0.00m 以上柱	采用灌浆套筒技术连接	3.47t
叠合梁	√	√	0.00m 以上梁	预留板厚叠合现浇	7.77t
预制叠合楼板	√	√	楼板及屋面板	250mm 厚预制叠合楼板，预制板厚 60mm，现浇板厚 190mm。部分楼层楼板在板中增加了聚苯乙烯板形成空心楼盖结构	2.35t
预制外挂墙板	√		全部外墙	160mm 厚钢筋混凝土板	7.81t
预制楼梯	√		#1、#3 楼梯	120mm 厚梯段	2.35t
其他技术	1. 灌浆套筒技术 2. 外挂墙板均为清水混凝土墙板 3. 预制构件生产与安装技术 4. 预制混凝土内隔墙板施工技术				

110kV 龙华中心变电站总预制构件 722 件，预制混凝土 823m^3，预制件总重量 2056t。龙华中心变电站地面以上梁板柱、外墙、楼梯均采用工厂预制，柱与柱采用灌浆套筒连接，梁柱、梁板叠合部分采用混凝土现浇。

三、装配式设计、施工技术介绍

（一）装配式设计

1、建筑设计

本工程位于广东省深圳市龙华区，建筑主体共有 1 栋塔楼。结合装配式建筑的特点，我们对原方案进行了优化，提高了标准化及模块化程度，在满足场地限制要求、建筑效果、工艺要求的前提下，竖向构件的横向间距统一调整为 6m，纵向柱距调整为 5m 的倍数，层高调整为 3.50m 及 5.40m 两种，同时，为尽量减少模具投入，提高可复制程度，梁、柱、墙、板的尺寸尽可能统一，叠合梁的截面一共有五种，柱截面尺寸一共有三种，预制叠合楼板的预制部分统一为 60mm。最终使得构件设计更为系统、简单及易于施工操作，各标准柱跨均配以固定的预制外挂墙板构件。

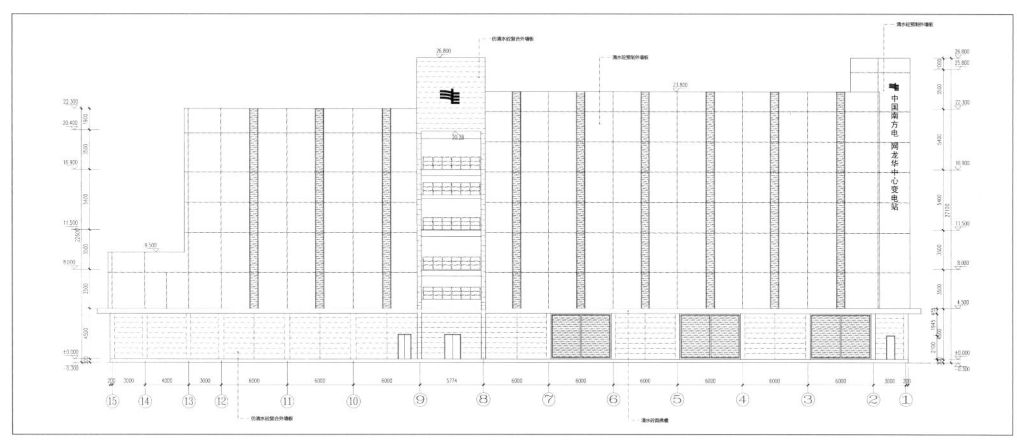

正立面图

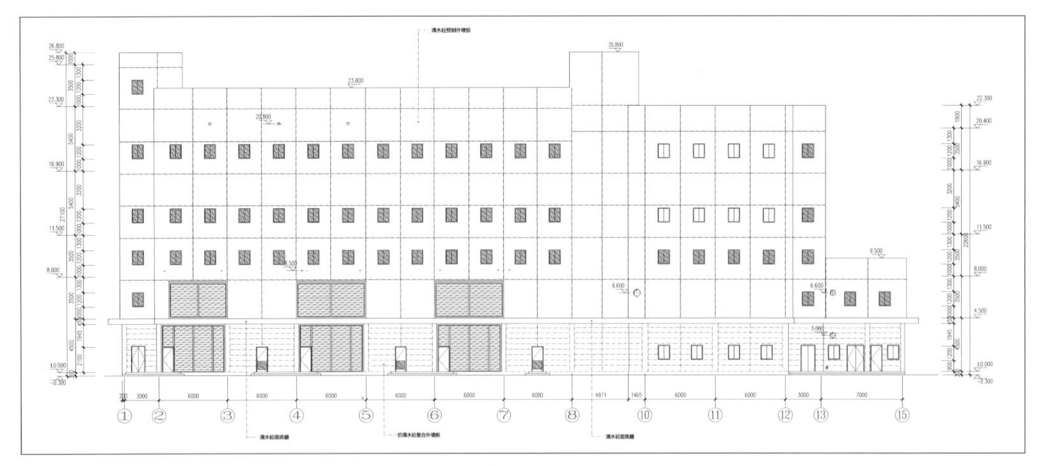

背立面图

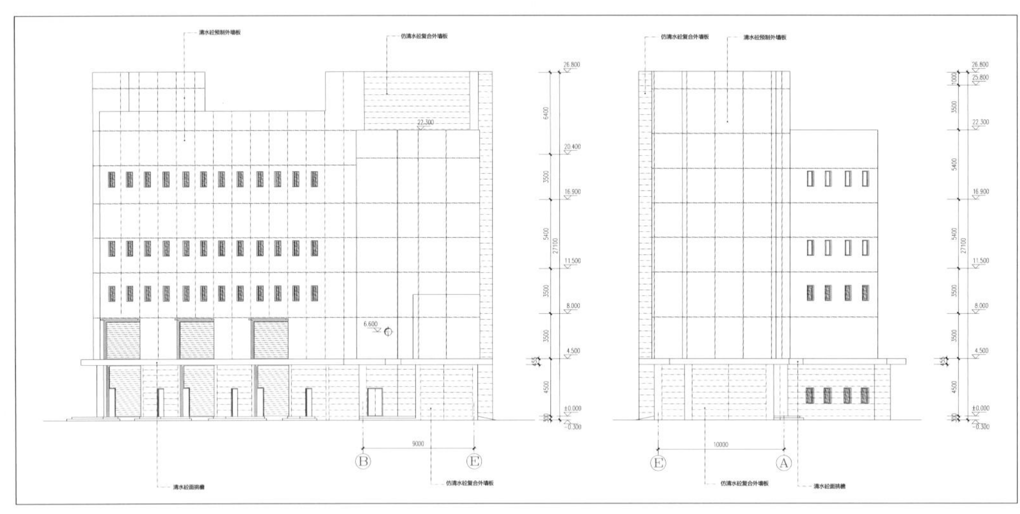

侧立面图

2、结构设计

（1）根据《工程结构可靠性设计统一标准》（GB 50153—2008），本工程的设计基准期为 50 年；根据《建筑结构可靠度设计统一标准》（GB 50068—2001），本工程主体结构设计使用年限为 50 年，抗震设防类别为丙类。

（2）本工程位于广东省深圳市龙华区，根据《建筑结构荷载规范》（GB 50009—2012），本工程 50 年一遇的基本风压为 0.75kN/m^2，地面粗糙度为 C 类。根据《建筑抗震设计规范》（GB 50011—2010）（2016 修订版），本工程建筑物的抗震设防烈度为 7 度，设计基本地震加速度为 0.10g，设计地震分组为第一组。

项目结构说明

单体建筑名称	层数 地上 / 地下	地上高度	结构型式	框架 抗震等级
变电站	4/1	22.30m	装配整体式框架结构	二级

3、预制构件深化设计

本项目预制构件种类有五种：预制柱、叠合梁、外墙板、预制叠合楼板、预制楼梯。预制构件一共有 28 种规格，726 件，预制构件总体积 822.623m^3，其中预制柱 182 件，叠合梁 128 件，预制板 132 件，预制楼梯 2 件，预制外挂墙板 258 件。灌浆套筒连接，满足一级接头要求，接头抗拉强度比现浇增加 15%，灌浆料抗压强度大于 85MPa（安装前进行试块检测）。其他横向节点与现浇模式一致，整体抗震性能等同现浇。

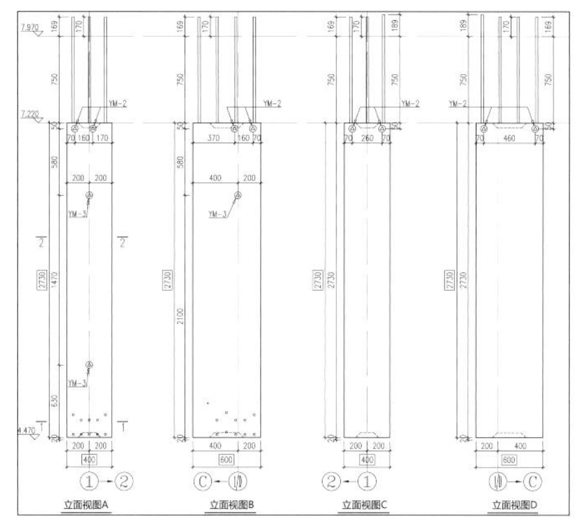

预制柱构件

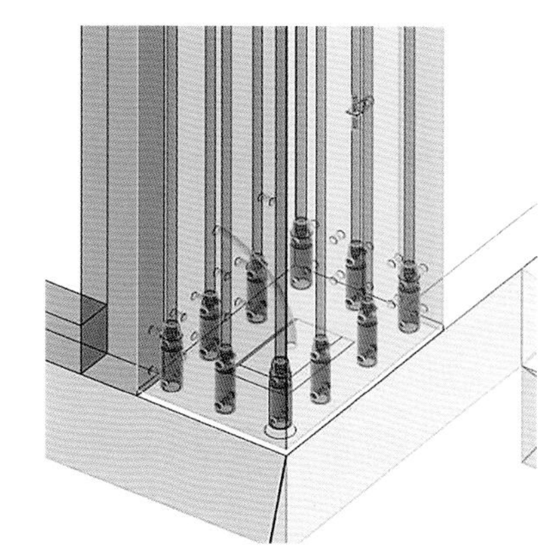

预制柱连接模拟图

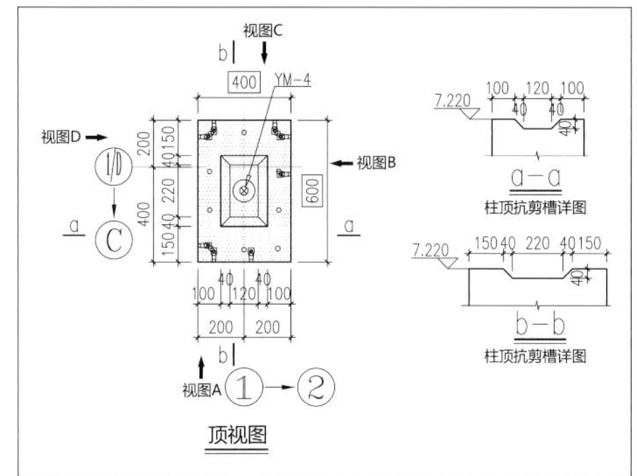

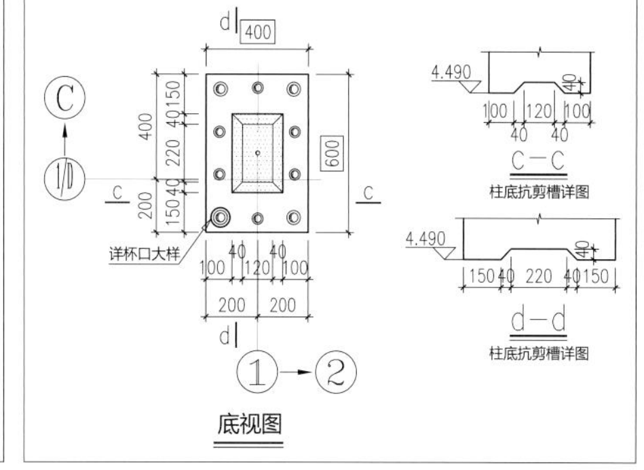

预制柱典型连接图

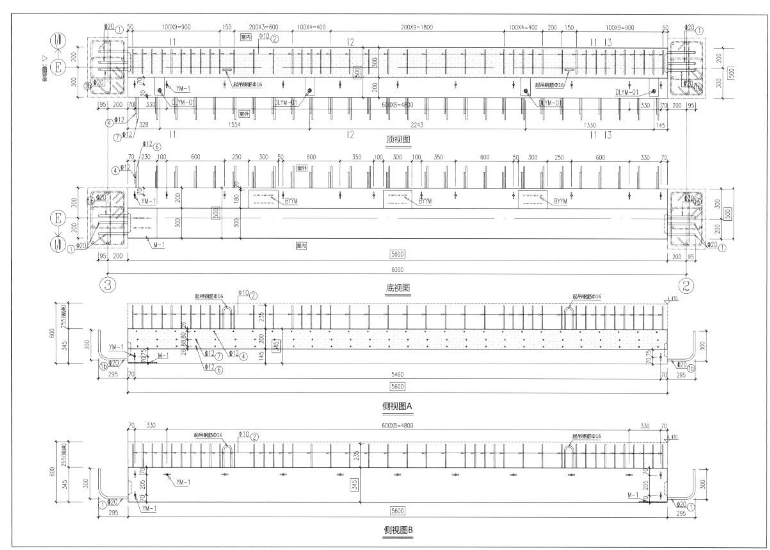

叠合梁构件图

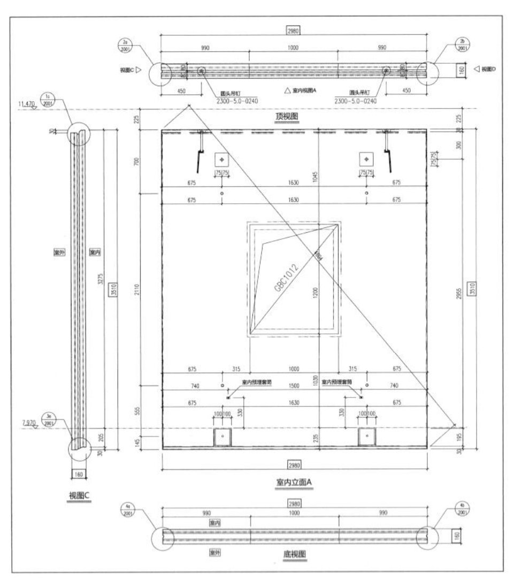

预制外挂墙板构件图

YM-01
B-01
标高、滑移件垫片组合
(-1.1.2.5.5.10)
L40x40x4 L=115
安装就位后焊接定位
B-02
叠合板
PC外挂墙板
YM-03
DP-02
M20 L=80
YM-02
M30 L=70
DP-01
HYP-01.02
16.870(B2)
11.470(B1)

预制外挂墙板典型连接图

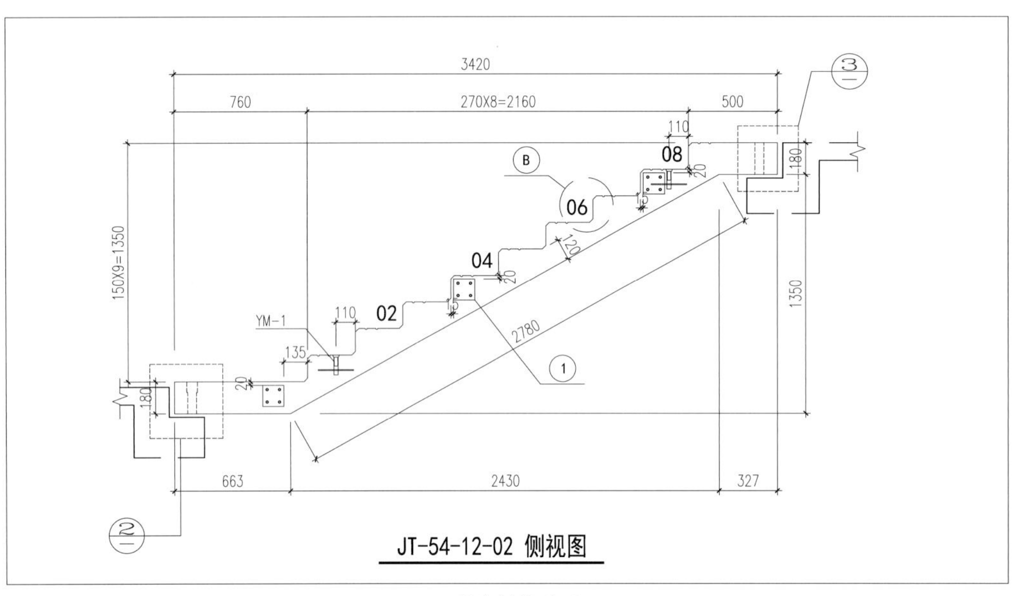

预制楼梯构件图

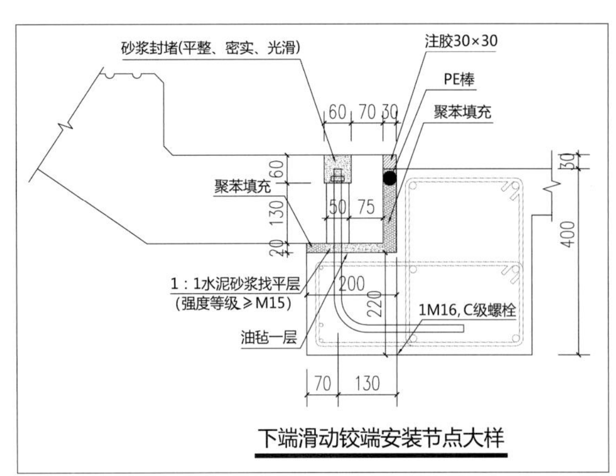

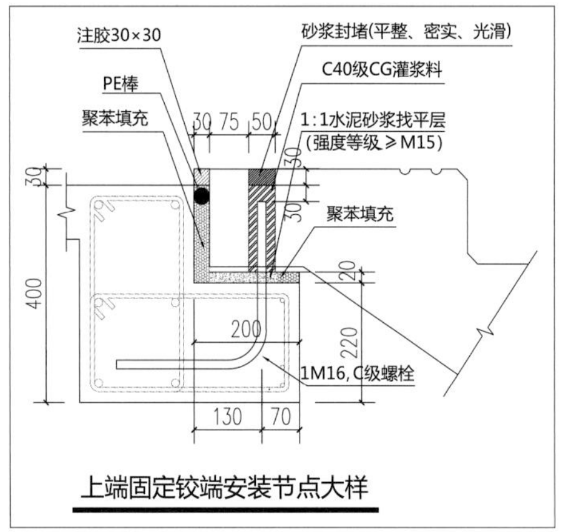

预制楼梯节点大样图

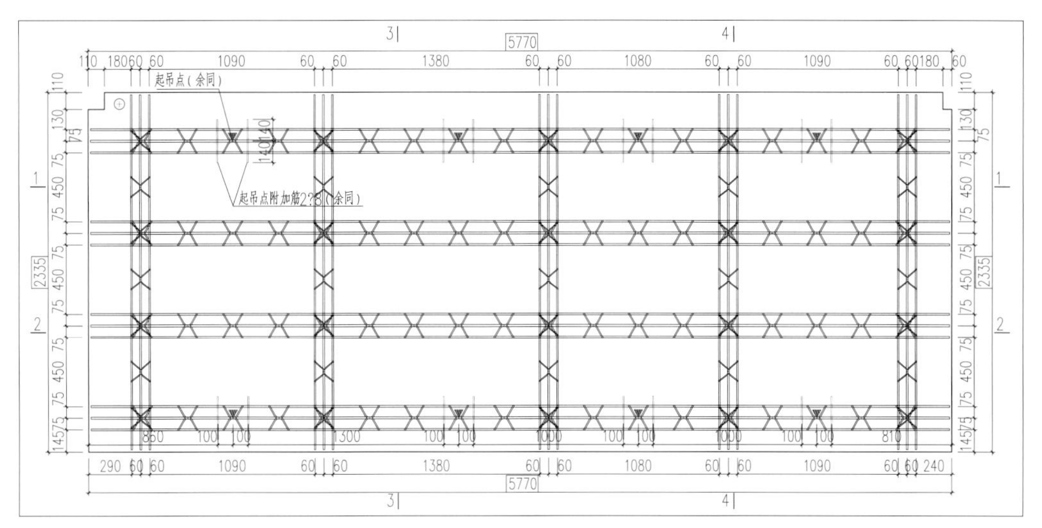

预制叠合楼板构件图

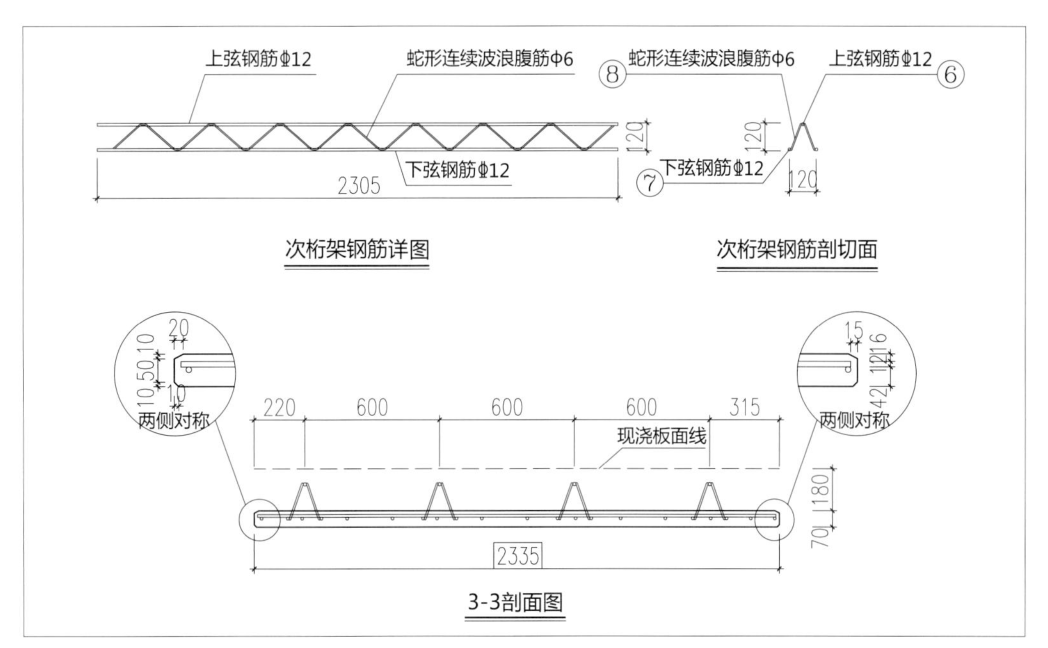

预制叠合楼板构件节点图

4. 保温设计及做法

预制外挂墙板均采用预制钢筋混凝土板，无其余保温措施。

5. 防水节点及做法

预制外挂墙板的接缝及门窗洞口等防水薄弱部位采用材料防水、构造防水以及结构防水相结合的做法。本项目普通预制外挂墙板防水形式主要有 3 道防水措施，最外侧采用被上下层预制构件压紧的 PE 棒和硅酮密封胶，中间部分为企口型物理空腔形成的减压空间，内侧使用预嵌在混凝土中的 PE 棒上下互相压紧加上建筑面层砂浆封闭起到防水效果。

预制外挂墙板与装饰构件、配件的连接（如门、窗、百叶、遮阳板等）牢固可靠。预制外挂墙板接缝所用的密封材料选用耐候性密封胶，耐候性密封胶与混凝土的相容性、低温柔性、最大伸缩变形量、剪切变形性、防霉性及耐水性等均满足设计要求。密封胶的选用符合《建筑用硅酮结构密封胶》GB 16776—2005 的相关要求。预制外挂墙板接缝防水工程由专业人员进行施工，以保证剪力墙的防排水质量。

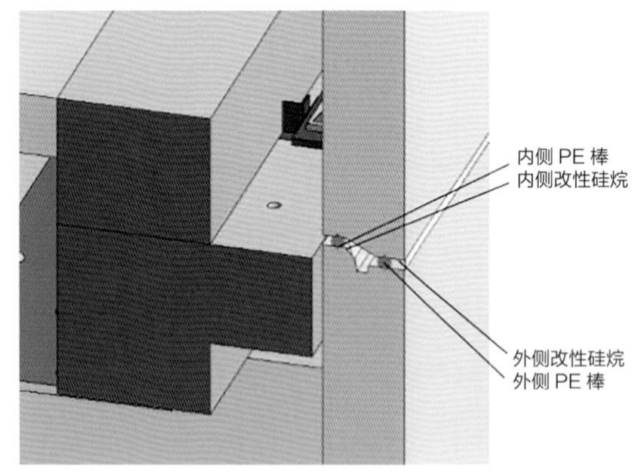

防水节点图示

6. 装配式模板深化设计

本工程尽量采用统一模数协调尺寸，基本单元采用 3M 模数设计，符合现行国家标准《建筑模数协调标准》GB/T 50002—2013 的要求；结构主要墙体保证规整对齐，使结构更加合理，同时减少预制构件转折。该项目机电设备管线系统采用集中布置，管线及点位预留、预埋到位；预制外挂墙板预留预埋线盒、设备管线、空调留洞等。

（二）装配式施工

1. 预制构件安装工艺流程

（1）交接层现浇工程施工（重点做好钢筋的预埋加固定位）。

（2）首层预制柱定位钢筋的调整，作业面清理及施工资源准备。

（3）首层预制柱吊装，就位调整和斜撑加固（重点是定位钢筋的微调）。

（4）梁板支撑搭设，同时进行预制柱灌浆，灌浆强度达到要求时立即进行现浇部分的模板安装及钢筋施工。此环节交叉施工，支撑搭设避免与预制柱及其斜撑发生碰撞。

（5）预制梁吊装，提前做好梁底标高调整及作业面准备。

（6）预制板吊装，重点要先完成叠合梁面筋的穿插，提前做好板底标高调整及作业面准备，一般 7 分钟完成预制板吊装。

（7）叠合现浇部分梁钢筋绑扎及模板安装，重点完成预埋件及钢筋定位调整。

（8）现浇部分混凝土浇筑施工，浇筑前对接钢筋进行保护。

构件吊装

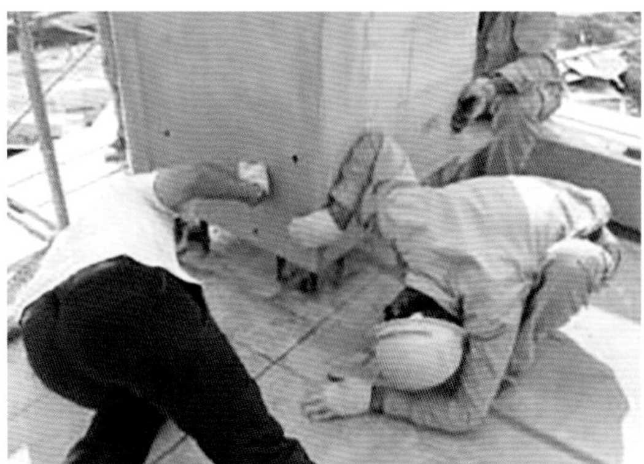
吊装落位

检查准备灌浆料

灌浆施工

2. 装配式模板安装工艺流程

装配式模板安装主要集中在安装节点部位：柱与梁交接部位，梁柱板交接部位，梁与外墙板交接部位。由专业木工采用黑胶复合木模板将浇筑部位封起来，然后使用钢管及对拉螺杆对模板进行加固，并在节点部位上方留出浇筑口。

3. 预制混凝土内隔墙板安装工艺流程

内墙复合板采用不锈钢方通作为框架柱与梁，复合墙板安装连接处采用加强型砂浆进行封堵，施工工序由下至上，保持结构稳定。

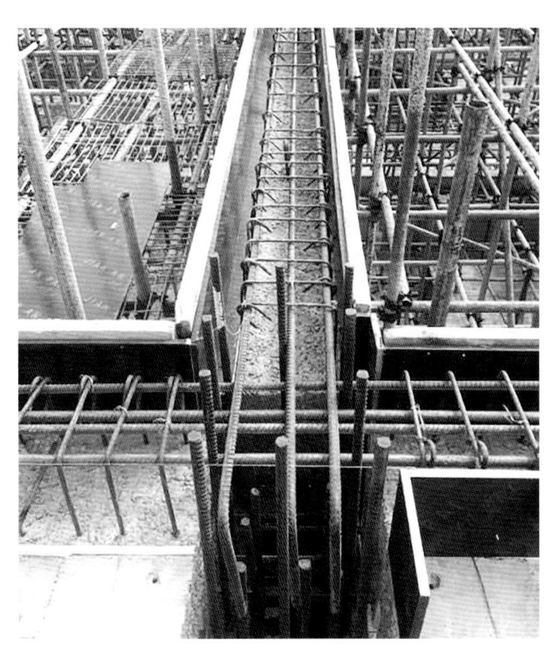

模板安装完成

（三）BIM 技术应用

110kV 龙华中心变电站作为华南地区预制率及装配率最高的项目，变电站项目设备管线众多，构件之间、钢筋之间、管线之间的关系不仅停留在三维空间上，同时与构件安装先后顺序关系紧密，属于四维关系，借用传统 CAD 绘图软件无法完全解决本项目的预制构件安装难题。

所以，为确保项目的顺利开展，本项目在设计阶段、构件深化阶段、构件安装阶段、设备管线安装阶段均采用 BIM 技术辅助，通过 BIM 技术在全专业进行可视化协调。

1. 设计阶段的 BIM 应用过程

（1）项目每一个预制构件的参数化 BIM 模型。在 BIM 模型中真实表达构件的尺寸、预埋件、吊点和钢筋等信息，同时可以通过参数进行驱动。

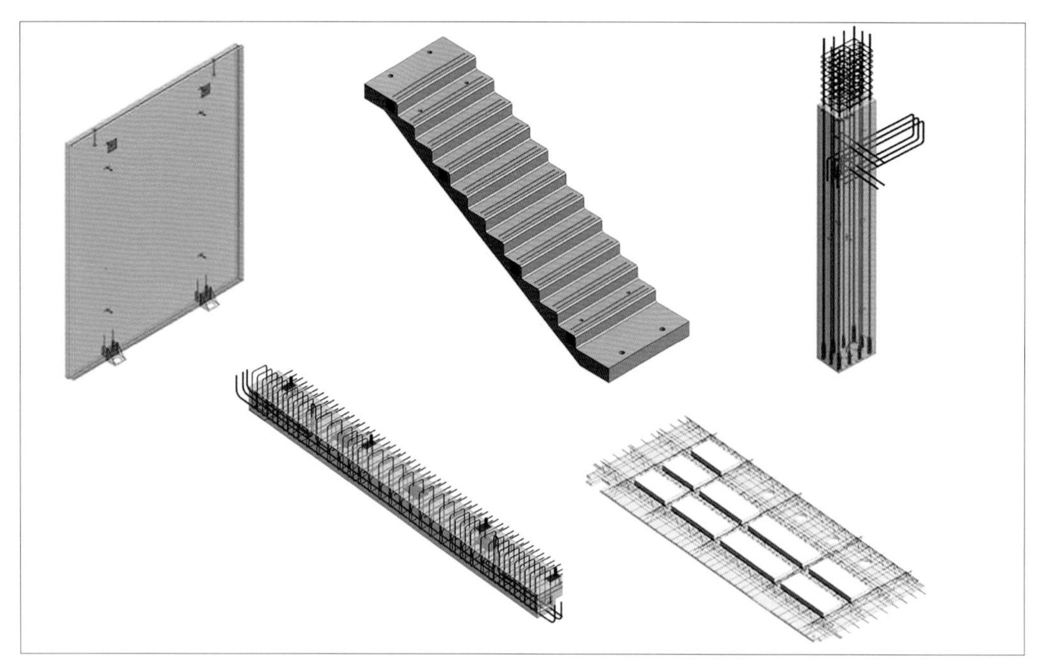

典型预制构件 BIM 模型

（2）组装构件，反映出建筑结构主体信息，确定外立面墙板分缝方式，并且检测设计过程中出现的问题，确认建筑结构的协调性，包括墙柱定位、构件尺寸、门洞尺寸及定位、机电留洞尺寸及定位等信息。

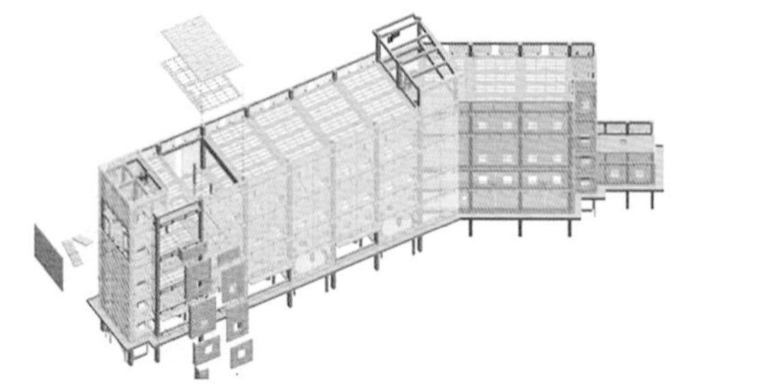

预制外挂墙板立面拆分分析图

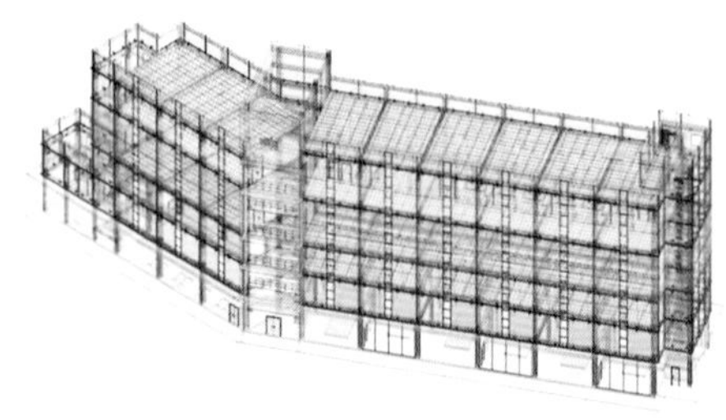

建筑结构 BIM 整体模型

（3）创建项目机电模型，包含机电管线及机电设备。

通过建立 BIM 模型，我们很容易就可以直观地发现预制构件之间、构件内埋件之间的关系存在碰撞问题，如下图所示：

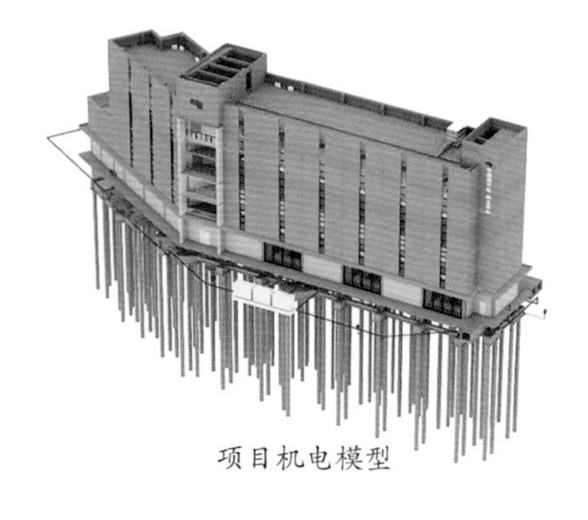

项目机电模型

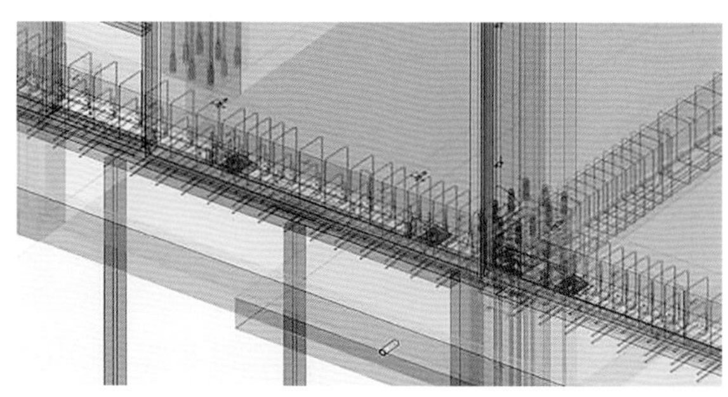

碰撞检测分析

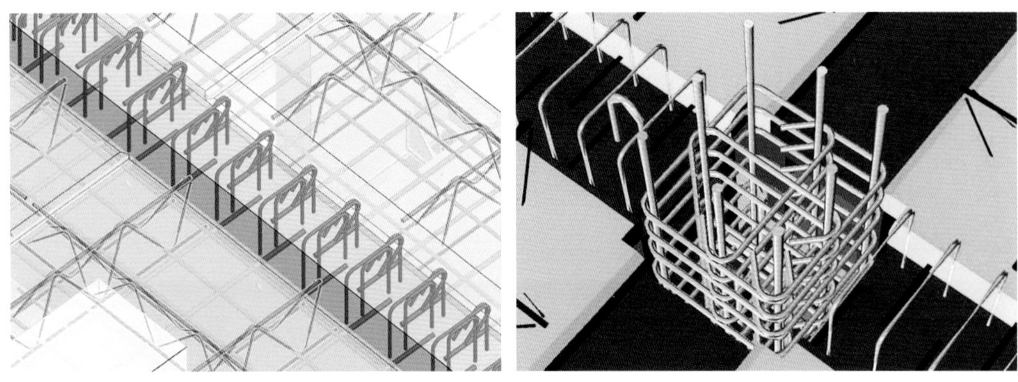

碰撞检测分析

或者还可以通过软件自动识别钢筋碰撞检查，如下图所示。

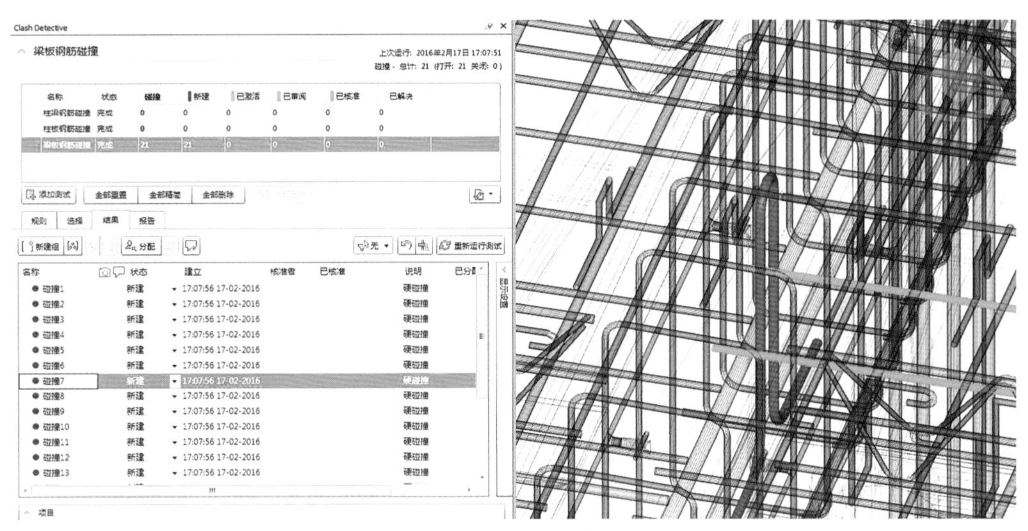

钢筋碰撞检测分析

最终，通过 BIM 技术分析，我们发现了将近 100 个构件之间、钢筋之间、埋件之间的碰撞，这对我们的设计带来了极大的帮助，同时，我们也利用 BIM 技术来统计构件数量及预制率，大大减轻了设计的工作量。

110kV 龙华中心变电站构件数量汇总表

楼层 \ 构件	柱	梁	墙			板	门	窗
	预制（个数）	预制（个数）	预制外墙（个数）	预制内墙（个数）	总（个数）	预制（个数）	总（个数）	总（个数）
4.470m 层	39	27	0	70	70	0	19	12
7.970m 层	39	33	50	37	87	24	3	16
10.970m 层	35	35	55	13	68	36	2	18
16.870m 层	30	24	49	10	59	36	5	18
20.400m 层 22.300m 层	33	24	49	38	87	36	19	32
楼梯间屋面	6	0	56	7	63	36	1	1
合计	182	143	259	175	434	168	49	97

构件信息汇总表

2. 施工阶段的 BIM 应用过程

在施工阶段，BIM 可以把 BIM 技术用施工模拟分析、施工方案优化分析及预制构件预拼装，为后续施工阶段提供技术支持。

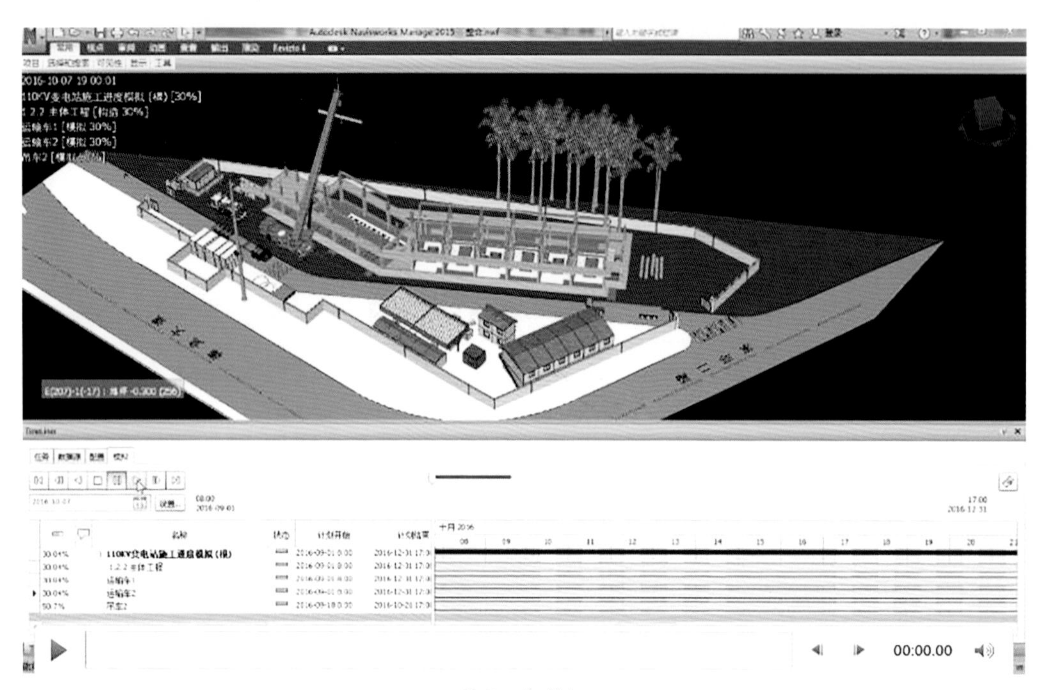

项目工期模拟

本项目，我们设计了基于 BIM 技术的施工工期模拟系统，方便建设方及施工方对工期的把控。同时，利用 BIM 模型对施工方案的模拟进行施工方案的优劣对比，与施工方进行协调沟通，调整施工时间计划，调整施工方案顺序。从而确定最优的施工方案，以优化施工工期及质量，实现施工质量精细化。

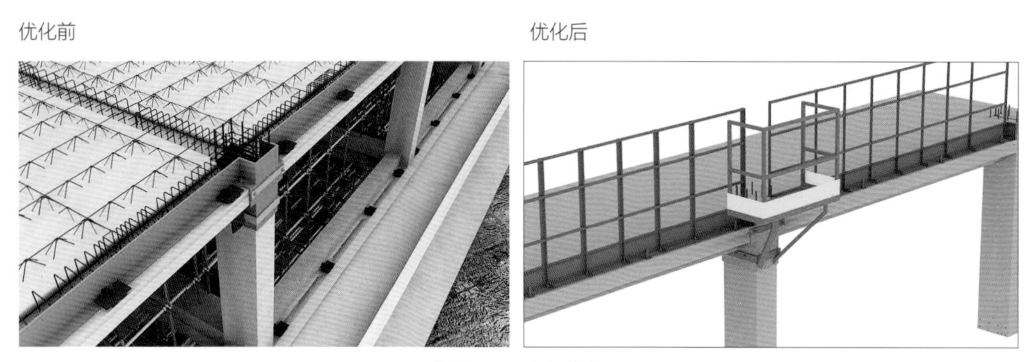

通过 BIM 进行优化

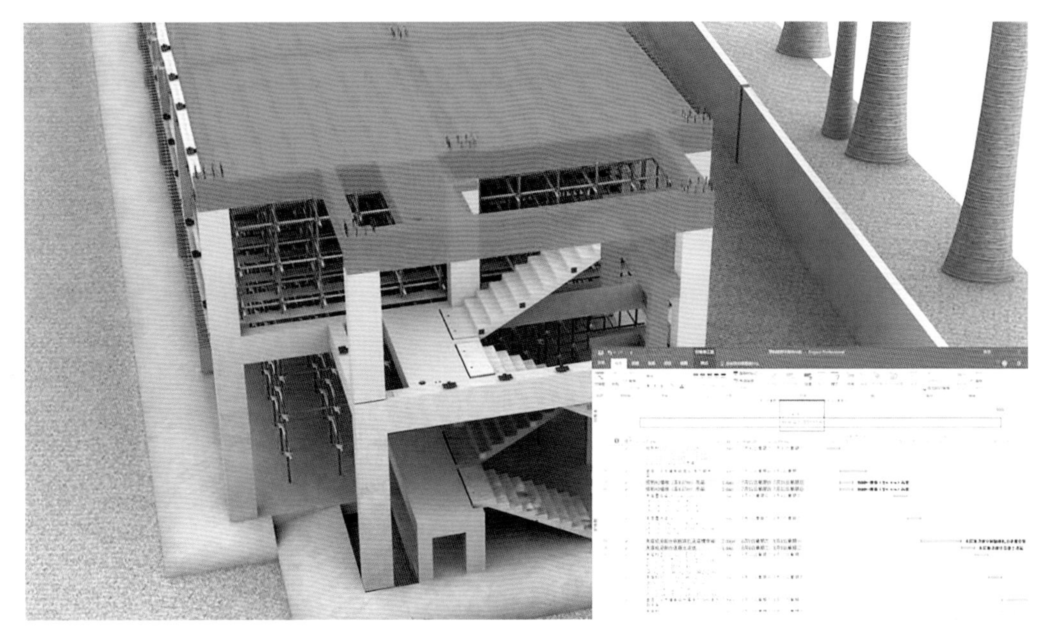

BIM 技术的优化施工顺序的方案比选

四、小结

（一）综合效益分析

项目采用装配整体式框架结构，施工阶段采用大量的预制构件，虽然构件成本相对现浇成本要高，但通过大量减少了现场浇筑等湿作业工作，减少现场人工，提升项目工期，通过 BIM 技术等方式减少二次变更，项目总体的实际成本减少。

（二）结语

设计过程综合考虑预制构件的生产工艺、运输条件、安装方法、现场条件等因素确定设计方案，将整体的建筑合理地拆解为单个的构件，优化构件的形状和尺寸，预制构件尺寸要遵循少规格，多组合的原则，提高预制构件模具的重复使用率。考虑现场脱模 / 堆放 / 运输 / 吊装的影响，要求单构件重量尽量接近，一般不超过 9t，高度不宜跨越层高，长度不宜超过 10m。

通过现阶段的实施体会，我们认为在预制装配式领域要想推广应用，需要在技术经济方面找到一个平衡，规划预制总量规模、培育配套产业、优化设计、制定作业及验评标准。

在标准建设的总体框架下实现标准设计模块化、构件生产工厂化、施工安装机械化、项目管理精细化的目标，随着后续项目建设人工成本的增加，预制构件产业配套日趋完善，预制工程批量建设，其社会及经济效益非常明显。

资料来源：深圳新能电力开发设计院有限公司、筑博设计股份有限公司

附录　深圳市装配式建筑项目案例清单（部分）

序号	项目名称	装配式技术应用情况	开工时间	竣工时间
1	万科第五园第五寓	预制梁、预制叠合楼板、预制外挂墙板、预制楼梯	2008 年 2 月	2009 年 12 月
2	龙悦居三期	预制外挂墙板、预制楼梯、预制外走廊，预制女儿墙、大钢模、自升式爬架	2010 年 9 月	2012 年 9 月
3	万科公园里二期	预制外挂墙板、预制混凝土内隔墙板、轻钢龙骨石膏板内隔墙	2012 年 5 月	2014 年 5 月
4	万科翡丽郡三、四期	预制外挂墙板、预制花槽、预制混凝土内隔墙板、轻钢龙骨石膏板内隔墙、铝合金模板、自升式爬架	2012 年 8 月	2015 年 2 月
5	朗侨峰居	预制整体卫生间、钢筋桁架混凝土楼板、CCA 板整体灌浆墙	2013 年 5 月	2015 年 7 月
6	万科公园里三期	预制外挂墙板、预制混凝土内隔墙板、轻钢龙骨石膏板内隔墙、铝合金模板、自升式爬架	2014 年 4 月	2016 年 6 月
7	金域揽峰	预制外挂墙板、预制混凝土内隔墙板、轻钢龙骨石膏板内隔墙、铝合金模板、自升式爬架	2014 年 5 月	2016 年 7 月
8	万科嘉悦山	预制外挂墙板、预制混凝土内隔墙板、轻钢龙骨石膏板内隔墙、铝合金模板、自升式爬架	2014 年 6 月	2016 年 6 月
9	汉京中心	钢梁、箱型钢柱、箱型斜撑、钢筋桁架楼承板	2014 年 8 月	施工阶段
10	万科金域九悦	预制外挂墙板、预制混凝土内隔墙板、轻钢龙骨石膏板内隔墙、铝合金模板、自升式爬架	2014 年 11 月	2016 年 9 月
11	万科公园里四期	预制外挂墙板、预制混凝土内隔墙板、轻钢龙骨石膏板内隔墙、铝合金模板、自升式爬架	2015 年 1 月	2017 年 3 月
12	金域中央花园二期	技术应用：预制外挂墙板、预制混凝土内隔墙板、轻钢龙骨石膏板内隔墙、铝合金模板、自升式爬架	2015 年 1 月	2017 年 7 月
13	万科云城一期 8B 栋	清水混凝土预制外挂墙板、预制混凝土内隔墙板、铝合金模板、自升式爬架	2015 年 3 月	2016 年 12 月
14	中海天钻	预制外挂墙板、预制楼梯、预制叠合楼板、铝合金模板	2015 年 3 月	施工阶段
15	满京华云著三期	预制叠合楼板、预制楼梯、预制混凝土内隔墙板、铝合金模板	2016 年 4 月	施工阶段
16	龙华中心变电站	全清水预制柱、预制叠合梁、预制叠合楼板、预制外挂墙板、预制楼梯，预制混凝土内隔墙板	2016 年 7 月	2017 年 9 月
17	招商中环	预制外挂墙板、预制楼梯、预制阳台、预制混凝土内隔墙板、铝合金模板、自升式爬架	2016 年 8 月	施工阶段
18	裕璟幸福家园	预制剪力墙、预制外挂墙板、预制内墙、预制叠合楼板、预制叠合梁、预制阳台板、预制楼梯、预制混凝土内隔墙板。	2016 年 8 月	施工阶段
19	哈尔滨工业大学深圳校区学生宿舍	预制外挂墙板、预制内墙、预制楼梯、预制栏板、预制混凝土内隔墙板。	2016 年 10 月	施工阶段
20	金域领峰	预制外挂墙板、预制阳台、预制楼梯、预制阳台栏板、预制混凝土内隔墙板、轻钢龙骨石膏板内隔墙、铝合金模板、自升式爬架	2016 年 11 月	施工阶段

2017 年前开工的深圳市部分装配式建筑项目

结语

2019年是新中国成立70周年，是深圳建市40周年，全面推开建设“中国特色社会主义先行示范区”的关键之年，同时也是深圳获批国家装配式建筑示范城市后三年建设任务的定局之年。

筚路蓝缕，不忘初心。从全国首个住宅产业化试点城市，到全国首批装配式建筑示范城市，在党中央、国务院以及省、市主管部门的高度指引下，深圳装配式建筑发展经历了不平凡的历程。回首这个历程，“两提两减”（提高质量、提高效率、减少人工、节能减排）的“初心”始终贯穿，创新与发展的步履是令人欢欣的，是不断前行探索的，是在新时代舞曲下熠熠生辉的。

十年磨剑终成锋。《深圳市装配式建筑项目案例选编（2008-2018）》通过13个项目真诚而清晰地呈现了深圳市十余年来装配式建筑项目技术发展、管理发展、模式发展的过程，本书立足项目、立意专业与深度，旨在通过深入剖析、阶段性总结我市装配式建筑相关技术成果和项目建设经验，为相关管理部门与企业提供宝贵参考，为十余年探索进行一次集中巡礼，为下一阶段继续前行夯实基础。

在此，特别感谢主编单位深圳市住房和建设局的过程统筹与方向把握，为本书的集结提供了宝贵契机与宽广平台，为编制组工作的顺利开展提供了重要支持。在编制过程中，作为一本致力于定位深度与专业的书籍，十余个项目跨越近十年时间、涉及的资料庞博而繁杂，感谢入选项目各有关单位的无私分享与宝贵奉献，感谢编制组全体成员的共同努力、克服难题，方才有了本书的最终呈现。虽然凝聚了众多汗水与智慧，但是由于种种原因，本书还存在诸多不足，盼请相关单位或个人积极提出宝贵意见。

凡是过往，皆为序章。在全力建设中国特色社会主义先行示范区的使命下，在不遗余力建设粤港澳大湾区的背景下，在质量强国、“深圳建造”的理念指引下，在主管部门与全体同仁的凝心聚力下，不忘初心，牢记使命，让我们共同期待深圳装配式建筑更美好的明天！

图书在版编目（CIP）数据

十年磨剑：深圳市装配式建筑项目案例选编（2008-2018）/ 深圳市住房和建设局，深圳市建筑产业化协会主编．-- 北京：中国建筑工业出版社，2019.12
ISBN 978-7-112-24596-3

Ⅰ．①十… Ⅱ．①深… ②深… Ⅲ．①装配式构件－建筑施工－案例－深圳 Ⅳ．① TU3

中国版本图书馆 CIP 数据核字 (2020) 第 013323 号

责任编辑：代　静
装帧设计：徐玉梅
责任校对：王　瑞

十年磨剑
深圳市装配式建筑项目案例选编（2008-2018）

深圳市住房和建设局
深圳市建筑产业化协会　主编
*
中国建筑工业出版社出版、发行(北京海淀区三里河路9号)
各地新华书店、建筑书店经销
雅昌文化（集团）有限公司制版
雅昌文化（集团）有限公司印刷
*
开本：787×1092 毫米 1/16　印张：15¼　字数：378 千字
2020 年 3 月第一版　2020 年 3 月第一次印刷
定价：188.00 元
ISBN 978-7-112-24596-3
(35246)